本书由“科技兴蒙”重点专项和
国家肉羊产业技术体系项目支持出版

肉羊
健康养殖与疾病防治

王文义　王韵斐　陈秋菊　主编

中国农业科学技术出版社

图书在版编目(CIP)数据

肉羊健康养殖与疾病防治 / 王文义，王韵斐，陈秋菊主编 .--北京：中国农业科学技术出版社，2023.1

ISBN 978-7-5116-6115-9

Ⅰ.①肉…　Ⅱ.①王…②王…③陈…　Ⅲ.①肉用羊-饲养管理②肉用羊-羊病-防治　Ⅳ.①S826.9②S858.26

中国版本图书馆 CIP 数据核字(2022)第 246572 号

责任编辑　张国锋
责任校对　李向荣
责任印制　姜义伟　王思文

出 版 者　中国农业科学技术出版社
北京市中关村南大街 12 号　　邮编：100081
电　　话　(010) 82106638 (编辑室)　　(010) 82109702 (发行部)
(010) 82109709 (读者服务部)
网　　址　https://castp.caas.cn
经 销 者　各地新华书店
印 刷 者　北京富泰印刷有限责任公司
开　　本　170 mm×240 mm　1/16
印　　张　15.25
字　　数　300 千字
版　　次　2023 年 1 月第 1 版　2023 年 1 月第 1 次印刷
定　　价　58.00 元

#《肉羊健康养殖与疾病防治》
编 委 会

主　编	王文义	巴彦淖尔市农牧业科学研究所
	王韵斐	巴彦淖尔市农牧业科学研究所
	陈秋菊	巴彦淖尔市农牧业科学研究所
副主编	杨　东	巴彦淖尔市农牧业科学研究所
	付绍印	内蒙古自治区农牧业科学院
	赵启南	内蒙古自治区农牧业科学院
	李　康	内蒙古自治区农牧业科学院
	杨　斌	内蒙古自治区农牧业科学院
	田　丰	内蒙古自治区农牧业科学院
编　委	朝鲁孟	巴彦淖尔市农牧业科学研究所
	张　娟	巴彦淖尔市农牧业科学研究所
	邬晓娟	巴彦淖尔市农牧业科学研究所
	王文军	巴彦淖尔市农牧业科学研究所
	王剑飞	巴彦淖尔市农牧业科学研究所
	孙雪峰	乌拉特中旗畜牧业服务中心
	米志蓉	巴彦淖尔市农牧业科学研究所
	张　勇	巴彦淖尔市农牧业科学研究所
	王海平	巴彦淖尔市畜牧业服务中心
	杜金娥	河套学院

前　言

肉羊健康养殖，是根据肉羊的生物学特性，运用生态学和营养学等学科原理为肉羊营造一个良好的、有利于快速生长的生态环境，并为其提供充足的全价饲料，使其在生长发育期间最大限度地减少疾病发生，使生产的羊肉安全、羊只健康、对养殖环境无污染，实现养殖生态体系平衡，达到人与自然和谐发展。健康养殖技术相对于传统的养殖技术与管理，包含了更广泛的内容，不但要求有健康的养殖产品，以保证人类食品安全，还要求养殖环境符合养殖品种的生态学要求。因此，健康养殖包括挑选优良的品种和个体，设计科学的养殖圈舍，采用符合肉羊福利要求的无公害化养殖技术、疾病防控技术等过程，以确保生产出的产品既符合食品安全要求，又符合环境友好的标准。

本书从介绍肉羊优良品种入手，就肉羊品种的繁殖利用、羊场生态建设、饲料加工调制、福利养殖技术、药物安全使用、生物安全体系建设、常见疾病的防控等内容，介绍了健康养殖生产过程中的新理念、新技术、新方法。在编写过程中，力求资料新颖、技术先进实用，具有针对性、实用性、可操作性、普及性。本书可供中小型肉羊养殖场、合作社的技术人员、管理及科研人员及农村养殖专业户使用，亦可供农业大中专院校相关专业师生参考阅读。

本书由巴彦淖尔市农牧业科学研究所、内蒙古自治区农牧业科学研究院共同完成。由于作者水平有限，书中难免存在纰缪。对书中不妥、错误之处，恳请广大读者不吝指正。同时，在编写过程中，参阅和引用了国内外众多学者的著作及文献，一并表示感谢。

编者

2022 年 10 月

目　　录

第一章 肉羊健康养殖概述

一、肉羊健康养殖的内涵

肉羊健康养殖是以安全、优质、高效、无公害为主要内涵的可持续发展的生产方式，以保护肉羊和人类健康及生产安全营养的羊肉产品为目的，最终达到无公害养羊业生产的结果。也是在于目前以主要追求数量增长为主的传统养羊业基础上实现数量、质量和生态效益并重发展的现代养殖业。

肉羊健康养殖的产品羊肉是质量安全可靠、无公害的畜产品，健康养殖是具有较高经济效益的生产模式，对于资源的开发利用应该是良性的，其生产模式应该是可持续的，其对于环境的影响较低，体现了现代畜牧业的经济、社会和生态效益的高度统一，即三大效益并重。

二、肉羊健康养殖的理念

（一）肉羊健康养殖的概念

肉羊健康养殖是根据肉羊生长、繁殖和生理需求，选择科学的养殖模式，通过实施系统、规范的管理技术，使其在可控的环境中健康成长。其优势在于：一是健康养殖生产的羊肉产品质量好且安全；二是健康养殖是具有较高经济效益的生产模式；三是健康养殖对于资源的开发利用是良性的，其生产模式是可持续的。这充分体现了现代肉羊产业经济、生态环境和社会效益的有机统一。

（二）发展肉羊健康养殖的必要性

1. 国内发展形势需要健康养殖

自 20 世纪 80 年代末以来，我国已成为世界上绵羊、山羊饲养量、出栏量以及羊肉产量最多的国家。羊肉产量由 1980 年的 45.1 万 t 迅速增加到 2021 年的 514.08 万 t，消费额约占全球总消费的 1/3。也就是说，中国每年要吃掉世界上 1/3 的羊肉。“十三五”比“十二五”时期，羊肉在肉类总产量中的比重从 5.0%上升至 6.4%，表明肉羊产业在畜牧业发展中的地位有所提升。肉羊养殖业已成为畜牧业中最具活力的支柱产业之一。

由于肉羊养殖业传统养殖方式的缺陷，使得大部分养殖户存在着亟待解决的问题。

一是肉羊产品安全问题突出。部分养殖场户为了片面追求养羊利润，超量或违禁使用矿物质、抗生素、类激素等，导致产品中激素、抗生素、重金属等有害物质残留超标，不仅严重危害人类健康，而且制约了肉羊产品的出口。

二是肉羊养殖品种参差不齐。肉羊的品种是决定羊肉产量以及品质的重要因素。要加强行业的发展，首先就应当在选择肉羊的品种上下功夫。目前我国肉羊品种由于多种因素的影响，导致品种和养殖效益情况一直不太可观。

在我国使用较多的养殖方式还是传统的自繁自养，这种养殖方式不但无法帮助肉羊品种进行较好的改良，甚至还存在着令肉羊品种退化的风险，严重妨碍了肉羊的繁殖能力。长期使用此种养殖方式，会使肉羊养殖的范围和规模逐渐减小。

三是养殖环境卫生条件较差。肉羊的生长环境与后期羊肉所呈现的品质存在着很大的关系。部分养殖场在养殖过程中只追求经济效益，忽略了养殖场地的基本卫生要求。许多养殖场在养殖过程中会出现不定期对羊舍进行卫生清洁、不定期消毒的情况。而羊群免疫力下降的情况下极容易患病，甚至会导致肉羊大批量死亡。不定期清理养殖场地会令场地中产生大量的病菌，而这些病菌都会加速动物传染病之间的传播。

四是没有进行科学的管理。目前我国多数的肉羊养殖场地都处于农村。养殖户多数为农民，所采用的放养方式在一定程度上无法满足市场大量的需求。并且由于其不具备较为专业的养殖知识，无法展开科学合理的管理方式，比如在建造羊舍时就很少会考虑到疫病隔离的问题。没有建设专门的隔离区域就意味着当一只肉羊患病时，会以极其快速的方式传染给羊舍中的其他肉羊，带来极大的养殖风险。

五是病情防范意识不强。一般的养殖户在养殖肉羊的过程中都有着肉羊有病再治的想法和态度，并不会投入大量资金用于预防病情，这样就导致了疫病成为整个养殖过程中最大的安全隐患。许多养殖户对疫苗接种并不了解甚至存在着偏见，虽然相关部门会安排专门的工作人员为肉羊注射疫苗，但实际配合疫苗接种工作的养殖户并不多。并且当肉羊出现病情后，多数的养殖户也不会选择请专业的兽医来解决问题，而是选择自己购买相关的药物进行治疗，容易导致肉羊错过最佳治疗时间，并且无法有效控制病情的发展，严重的情况下还会导致动物疫病大范围的传播，最终给养殖户带来严重的经济损失。

随着国民经济的发展和人民生活水平的不断提高，肉羊产品在人民日常膳食结构中的比例越来越大，肉羊产品的安全和卫生问题已成为社会共同关注的焦点，因此肉羊健康养殖势在必行。

2. 国际发展趋势呼唤健康养殖

随着经济全球化，世界各国普遍关注环境保护、食品安全和动物福利。发展健康养殖、杜绝餐桌污染是全人类的共同目标，制订和实施以食品安全为核心的质量保证体系，已成为世界各国政府、商业界和学术界关注的焦点。同时，世贸组织各成员国纷纷制订了针对动物产品贸易的法律法规和标准，实施绿色贸易壁垒。我国作为肉羊产品生产和消费大国，并没有成为出口创汇大国，出口欧美的肉羊产品屡屡受阻，肉羊产品的质量和安全性问题已成为影响出口的主要障碍。在此背景下，世界各国争相开展健康养殖技术研究，以争取在未来国际竞争中的主导地位。由此可见，如果不解决好我国羊肉产品的安全性问题，将出现国内产品出不去而又被国人所排斥，国外产品大量涌入的被动局面。因此，当前我国的肉羊业必须大力推进健康养殖，尽快建立起一套完整的、与国际接轨的标准体系，改变目前的饲养方式，生产出质量安全的肉羊产品来提升我国产品在国内、国际市场上的竞争力。

总之，加快推进发展肉羊健康养殖，有利于稳定肉羊养殖总量，保障产品的有效供给；有利于促进肉羊良种和实用技术的推广，提高生产水平；有利于肉羊粪便污染的综合治理，改善农村生态环境；有利于提高肉羊疫病的防控能力，防范公共卫生安全风险。因此，推进肉羊健康养殖，实现养殖业安全、优质、高效、无公害生产，保障产品安全是肉羊养殖业发展的必由之路。

第二章　肉羊品种与繁殖利用

健康养殖的关键环节之一是肉羊品种的选择与培育。应选择生产性能高、肉品质好、适应性广、抗病力强、适应规模化养殖和集约化饲养、易于管理且生产经济效益显著的肉用型绵羊、山羊来养殖。

肉羊品种具有自己的基本特征，包括体型特征、生长发育和生产性能等。

一、体型特征

1. 肉用型绵羊

头短而宽，颈短、粗，胸部宽圆，肋骨开张良好，背腰平直，肌肉丰满，后躯发育良好，四肢相对较短，腿直，肢势端正，两腿间距较宽，后视两后腿之间呈“∩”形。躯体粗长低矮，整个体型呈长方形。

2. 肉用型山羊

体质结实，结构匀称，头大小适中，颈短而粗，肋骨开张良好，背腰宽而平直，臀部丰满，后躯发育良好，肢势端正，整个体型呈长方形。

二、生长发育和生产性能

1. 生长发育快、性成熟早

为了达到高效养殖，可以利用绵羊、山羊早期生长快（3~6 月龄生长速度最快）的特点进行育肥，以生产羔羊肉。利用肉羊性成熟早（5~7 月龄）的特点，进行 1 年 2 胎或 2 年 3 胎，提高羊的繁殖率。

2. 繁殖性能

繁殖率高。许多肉羊品种具有性成熟早、繁殖率高、四季发情、多胎多产、母性好、泌乳力高的特点，有 1 年 2 产或 2 年 3 产的能力，一些品种具有平均胎产羔 2 羔以上的繁殖性能。

3. 产肉性能

肉羊屠宰率一般在 55% 以上，净肉率高，早熟肉用品种屠宰率高达 65%~70%。产肉性能好，肌肉细嫩，脂肪少，无膻味或膻味小。

第一节　国内优质肉羊品种

一、小尾寒羊

小尾寒羊是我国著名的地方优良绵羊品种之一，产于河北南部、河南东部和东北部、山东南部及皖北、苏北一带，其祖先是很早就从北方草原地区迁移过来的蒙古羊，在产区优越的生态经济条件和饲养者的精心选育下，形成了具有生长快、繁殖力高、适宜分散饲养、舍饲为主的农区优良绵羊品种。小尾寒羊体质结实，鼻梁隆起，耳大下垂，四肢较长，体躯高，前后躯均较发达，脂尾短，一般都在飞节以上，呈圆扇形。尾表正中有一浅沟，尾尖向上反转紧贴于沟中（尾形是鉴别小尾寒羊纯种的主要标志）。公羊有大的螺旋形角，前胸较深，鬐甲高，背腰平直，体躯高大，侧视呈长方形，四肢长而粗壮，被毛多为白色，少数羊只在眼圈周围有黑色刺毛。小尾寒羊成年公羊体重 140~150kg，周岁公羊平均体重 90~110kg，周岁母羊为 50~70kg。小尾寒羊性成熟较早，母羊 5~6 月龄即可发情，当年可产羔，产羔率达 270%，80%母羊可年产 2 胎，公羊 7~8 月龄即可配种。4 月龄公羔体重 55kg，母羔体重 45kg，周岁屠宰率为 55. 6%，净肉率为 45. 9%。该品种的最大特点是可以热配，产羔后 1 个月内即可发情配种。实践证明，小尾寒羊是一个比较理想的肉羊经济杂交母本。

二、大尾寒羊

大尾寒羊原产于河北、河南和山东 3 省交界的地区，河南和山东的大尾寒羊数量较少，河北大尾寒羊数量较多，已超过 30 万只。大尾寒羊头略显长，额宽，鼻梁隆起，耳大下垂，公羊、母羊均无角，颈较细长，胸窄，前躯发育较差，后躯发育较好，四肢健壮。脂尾大而肥厚，下垂至飞节以下，长者可接近或拖及地面，尾尖向上翻卷，形成明显尾沟。被毛绝大部分为白色，杂色斑点少，腹下基本无毛。成年公羊体重平均 72kg，成年母羊体重为 52kg，周岁公羊平均体重为 51. 5kg，周岁母羊为 43kg。产区内每年剪毛 2~3 次，剪毛量成年公羊平均 3. 3kg，成年母羊为 2. 7kg，净毛率 45%~63%。大尾寒羊的毛被可分为同质毛型、基本同质毛型和异质毛型，其构成前者占 40%，后两者各占 30%。因此，大尾寒羊的羊毛品质远比国内其他异质粗毛品种羊为优。大尾寒羊产肉性能好。据测试，6~8 月龄公羔，胴体重 20. 62kg，净肉重 11. 87kg，尾脂重 4. 76kg，屠宰率 52. 23%，胴体净肉率 81. 04%，尾脂重占胴体重的 23. 08%。从测试资料得知，大尾寒羊每生产 1kg 肉即可生产 0. 5kg 脂肪，脂肪主要囤积在尾巴，肾脂很少，随着年龄的增加，产脂性能有所下降。大尾寒羊性成熟早，常年可以发情配种，一般年产2胎或两年内产3胎，平均单次产羔率为185%~196%，大尾寒羊生长发育快，成熟早，产肉性能好，繁殖率高，尤以被毛品质好而闻名。

三、乌珠穆沁羊

乌珠穆沁羊产于内蒙古自治区锡林郭勒盟东部乌珠穆沁草原，主要分布在东、西乌珠穆沁旗及阿巴哈纳尔旗、阿巴嘎旗部分地区。乌珠穆沁羊头中等大小，额稍宽，鼻梁微凸，耳大下垂，公羊有角或无角，母羊多数无角。体格高大，体躯长，背腰宽，肌肉丰满，后躯发育快，贮积脂肪能力强，肉质鲜美细嫩。乌珠穆沁羊成年公羊体重74.43kg；母羊体重58.4kg；周岁公羊体重50.75kg，母羊体重46.67kg。产羔率平均为100.2%。初生羔羊体重公羔4.58kg，母羔3.82kg；断奶公羔重33.9kg，母羔31.2kg。乌珠穆沁羊产肉性能良好，6月龄羯羔，宰前活重35.7kg，胴体重17.9kg，净肉重11.8kg，脂尾重1.7kg，屠宰率50.0%，净肉率65.9%，尾脂重占胴体重的9.5%。利用该羊生产肥羔，市场前景广阔。

四、兰州大尾羊

兰州大尾羊主要产于兰州及其郊区县。产区大部分属黄土高原丘陵沟壑区，海拔1 500~3 000m。兰州大尾羊被毛纯白，头大小中等，公、母羊均无角，耳大略向前垂，眼圈淡红色，鼻梁隆起。颈较长而粗，胸宽深，背腰平直，肋骨开张良好，臀部略倾斜，四肢相对较长，体型呈长方形。脂尾肥大，方圆平展，自然下垂达飞节下，尾中有沟，将尾部分为左右对称两瓣，尾尖外翻，紧贴中沟，尾面着生被毛，内面光滑无毛，呈淡红色。兰州大尾羊体格大，早期生长发育快，肉用性能好。成年公羊体重57.89kg，成生母羊体重44.35kg，周岁公羊体重53.1kg，周岁母羊体重42.6kg；10月龄羯羔胴体重21.34kg，净肉重15.04kg，脂尾重2.46kg，屠宰率58.57%，胴体净肉率78.17%，脂尾重占胴体重的11.46%。兰州大尾羊母羔7~8月龄开始发情，公羔9~10月龄可以配种。饲养管理条件好的母羊一年四季均可发情配种，两年产3胎，产羔率为117.02%。

五、多浪羊

多浪羊是新疆的一个优良肉脂兼用型绵羊品种，主要分布在塔克拉玛干大沙漠的西南边缘，叶尔羌河流域的麦盖提、巴楚、岳普湖、莎车等县。多浪羊是用阿富汗的瓦尔吉尔肥尾羊与当地土种羊杂交，经70余年的精心选育培育而成。多浪羊头较长，鼻梁隆起，耳大下垂，眼大有神，公羊无角或有小角，母羊皆无角，颈窄而细长，胸宽深，肩宽，肋骨弓圆，背腰平直，躯干长，后躯肌肉发达，尾大而不下垂，尾沟深，四肢高而有力，蹄质结实。初生羔羊全身被毛多为褐色或棕黄色，也有少数为黑色，个别为白色。第一次剪毛后，体躯毛色多变灰白色或白色，但头部、耳及四肢仍保持初生时毛色，一般终生不变。多浪羊肉用性能好，周岁公羊胴体重 32. 71kg，净肉重 22. 69kg，尾脂重 4. 15kg，屠宰率 56. 1%，胴体净肉率 69. 38%，尾脂占胴体重的 12. 69%，周岁母羊上述指标相应为 23. 64kg、16. 9kg、2. 23kg、54. 81%、71. 49%和 9. 81%；成年公羊上述指标相应为 59. 75kg、40. 56kg、9. 95kg、59. 75%、67. 88%和 16. 7%；成年母羊上述指标相应为 55. 2kg、25. 78kg、3. 29kg、55. 20%、46. 70%和 9. 25%。多浪羊性成熟早，在舍饲条件下常年发情，初配年龄一般为 8 月龄，大部分母羊可以两年产 3 胎，饲养条件好时 1 年可产 2 胎，双羔率可达 50%～60%，3 羔率 5%～12%，并有产 4 羔者。据调查，80%以上的母羊能保持多胎的特性，产羔率在 200%以上。成年公羊产毛量 3～3. 5kg，成年母羊 2～2. 5kg。多浪羊尚有许多不足之处，如四肢过高，颈长而细，肋骨开张不理想，前胸和后腿欠丰满，有的个体还出现凹背、弓腰，尾脂过多，毛色不一致，被毛中含有干死毛等。

六、同羊

同羊主要分布在陕西省渭北的东部和中部，包括韩城、宜川、黄龙合阳、大荔、薄城等 16 个县（市）。同羊的祖先可能与大尾寒羊同宗，但因其所处地理位置，又吸收了不同程度的蒙古羊基因，经长期选育而成。同羊外形有角小如粟、耳薄如茧、肌细如箸、尾大如扇、体形如酒瓶 5 大特点。头大小中等，耳较大，公羊、母羊均无角，部分公羊有栗状角，颈部较长而细薄，但公羊略显粗壮。肩直，胸部较宽深，肋骨细如筷箸，弓张良好，公羊背部微凹，母羊短、直且较宽。腹圆大，尻斜短，整个体躯略显前低后高。尾大，分长、短脂尾两大类型，沉积大量脂肪，多有纵沟，尾尖上翘，夹于尾纵沟中，全身被毛纯白。头及四肢下部长短刺毛，腹毛着生不良。同羊体格中等，成年公羊体重 44kg，成年母羊体重 39. 16kg；周岁公羊体重 33. 1kg，周岁母羊体重为 29. 14kg。该品种的羔皮颜色洁白，有卷曲，花案美观悦目，即所谓“珍珠皮”，市场罕见。同羊常年发情，一般 2 年产 3 胎，每胎 1 羔，产双羔者很少。同羊肉肥嫩多汁，瘦肉绯红，肌纤维细嫩，烹之易烂，食之可口。

七、湖羊

湖羊是太湖平原重要的家畜之一。为稀有白色羔皮羊品种，具有早熟、四季发情、每胎多羔、泌乳性能好、生长发育快、改良后有理想产肉性能、耐高温高湿等优良性状，分布于我国太湖地区，终年舍饲，为中国羔皮用绵羊品种。产后 1～2d 宰剥的小湖羊皮花纹美观，著称于世。湖羊体格中等，公、母羊均无角，头狭长，鼻梁隆起，多数耳大下垂，颈细长，体躯狭长，背腰平直，腹微下垂，尾扁圆，尾尖上翘，四肢偏细而高。被毛全白，腹毛粗、稀而短，体质结实，脂尾扁圆形，不超过飞节。小母羊4~5月龄性成熟，营养良好的情况下可两年产3胎，每胎产羔2~3只，经产母羊平均产羔率220%以上。泌乳量多，羔羊生长发育快，3月龄断奶体重公羔25kg以上，母羔22kg以上。成年羊体重公羊65kg以上，母羊40kg以上，屠宰后净肉率38%左右。

八、南江黄羊

南江黄羊原产于四川省南江县，又称亚洲黄羊，于1995年育成。南江黄羊头大小适中，耳大且长，鼻梁微拱；公、母羊分为有角与无角两种类型，其中有角者占61.5%，无角者占38.5%；公羊颈粗短，母羊细长，颈肩结合良好，背腰平直，前胸深广，尻部略斜；四肢粗长，蹄质坚实，呈黑黄色，整个体躯略呈圆桶形。南江黄羊被毛成黄褐色，但颜面毛色黄黑，鼻梁两侧有1对称黄白色条纹，从头顶沿背脊至尾根有一条宽窄不等的黑色毛带，公羊前胸、颈下毛黑黄色较长，四肢上端着生黑色较长粗毛。南江黄羊生长发育快，体格大，肉用性能好。周岁公羊体重34.43kg，周岁母羊为27.34kg，成年公羊60.56kg，成年母羊为41.20kg。南江黄羊性成熟早，3月龄就有初情表现，但母羊以6~8月龄、公羊以12~18月龄配种为佳。平均产羔率为194.62%，其中经产母羊为205.2%。南江黄羊板皮质地良好，细致结实，延伸率大，尤以6~12月龄的皮张为佳，厚薄均匀，富有弹性。

九、马头山羊

马头山羊是南方山区优良肉用山羊品种。该山羊原产于湘、鄂西部山区，主要分布于湖南省的石门、慈利、芷江、新晃、桑植等县和湖北省的郧阳、恩施地区。一般分布在海拔1 000m以下地区，常年以放牧为主。马头山羊体质结实，结构匀称。全身被毛白色，毛短贴身，富有光泽，冬季长有少量绒毛。头大小适中，公羊、母羊均无角，但有退化角痕。耳向前略下垂，下颌有髯，颈下多有两个肉垂。成年公羊颈粗短，母羊颈较细长，头、颈、肩结合良好。前胸发达，背腰平直，后躯发育良好，尻略斜。四肢端正，蹄质坚实。母羊乳房发育良好。成年公羊体重43.81kg，成年母羊为33.7kg。马头山羊性成熟早，5月龄性成熟，但适宜配种月龄一般在10月龄左右。母羊四季均可发情配种，一般1年产2胎或2年产3胎，产羔率190%~200%。

十、成都麻羊

成都麻羊原产四川盆地西部的成都平原及其邻近的丘陵地区。成都麻羊是在特定的生态和经济条件下，由农民精心饲养和选育，形成目前肉乳兼用的优良地方良种。成都麻羊全身被毛呈棕黄色、色泽光亮，为短毛型。单根纤维颜色可分成3段，即毛尖为黑色，中段为棕黄色，下段为黑灰色，各段毛色所占比例和颜色深浅在个体之间及体躯不同部位略有差异。整个被毛有棕黄而带黑麻的感觉，故称麻羊；也有的群众认为，整个被毛呈赤铜色，故又称为“铜羊”。成都麻羊头中等大，两耳侧伸，额宽而微突，鼻梁平直，母羊大多数有角，公羊前躯发达，体型呈长方形，体态雄壮；母羊背腰平直，尻部略斜，乳房呈球形，体型较清秀，略呈楔形。成都麻羊周岁公羊体重 26.79kg，周岁母羊体重 23.14kg，成年公羊体重 43.02kg，成年母羊体重 32.6kg。成都麻羊常年发情配种，产羔率205.91%，泌乳期 5~8 个月，可产奶 150~250kg。

十一、鲁山“牛腿”山羊

鲁山“牛腿”山羊是河南省鲁山县西部山区发现的体格较大的肉皮兼用山羊，其中心产区为鲁山县的四棵树乡。“牛腿”山羊为长毛型山羊，体型大，体质结实，骨骼粗壮，耐寒性强。侧视为方形，正视近圆筒形，具有典型的肉用羊特点，头短额宽，90%的羊有角，颈短而粗，背腰宽平，腹部紧凑，全身肌肉丰满，尤其臀部和肌肉发达，故以“牛腿”著称。“牛腿”山羊生长发育快，周岁公羊体重 23kg，周岁母羊体重 20.6kg。“牛腿”山羊性成熟较早，母羊常年发情，初配年龄为 5~7 月龄，一般母羊 1 年产 2 胎或 2 年产 3 胎，产羔 111%，羊群年繁殖率为 204%。

十二、云岭山羊

云岭山羊是云南省数量最多、分布最广的地方山羊品种，属肉皮兼用型。主产区为云岭山脉及其余脉的哀牢山、无量山和乌蒙山延伸地区。云岭山羊头大小适中，呈楔形，额稍凸，鼻梁平直，鼻孔大。成年公羊、母羊有鬃，大部分有扁长而稍有弯曲的角。四肢粗短结实，肢势端正，蹄质坚实呈黑色。被毛粗而有光泽，毛色以黑色为主，还有少量的黑黄花、黄白花、黄色、杂色。羊只的腹毛、四肢内侧呈对称性的淡黄色。青色羊只的腹毛趋向白色。羔羊平均初生重为2kg，周岁公羊体重 22.68kg，母羊体重 20.48kg，成年公羊体重 39kg，屠宰率47.4%。板皮质地细致紧密，品质优良。云岭山羊一般在 7~8 月龄后初配，年产 2 胎或 2 年产 3 胎，年产 2 胎的母羊约占 10%，双羔率为 50%左右。

十三、黄淮山羊

黄淮山羊因广泛分布在黄淮流域而得名，饲养历史悠久，属皮肉兼用的地方优良山羊品种，主要产于河南省周口、商丘地区，安徽省和江苏省徐州地区。黄淮山羊具有性成熟早，生长发育快，四季发情，繁殖率高等优点，黄淮山羊板皮品质优良，主要用于出口。

黄淮山羊体质结实，骨骼较细，性情活泼，行动敏捷，素有“猴羊”之称。鼻梁平直，面部微凹，下颌有髯。分有角和无角两个类型，有角者，公羊角粗大，母羊角细小，向上向后伸展呈镰刀状；无角者，仅有 0.5～1.5cm 的角基。颈中等长，胸较深，肋骨拱张良好，背腰平直，体躯呈桶形。种公羊体格高大，四肢强壮。母羊乳房发育良好、呈半圆形。毛被白色，毛短有丝光，绒毛很少。

黄淮山羊早期生长发育快，9 月龄公羊平均体重为 22kg，母羊为 16kg；周岁羊的体重可达成年羊体重的 80%，成年公羊体重为 34kg，母羊为 26kg，屠宰率 50%左右，产区习惯于当年生羔羊当年屠宰，肉质鲜嫩，膻味小。黄淮山羊性成熟早，一般 3 月龄性成熟，4～5 月龄即可配种，繁殖率高，母羊常年发情，部分母羊 1 年产 2 胎或 2 年产 3 胎，每胎平均产羔率为 238.7%。

黄淮山羊对不同生态环境有较强的适应性，其板质质量优良，呈蜡黄色，细致柔软，油润光亮，弹性好，是优良的制革原料。缺点是个体较小，通过与肉用山羊杂交，加强饲养管理，可提高黄淮山羊的产肉性能和屠宰率。

十四、陕南白山羊

陕南白山羊产于陕西南部地区，分布于汉江两岸的安康、紫阳、旬阳、白河、西乡、镇巴、平利、洛南、山阳、镇安等县，具有早熟、抓膘能力强，产肉力好的特点。

陕南白山羊头大小适中，鼻梁平直。颈短而宽厚。胸部发达，肋骨拱张良好，背腰长而平直，腹围大而紧凑。四肢粗壮。尾短小上翘。被毛以白色为主，少数为黑、褐或杂色。陕南白山羊分短毛和长毛两个类型。短毛型又分为有角和无角两个类型。

陕南白山羊成年公羊平均体重为 33kg，成年母羊为 27.3kg。陕南白山羊性成熟早，母羊初配年龄在 8～12 月龄。发情多集中在 5—10 月，繁殖率强，产羔率为 259%。陕南白山羊皮板品质好，致密富弹性，拉力强，面积大，是良好的制革原料。陕南白山羊中的长毛型羊每年 3—5 月和 9—10 月各剪毛 1 次，不抓绒。

十五、雷州山羊

雷州山羊产于广东省雷州半岛和海南省，以产肉、板皮而著名的地方山羊品种，成熟早，生长发育快，肉质和板皮品质好，繁殖率高，是我国热带地区的优良山羊品种。

雷州山羊体质结实。雷州山羊面直，额稍凸，公羊、母羊均有角，公羊角粗大，角尖向后方弯曲，并向两侧开张，耳中等大，向两边竖立开张，颌下有髯。公羊颈粗，母羊颈细长，颈前与头部相连处角狭，颈后与胸部相连处逐渐增大。背腰平直，乳房发育良好，多呈球形。毛色多为黑色，角蹄则为褐黑色，也有少数为麻色及褐色。麻色山羊除被毛黄色外，背浅、尾及四肢前端多为黑色或黑黄色，面部有黑白纵条纹相间，或腹部及四肢后部呈白色。

雷州山羊成年公羊体重平均为 54.1kg，母羊体重平均为 47.7kg，屠宰率为 50%~60%，肉味鲜美，纤维细嫩，脂肪分布均匀，膻味小。雷州山羊板皮，具有皮质致密、轻便、弹性好、皮张大的特点，熟制后可染成各种颜色。

性成熟早，4 月龄即可性成熟，11~12 月龄即可初配，产羔率为 150%~200%。根据体型将雷州山羊分为高脚种和矮脚种两个类型。矮脚种多产双羔，高脚种多产单羔。

雷州山羊成熟早、发育快，肉质和皮板品质好，繁殖力强，是我国热带地区优良地方山羊品种。今后应加强本品种选育，改善饲养管理条件，提高产肉、产奶性能。

十六、贵州白山羊

贵州白山羊原产于黔东北乌江中下游的沿河、思南、务川等县，分布在贵州遵义、铜仁两地，黔东南苗族侗族自治州、黔南布依族苗族自治州也有分布。具有产肉性能好、繁殖力强、板皮质量好等特性。

贵州白山羊是一个古老的山羊品种。在汉代以前，饲养山羊已成为当地的主要家畜，产区群众长期以来就有喜食羊肉的习惯，在当地生态经济环境影响下，经劳动群众长期选育形成了产肉性能好的优良地方山羊品种。

公羊、母羊均有角，角向同侧后上方扭曲生长；有须，腿较短，背宽平，体躯较长、大、丰满，后躯发育良好；头宽额平，颈部较圆，部分母羊颈下有 1 对肉垂，胸深，背宽平，体躯呈圆桶状，体长，四肢较矮。被毛以白色为主，其次为麻、黑、花色，被毛较短。少数羊鼻、脸、耳部皮肤上有灰褐色斑点。

贵州白山羊周岁公羊体重平均为 19.6kg，周岁母羊为 18.3kg；成年公羊体重 32.8kg，成年母羊为 30.8kg。贵州白山羊性成熟早，公羔、母羔在 5 月龄即可发情配种，但一般在 7~8 月龄才配种。常年发情，1 年产 2 胎，从 1~7 胎（4 岁左右）产羔率逐渐上升，为 124.27%~180%，品种平均产羔率 273.6%，年繁殖存活率为 243.19%。

十七、济宁青山羊

济宁青山羊产于山东省西南部。体格小，结构匀称。头大小适中，有旋毛和淡青色白章，公羊、母羊均有角，公羊角一般长 17cm 左右，向上略向后方伸展，母羊角细短，长 12cm 左右，向上略向外伸展两耳向前外方伸展，公羊、母羊颌下有髯。公羊颈粗短，前胸发达，背腰平直，四肢粗壮，前肢比后肢略高；母羊颈细长，前胸略窄，后躯宽深，背腰平直，腹围大，后肢比前肢略高。公羊、母羊尾小，向上前方翘起。其外形颜色特征是“四青一黑”，即背、嘴唇、角和蹄均为青色，两前膝为黑色。按照毛被的长短和粗细，可分为 4 个类型，即细长毛（毛长在 10cm 以上者)、细短毛、粗长毛、粗短毛。其中以细长毛者为多数，且品质较好。初生的羔羊被毛具有波浪形花纹、流水形花纹、隐暗花纹和片花纹。

青猾子皮是济宁青山羊的主要产品，是羔羊生后 1~3d 宰剥的羔皮。毛皮由黑、白两色组成。被毛毛色分正青色、铁青色、粉青色。毛直无弯曲者称为平毛。济宁青山羊每年剪毛 1 次，每只公羊平均剪粗毛 230~330g，母羊平均为 150~250g。济宁青山羊性成熟早，繁殖率高，遗传性稳定，适应性强，耐粗饲，性情温驯易管理。

十八、沂蒙黑山羊

沂蒙黑山羊产于山东沂蒙山地区，是山东省地方优良黑山羊品种，是在山区自然条件下形成的一个肉、绒、毛、皮多用型品种，属绒、毛、肉兼用型羊。沂蒙黑山羊具有体格大、耐粗饲、适应性强，生产性能高、体貌统一、遗传性能稳定、肉绒兼用等特点，适宜山区放牧。其羊绒质量高、光泽好、强度大、手感柔软；其肉质色泽鲜红、细嫩、味道鲜美、膻味小，是理想的高蛋白、低脂肪、富含多种氨基酸的营养保健食品。

沂蒙黑山羊共有“花迷子”“火眼子”“二粉子”和“秃头”4 个品系。主要特点是头短、额宽、眼大、角长而弯曲（95%以上的羊有角）。颌下有胡须，背腰平直，胸深肋圆，体躯粗壮，四肢健壮有力，耐粗抗病，合群性强。该羊生长在沂蒙山区海拔较高的突出地带蒙山、鲁山及沂、沭河上游。那里气候温和，雨水充沛，树木、水草茂盛，饲料资源丰富。该山羊灵敏活泼、喜高燥，爱洁净，抗病力强，耐粗饲，适应性强，爱吃吊草，善于爬山，常年放牧，素有“山羊猴子”之称。它善于爬山，能在高山悬崖陡壁上放牧采食；喜高燥，不吃污染饲草。

第二节　国外优质肉羊品种

一、无角道塞特羊

无角道塞特羊原产于澳大利亚，公羊、母羊均无角，全身被毛白色。头短而宽，颈粗、短，胸宽深，背腰平直，后躯丰满，四肢短粗，整个躯体呈圆桶状，体质结实。无角道塞特羊生长发育快，早熟，全年发情配种产羔。该品种成年公羊体重 90~110kg，成年母羊为 65~75kg，剪毛量 2~3kg，净毛率 60%左右，毛长 7.5~10cm，羊毛细度 56~58 支。产羔率 137%~175%。经过育肥的 4 月龄羔羊的胴体重，公羔为 22kg，母羔为 19.7kg。20 世纪 80 年代以来，新疆、内蒙古等地和中国农业科学院畜牧研究所，先后从澳大利亚引入的无角道塞特羊，基本上能较好地适应新疆的草场条件，不挑食，采食量大，上膘快。但由于腿较短，不宜在坡度较大、牧草较稀的草场放牧。饲养在北方的无角道塞特羊，对某些疾病的抵抗力较差，尤其是羔羊，羔羊脓疱性口膜炎、羔羊痢疾、网尾线虫病、营养代谢病等的发病率较高，因此在管理和防疫上应予以加强。

二、萨福克羊

萨福克羊原产于英国的萨福克、诺福克剑桥和艾塞克斯等地，体格较大，头短而宽，公羊、母羊均无角，颈短粗，胸宽，背、腰和臀部长宽而平；肌肉丰满，后躯发育良好；头和四肢为黑色。成年公羊体重 90～100kg，成年母羊为 65～70kg，剪毛量成年公羊 5～6kg，成年母羊 3～4kg。萨福克羊的特点是早熟、生长发育快、产肉性能好、产羔率 141. 7%～157. 7%。经育肥的 4 月龄公羔胴体重 24. 2kg，4 月龄母羊胴体重为 19. 7kg，并且瘦肉率高，是生产大胴体和优质羔羊肉的理想品种。

三、杜泊羊

杜泊羊原产于南非，呈典型的桶状，无角，头部有白头和黑头之分，其余部位均为白色。在良好管理下可达到 2 年 3 胎，产羔率 200%。母羊产乳量高，护羔好。羔羊初生重达 5. 5kg，生长快。据报道，在澳大利亚 7 周龄内日增重最高达 480g，3. 5～4 月龄羔羊体重可达 36kg。产肉率高，繁殖能力强，繁殖期不受季节限制；适应性强，食草性广泛；抗逆性强。杜泊羔羊生长迅速，断奶体重大，这是肉用绵羊生产的重要经济特性。中国已于 2001 年少量引进并与小尾寒羊进行了杂交改良试验。

四、德国美利奴羊

德国美利奴羊原产于德国，体格大，结实，成熟早，胸宽深，背腰平直，肌肉丰满，后躯发育良好。公羊、母羊均无角。颈部和体躯皆无皱褶。被毛白色，密而长，弯曲明显。德国美利奴羊生长发育快，早熟，肉用性能好，成年公羊体重 90～100kg，成年母羊 60～65kg；剪毛量成年公羊 10～11kg，成年母羊 4. 5～5kg。12 月可以配种，产羔率 140%～175%。羔羊生长发育快，日增重 300～350g。

五、考力代羊

考力代羊原产于新西兰，公羊、母羊均无角，颈短而宽，背腰宽平，肌肉丰满，后躯发育良好，四肢结实，长度中等。头、耳、四肢带黑斑，嘴唇及蹄为黑色，被毛白色，弯曲明显，匀度良好，强度大，油汗适中。成年公羊体重 100～105kg，成年母羊 46～65kg。剪毛量，成年公羊 10～12kg，成年母羊 5～6kg。产羔率为 110%～130%，考力代羊具有良好的早熟性，4 月龄羔羊体重可达 35～40kg。20 世纪 50 年代以前我国曾引入，后来又从新西兰和澳大利亚多次引入。考力代羊是东北细毛羊、贵州半细毛羊新品种，以及山西陵川半细毛羊新类群的主要父系品种之一，对新品种羊羊毛、羊肉品质的提高和改善起到积极作用。

六、波尔山羊

波尔山羊原产于南非，具有强健的头，眼睛清秀，罗马鼻，头颈部及前肢比较发达，背部结实宽厚，腿臀部丰满，四肢结实有力。毛色为白色，头、耳、颈部颜色可以是浅红色至褐色，但不超过肩部，双侧眼睑有色。波尔山羊体格大，生长发育快。成年公羊体重90~135kg，成年母羊60~90kg。羔羊初生重3~4kg，断奶体重为27~30kg；周岁内日增重为190g左右，断奶前日增重一般为200g以上，6月龄时体重40kg左右。波尔山羊的胴体瘦而不干，肉厚而不肥，色泽纯正，膻味小，多汁鲜嫩。由于波尔山羊体质强壮，四肢发达，善于长距离采食。可以采食灌木枝叶，适于灌木林及山区放牧，在没有灌木林的草场放牧以及舍饲都表现很好。波尔山羊对热带、亚热带及温带气候都有较强的适应能力，而且抗病力强，对蓝舌病、肠毒血症及氢氰酸中毒症等抵抗力很强，对体内寄生虫的侵害也不像其他品种敏感等。

七、夏洛莱羊

夏洛莱羊产于法国中部的夏洛莱地区，是世界上最优秀的肉用绵羊品种之一。具有早熟、耐粗饲、采食能力强、育肥性能好等特点，能适应我国北方夏天炎热和冬天寒冷的气候条件，对干燥气候也能很好地适应。

夏洛莱羊公羊、母羊都无角，头部无毛，脸部呈粉红色或灰色，额宽，耳大直立，颈短粗。夏洛莱羊具有典型的肉用羊体型，体躯长、胸深、肩宽、臀厚，背腰平直，后躯丰满，肌肉发达，前后裆宽，呈倒“U”字形，四肢较短无毛，被毛细、密、短。

夏洛莱羊性情活泼好动，喜干燥，爱清洁，喜欢在较为开阔的自然环境中栖息和活动。夏洛莱羊生长速度快，4月龄育肥羔羊体重为40kg；周岁公羊体重达80kg，母羊体重60kg；成年公羊体重为130kg，母羊体重为100kg。夏洛莱羊属季节性自然发情，发情时间集中在9—10月，平均受胎率为95%，妊娠期146d。夏洛莱羊公羊初配年龄为9~12月龄，母羊初配年龄为6~7月龄。夏洛莱羊产羔率可达190%，泌乳性能良好。

夏洛莱羊采食能力和消化能力强，能充分吸收各种饲草的营养，在我国适宜农户小规模散养和规模化养殖，最好半放牧半舍饲形式相结合。夏洛莱羊要求有良好的饲养环境和营养条件，饲草料要丰富，产肉性能才能得以最大发挥，目前我国多数省份均有饲养。

八、特克塞尔羊

特克塞尔羊属肉毛兼用型品种，原产于荷兰。具有多胎、羔羊生长快、体大、产肉、产毛性能好和适应性强等特征，是国外肉脂绵羊名种之一，是羊育种和经济杂交非常优良的父本品种。

特克塞尔羊体型短且粗，头宽短，耳长大，公、母羊均无角，眼大突出，鼻镜、眼圈部位皮肤为黑色，被毛全白，头、四肢无毛覆盖，四蹄为黑色，体躯呈长圆桶状，颈短粗，肩宽平，胸宽深，背腰长而平，后躯发育好，肌肉充实。

特克塞尔羊体型较大，羔羊平均初生重为4.5kg，2月龄平均体重为24kg，4月龄平均体重为42kg，6月龄平均体重为55kg，成年公羊体重为110kg，母羊体重85kg。母羊7~8月龄便可配种，且发情季节较长，80%的母羊产双羔，在良好的饲养条件下可2年产3胎，产羔率为200%。

特克塞尔羊对生活环境的适应性十分广泛，能忍耐干旱、半干旱的气候条件，不喜欢高湿高温环境，适合在-30~35℃的地区生长，具有较强的耐粗饲和抗病能力。另外，特克塞尔羊肉质细嫩、多汁、色鲜、肥瘦适度。因此，特克塞尔羊的养殖前景十分广阔。

九、努比亚山羊

努比亚山羊是一种肉、乳、皮兼用型山羊，原产于苏丹、埃及及其邻近国家。欧美各国饲养的努比亚山羊，是用本地母山羊与从非洲引入的努比亚公山羊进行杂交培育而成的。我国引入的努比亚山羊则多从英国、澳大利亚、美国等国引入。

努比亚山羊具有贵族气质，公羊、母羊均无须无角，体格较大，面部轮廓清晰，外表清秀，鼻骨隆起。长宽的耳朵紧贴头部且下垂；颈部较长，体躯较短，呈圆筒状，前胸肌肉较丰满。毛短细，色较杂，有纯白毛色，但更多的是带白斑的红色、暗红色和黑色。

成年母羊平均体重61.23kg，成年公羊平均体重79.38kg。母羊乳房较大，发育良好。一般为5~6个月的泌乳期，盛产期日产奶2~3kg，产奶量为300~800kg，乳脂率较高，可以达到4%~7%。努比亚山羊泌乳性能好，产肉能力较强，繁殖率高，1年可产2胎，通常每胎为2~3羔。

第三节　肉羊繁殖技术

一、肉羊的繁殖现象和繁殖规律

（一）公羊性行为、性成熟

公羊的性行为主要表现为性兴奋、求偶、交配。公羊表现性行为时，常有举头，口唇上翘，发出一连串鸣叫声，爬跨其他山羊等行为。性兴奋发展到高潮时进行交配，公羊的交配时间很短，数十秒钟就完成了。

公羊到了一定的年龄时开始出现性行为，如爬跨，能排出成熟精子，这一时期为羊的初情期，是性成熟的初级阶段。在初情期以后，随着第一次发情，生殖器官的大小和重量迅速增长，性机能也随之发育，此时公羔羊已出现第二性征，能产生正常受胎的精液。初情期的迟早是由不同品种、气候、营养因素引起的。一般表现为体型小的品种早于体型大的品种，南方品种羊早于北方品种羊，热带的羊早于寒带或温带的羊，营养良好的羊早于营养不足的羊。我国南方山羊品种的初情期，一般为3~6月龄，体重约为成年羊体重的40%~60%。虽然性成熟时期羊的生殖器官已发育完全，具备了正常的繁殖能力，但因其个体的生长发育尚未完全，故在性成熟初期羔羊一般不宜配种，否则会影响羔羊自身及其胎儿的正常发育。如此往复，不仅影响其个体生产性能发挥，而且会导致羊种群品质下降。

（二）母羊的发情、性成熟及初配年龄

1. 母羊的发情与排卵

母羊性成熟之后，所表现出的一种具有周期性变化的生理现象，称为发情。母羊发情征象大多不很明显，一般发情母羊多喜接近公羊，在公羊追逐或爬跨时站立不动，食欲减退，阴唇黏膜红肿、阴户内有黏性分泌物流出，行动迟缓，目光滞钝，神态不安等。处女羊发情更不明显，且多拒绝公羊爬跨，故必须注意观察和做好试情工作，以便适时配种。

母羊从上次发情开始到下次发情开始的时间间隔称为发情周期。羊的发情周期与其品种、个体、饲养管理条件等因素有关，绵羊的发情周期为14~29d，平均17d，山羊的发情周期为19~24d，平均21d。

从母羊出现发情特征到这些特征消失的时间间隔称为发情持续期，一般绵羊为30~40h，山羊为24~28h。在一个发情持续期，绵羊能排出1~4个卵子，高产个体可排出5~8个卵子。如进行人工超排处理，母羊通常可排出10~20个卵子。

了解羊的发情征象及发情持续时间，目的在于正确安排配种时间，以提高母羊的受胎率。母羊在发情的后期就有卵子从成熟的卵泡中排出，排卵数因品种而异，卵子在排出后12~24h具有受精能力，受精部位在输卵管前端1/3~1/2处。因此，绵羊应在发情后18~24h、山羊发情后12~24h配种或输精较为适宜。

在实际工作中，由于很难准确地掌握发情开始的时间，所以应在早晨试情后，挑出发情母羊立即配种，如果第二天母羊还继续发情可再配1次。

2. 性成熟和初配年龄

公羊、母羊生长发育到一定的年龄，性器官发育基本完全，并开始形成性细

胞和性激素，具备繁殖能力，这时称为性成熟。绵羊的性成熟一般在 7~8 月龄，山羊在 5~7 月龄。性成熟时，公羊开始具有正常的性行为，母羊开始出现正常的发情和排卵。

绵羊、山羊的性成熟受品种、气候、营养、激素处理等因素的影响。一般表现为个体小的品种初情期早于个体大的品种，山羊早于绵羊，南方母羊的初情期较北方的早，热带的羊较寒带或温带的早；早春产的母羔即可在当年秋季发情，而夏秋产的母羔一般需到第二年秋季才发情，其差别较大。营养良好的母羊体重增长很快，生殖器官生长发育正常，生殖激素的合成与释放不会受阻，因此其初情期表现较早，营养不足则使初情期延迟。用孕激素固醇类药物对 2 月龄母羔进行处理，继而用孕马血清促性腺激素处理，可使母羔出现发情和正常的性周期，并且排卵。

通常性成熟后，就能够配种受胎并生殖后代，但是绵羊达到性成熟时并不意味着可以配种。因为绵羊刚达到性成熟时，其身体并未达到充分发育的程度，如果这时进行配种，不仅阻碍其本身的生长发育，也影响到胎儿的生长发育和后代体质及生产性能，必将引起羊群品质下降。因此，公羔、母羔在断奶时，一定要分群管理，以免偷配。

山羊的初配年龄一般在 10~12 月龄，绵羊在 12~18 月龄，但也受品种、气候和饲养管理条件的制约。南方有些山羊品种 5 月龄即可进行第一次配种，而北方有些山羊品种初配年龄需到 1.5 岁。分布江浙一带的湖羊生长发育较快，母羊初配年龄为 6 月龄，我国广大牧区的绵羊多在 1.5 岁时开始初次配种。由此看来，分布于全国各地不同的绵羊、山羊品种其初配年龄不一致，但根据经验，以羊的体重达到成年体重 70%~80%时进行第一次配种较为合适。种公羊最好到 18 月龄后再进行配种使用。

（三）受精与妊娠

精子和卵子结合成受精卵的过程称为受精。受精卵的形成意味着母羊已经妊娠，也称作受胎。母羊从开始怀孕（妊娠）到分娩，称为妊娠期或怀孕期。母羊的妊娠期长短因品种、营养及单双羔因素有所变化。山羊妊娠期正常范围为 142~161d，平均为 152d；绵羊妊娠期正常范围为 146~157d，平均为 150d。但早熟肉毛兼用品种多在良好的饲养条件下育成，妊娠期较短，平均为 145d。细毛羊多在草原地区繁育，饲养条件较差，妊娠期长，多在 150d 左右。

（四）繁殖季节

羊的发情表现受光照长短变化的影响。同一纬度的不同季节，以及不同纬度的同一季节，由于光照条件不同，羊的繁殖季节也不同。在纬度较高的地区，光照变化较明显，因此母羊发情季节较短，而在纬度较低的地区，光照变化不明显，母羊可以全年发情配种。

母羊大量发情的季节称为羊的繁殖季节，一般也称作配种季节。

绵羊的发情表现受光照的制约，通常属于季节性繁殖配种的家畜。繁殖季节因是否有利于配种受胎及产羔季节是否有利于羔羊生长发育等自然选择演化形成，也因地区不同、品种不同而发生变化。生长在寒冷地区或原始品种的绵羊，呈现季节性发情；而生长在热带、亚热带地区或经过人工培育选择的绵羊，繁殖季节较长，甚至没有明显的季节性表现，我国的湖羊和小尾寒羊就可以常年发情配种。在我国北方地区，绵羊季节性发情开始于秋，结束于春。其繁殖季节一般是 7 月份至翌年 1 月份，而 8—10 月为发情旺季。绵羊冬羔以 8—10 月配种，春羔以 11—12 月配种为宜。

山羊的发情表现对光照的影响反应没有绵羊明显，所以山羊的繁殖季节多为常年性的，一般没有限定的发情配种季节。但生长在热带、亚热带地区的山羊，5—6 月因为高温的影响也表现发情较少。生活在高寒山区，未经人工选育的原始品种——藏山羊的发情配种也多集中在秋季，呈明显的季节性。

不管是山羊还是绵羊，公羊都没有明显的繁殖季节，常年都能配种。但公羊的性欲表现，特别是精液品质也有季节性变化的特点，一般还是秋季最好。

(五) 母羊发情的鉴定方法

发情鉴定是判断母羊发情是否正常，属何阶段，以便确定配种的最适宜时间，提高受胎率。为了提高母羊发情鉴定的准确度，就要了解影响母羊发情的因素及异常发情的表现，这样才能做到鉴定时心中有数。

1. 不同发情期的表现

在发情期间，输卵管伞部紧包着卵巢，随着黄体的发育，输卵管纤毛状上皮的高度增加，由组织开始首先逐渐延至输卵管中段，在发情前期和发情期输卵管无纤毛的上皮细胞分泌蛋中性黏多糖，输卵管分泌物的 pH 为 6.0~6.4，到发情前期升为 6.4~6.6，而在发情期和发情后期升至 6.8~7.0。这种 pH 的变化有利于精子的运行和受精。

(1) 发情前期　母羊有发情的愿望，接近试情公羊，但不许试情公羊爬跨，外阴部有充血红润，用开膣器打开阴道时很困难，子宫颈口充血未开放，有黏液，但很少，拉不成丝，开膣器拉出时也困难，这时不易配种，因卵巢未发育成熟，没有成熟的卵子排出。

(2) 发育中期　母羊接近试情公羊并允许爬跨，有频频排尿的动作和“若有所思”的样子，外阴部有充血、红润、肿胀。开膣器打开阴道时很容易，子宫颈口充血开放，黏液多，能拉成丝，黏液透明清楚，这时配种最好，因为卵巢发育成熟，有成熟的卵子排出。此时期很快，根据羊的体质饲养条件的不同有的持续 1d 左右，但也有的 2d 左右。

（3）发情后期　母羊不接近公羊，不许爬跨，处于安静的状态，用开膣器打开阴道时很困难，外阴部充血。红润逐渐消失，打开阴道子宫颈口充血已消去，但是开放，黏液量少，稠而黄，拉不成丝，黏液呈片状形式。这时也可配种。

2. 影响母羊发情的因素

（1）光照　光照时间的长短变化对羊的性活动有较明显的影响。一般来讲，由长日照转变为短日照的过程中，随着光照时间的缩短，可以促进绵羊、山羊发情。

（2）温度　温度对羊发情的影响与光照相比较为次要，但一般在相对高温的条件下将会推迟羊的发情。山羊虽然是常年发情的畜种，但在 5—6 月只有零星发情。

（3）营养　良好的营养条件有利于维持生殖激素的正常水平和功能，促进母羊提早进入发情季节。适当补饲，提高母羊营养水平，特别是补足蛋白质饲料，对中等以下膘情的母羊可以促进发情和排卵，诱发母羊产双胎。绵羊在进入发情季节之前，采取催情补饲，加强营养措施以促进母羊的发情和排卵；山羊在配种之前也应提高营养水平，做到满膘配种。

（4）生殖激素　母羊的发情表现和发情周期受内分泌生殖激素的控制，其中起主要作用的是脑垂体前叶分泌的促卵泡素和促黄体素两种。

① 促卵泡素。其主要作用是刺激卵巢内卵泡的生长和发育，形成卵泡期，引起母羊生殖器官的变化和性行为的变化，促进羊的发情表现。

② 促黄体素。其主要作用是与促卵泡素协同作用，促进卵泡的成熟和雌激素的释放，诱使卵泡壁破裂而引起排卵，并参与破裂卵泡形成黄体，使卵巢进入黄体期，从而对发情表现有相对的抑制作用。促卵泡素和促黄体素虽然功能各异，但又具有协同作用。羊的促卵泡素的分泌量较低，因此发情持续时间较短，与促黄体素比率的绝对值也相对较低，造成羊的排卵时间比较滞后，一般为发情结束期前，且表现安静排卵的羊较多。

3. 异常发情

大多数母羊都有正常的发情表现，但因营养不良、饲养管理不当或环境条件突变等原因，也可导致异常发情，常见有以下几种。

（1）安静发情　是指具有生殖能力的母羊外部无发情表现或外观表现不很明显，但卵巢上的卵泡发育成熟且排卵，也称为隐性发情。这种情况如不细心观察，往往容易被忽视。其原因有 3 个方面：一是由于脑下垂体前叶分泌的促卵泡素量不足，卵泡壁分泌的雌激素量过少，致使这两种激素在血液中含量过少所致；二是由于母羊年龄过大，或膘情过于瘦弱所致；三是因母羊发情期很短，没有发现所致，这种情况称为假隐性发情。

（2）假性发情　是指母羊在妊娠期发情或母羊虽有发情表现但卵巢根本无卵泡发育。妊娠期间的假性发情，主要是由于母羊体内分泌的生殖激素失调所造成的。

母羊发情配种受孕后，妊娠黄体和胎盘都能分泌孕酮，同时胎盘又能分泌雌激素。通常妊娠母羊体内分泌的孕酮、雌激素能够保持相对平衡，因此，母羊妊娠期间一般不会出现发情现象。但是当两种激素分泌失调后，即孕酮激素分泌减少，雌激素分泌过多，将导致母羊血液中雌激素增多，个别的母羊就会出现妊娠期发情现象。

无卵泡发育的假性发情，多数是由于个别年青母羊虽然已达到性成熟，但卵巢机能尚未发育完全，此时尽管发情，往往没有发育成熟的卵泡排出。或者个别母羊患有子宫内膜炎，在子宫内膜分泌物的刺激下也会出现无卵泡发育的假性发情。

（3）持续发情　是指发情时间延长，并大大超过正常的发情期限，是由于卵巢囊肿或母羊两侧卵泡不能同时发育所致。卵巢囊肿，主要是卵泡囊肿，即发情母羊的卵巢有发育成熟的卵泡，越发育越大，但是不破裂，而卵泡壁却持续分泌雌性激素，在雌激素的作用下，母羊的发情时间就会延长。两侧卵泡不同时发育，主要表现是当母羊发情时，一侧卵巢有卵泡发育，但发育几天即停止，而另一侧卵巢又有卵泡发育，从而使母羊体内雌激素分泌的时间拉长，致使母羊的发情时间延长。早春营养不良的母羊也会出现持续发情的情况。

4. 发情鉴定

（1）外部观察法　外部观察法是观察母羊的外部表现和精神状态判断母羊是否发情。母羊发情后，兴奋不安，反应敏感，食欲减退，有时反刍停止，频频排尿、摇尾，母羊之间相互爬跨，咩叫摇尾，靠近公羊，接受爬跨。

（2）公羊试情法　母羊发情时虽有一些表现，但不很明显，为了适时输精和防止漏配，在配种期间要用公羊试情的办法来鉴别母羊是否发情。此法简单易行，表现明显，易于掌握，适用于大群羊。母羊发情时喜欢接近公羊。

① 试情时间，在生产实践中，一般是在黎明前和傍晚放牧归来后各进行1次。每次不少于1~1.5h，如果天亮以后才开始试情，由于母羊急于出牧，性欲下降，故试情效果不好。

② 试情圈的面积以每羊1.2~1.5m^2为宜。试情地点应大小适中，地面平坦，便于观察，利于抓羊，试情公羊能与母羊普遍接近。

③ 试情公羊必须体格健壮，性欲旺盛，营养良好，活泼好动。试情期间要适当休息，以消除疲劳，并加强饲养管理。

④ 试情时将母羊分成 100～150 只的小群，放在羊圈内，并赶入试情公羊。数量可根据公羊的年龄和性欲旺盛的程度来定。一般可放入 3～5 只试情公羊。

⑤ 用试情布将阴茎兜住不让试情公羊和母羊交配受胎。每次试情结束要清洗试情布，以防布面变硬擦伤阴茎。

⑥ 试情时，如果发现试情公羊用鼻子嗅母羊的阴户，或在追逐爬跨时，发情母羊常将两腿分开，站立不动，摇尾示意，或者随公羊绕圈而行者即为发情母羊。用公羊试情是利用这些特性，作为判定发情的主要依据。

⑦ 在配种期内，每日定时将试情公羊放入母羊群中发现发情母羊。

5. 阴道检查法

阴道检查法是通过开膣器检查母羊阴道内变化来判定母羊是否发情。操作简单、准确率高，但工作效率低，适于小规模饲养户应用。检查时，先将母羊保定好，洗净外阴，再将开膣器清洗、消毒、烘干、涂上润滑剂，检查员左手横持开膣器，闭合前端，缓缓插入，轻轻打开前端，用手电筒检查阴道内部变化，当发现阴道黏膜充血、红色、表面光亮湿润，有透明黏液渗出，子宫颈口充血、松弛、开张，呈深红色，有黏液流出时，即可定为发情。

二、配种时间和配种方法

（一）配种时间的确定

羊的配种计划安排一般根据各地区、各羊场每年的产羔次数和时间来决定。1 年 1 产的情况下，有冬季产羔和春季产羔两种。“秋羔”是配种季节被人为地将发情期集中在每年的 3—4 月，到 8—9 月产羔，正值立秋前后，气候温和，正是牧草旺盛季节，而且牧草开花结籽时，营养价值最高，此时期产羔，能充分利用母羊膘情好、体壮、乳汁多，羔羊在胎后期和哺乳前期都不会缺乏营养，生长发育良好。秋羔的缺点就是进入冬季后没有优质饲草，母羊乳汁减少，羔羊没有足够的鲜草，影响生长发育。春羔是配种季节被人为地将发情期集中在了每年的 11—12 月，到第二年的 4—5 月产羔，春季产羔，气候较暖和，不需要保暖产房。母羊产后很快就可吃到青草，奶水充足，羔羊出生不久，也可吃到嫩草，有利于羔羊生长发育。但产春羔的缺点是母羊妊娠后期膘情最差，胎儿生长发育受到限制，羔羊初生重小。同时羔羊断奶后利用青草期较短，不利于抓膘育肥。随着现代繁殖技术的应用，密集型产羔体系技术越来越多地应用于各大羊场。在 2 年 3 产的情况下，第 1 年 5 月份配种，10 月份产羔；第 2 年 1 月份配种，6 月份产羔；9 月份配种，来年 2 月份产羔。在 1 年 2 产的情况下，第 1 年 10 月份配种，第2年3月份产羔；4月份配种，9月份产羔。交配时间一般是早晨发情的母羊傍晚配种，下午或傍晚发情的母羊于第二天早晨配种。为确保受胎，最好在第一次交配后，间隔12h左右再交配1次。

(二) 配种的方法

羊配种方法分为自由交配、人工辅助交配和人工授精3种。

1. 自由交配

自由交配最简单也是最原始的交配方式。在配种期内，可根据母羊多少，将选好的种公羊放入母羊群中，任其自由寻找发情母羊进行交配，也称为本交。该法省工省事，适合小群分散的生产单位，若公羊、母羊比例适当，可获得较高的受胎率。其缺点为：无法控制产羔时间；公羊追逐母羊，无限交配，不安心采食，耗费精力，影响健康；公羊追逐爬跨母羊，影响母羊采食抓膘；无法掌握交配情况，后代血统不明，容易造成近亲交配或早配，难以实施计划选配；不能记录确切的配种日期，也无法推算分娩时间，给产羔管理造成困难；羔羊出生后没有系谱；种公羊利用率低，不能发挥优秀种公羊的作用，消耗公羊体力。为了防止近交，羊群间要定期调换种公羊。

2. 人工辅助交配

人工辅助交配是有计划地安排公羊、母羊在非配种季节分开饲养，在配种期内用试情公羊试情，有计划地安排公羊、母羊配种。这种交配方式不仅可以提高种公羊的利用率，增加利用年限，而且能够有计划地选配，提高后代质量。交配时间，一般是早晨发情的母羊傍晚配种，下午或傍晚发情的母羊于次日早晨配种。为确保受胎，最好在第一次交配后间隔12h左右再重复交配1次。配种期内如果是自由交配，可按1：25的比例将公羊放入母羊群，配种结束将公羊隔出来。每年群与群之间要有计划地进行公羊调换，交换血统。

3. 人工授精

人工授精是借助于器械将公羊的精液输入母羊的子宫颈内或阴道内，达到受孕的一种配种方式。人工授精可以提高优秀种公羊的利用率，比本交提高与配母羊数十倍，节约饲养大量种公羊的费用，加速羊群的遗传进展，并可防止疾病传播。

三、肉羊人工授精技术

人工授精是一种先进的配种方法，是用器械将精液输入发情母羊的子宫颈内，使母羊受孕的方法。通过人工授精可以发挥优秀种公羊的作用，提高母羊的受胎率，节省公羊，节省饲料费用，防制传染病，便于血统登记，精液可以长期保存和远距离运输。人工授精是有计划进行羊群改良和培育新品种的一项重要技术措施。

（一）消毒

1. 器械消毒

假阴道要用清水冲洗，然后用 75%的酒精消毒，使用前用生理盐水冲洗。金属制品中的开膣器、镊子、盘子等，用清水冲洗，擦干后用 75%的酒精或进行酒精灯火焰消毒。

2. 配种操作室消毒

配种操作室一般面积为 15~20m^2，室温为 18~25℃。要求地面平整，光线充足，宽敞、平坦、清洁、安静。日常消毒用 1%高锰酸钾溶液进行喷洒消毒，每日于采精前和采精后各进行 1 次。

（二）采精

1. 采精前的准备

（1）器械的准备　假阴道、集精杯、镊子、开膣器、输精器等要提前清洗、干燥、消毒，存放于消毒柜内备用。

（2）公羊的准备　种公羊第一次采精的年龄应在 1.5 周岁左右，膘情中等；初次参加采精的公羊，应先进行采精训练，方法是让其“观摩”其他公羊配种；或用发情母羊刺激性欲。采精调教训练成功后，才能进行正式操作。

（3）假阴道安装　安装假阴道时，先将内胎装入假阴道外壳，再装上集精瓶，调节好调节阀钮。在假阴道内胎的前 1/3 处涂抹少许灭菌凡士林，从假阴道注水孔注入 50~55℃温水 150mL，通过气体活塞吹入气体，气体的量一般以内胎表面呈三角形合拢而不向外鼓出为宜。在采精时先测试假阴道内温度，应保持在 40~42℃。

2. 采精

采精前用温水洗净种公羊阴茎的包皮，并擦干净；将台羊保定后，引公羊到台羊处，采精时采精员站立在公羊的一侧；当种公羊爬跨时，迅速上前，使假阴道靠在母羊臀部，其角度与母羊的阴道的位置相一致（与地面呈 35°~45°），用手轻托阴茎包皮，迅速将阴茎导入假阴道中；羊的射精速度很快，当发现公羊有向前冲的动作时，即为射精，要迅速将装有集精瓶的一端向下倾斜，并竖起集精瓶；及时送精液到处理室，放气后取下集精瓶，盖好盖，待精液品质检查。

3. 采精频率

成年种公羊每日采精 1~2 次，连采 3d 休息 1 次，初采羊可酌减。

（三）精液品质检查

1. 外观检查

（1）颜色　呈乳白色，肉眼可看到乳白色云雾状。

(2) 气味　无味或略带腥味。

(3) 精液量　一次采集量山羊平均为0.8~1mL，绵羊平均为1~1.2mL。

(4) 初检　经外观检查，凡带有腐败臭味，出现红色、褐色、绿色的精液判为劣质精液，应弃掉，一般情况下不再做显微镜检查。

2. 显微镜检查

(1) 精子活力　精子活力是指在38℃的室温下直线前进的精子占总精子数的百分率。检查时以灭菌玻璃棒蘸取1滴精液，放在载玻片上加盖玻片，在400~600倍显微镜下观察。全部精子都做直线运动评为1级，90%的精子做直线前进运动为0.9级，以下以此类推。

(2) 精子的密度　是指每毫升精液中所含的精子数。取1滴新鲜的精液在显微镜下观察，根据视野内精子多少分为密、中、稀三级。“密”是指视野中的精子数量多，精子之间距离小于1个精子的长度；“中”是指精子之间的距离大约为1个精子的长度；“稀”为精子之间距离大于1个精子的长度。每毫升精液中含精子25亿以上者为密，20亿~25亿个为中，20亿以下为稀。

(3) 精子质量　精子活力在0.6以上，密度在中等以上，畸形精子率不超过20%，为优质。

(四) 稀释、保存

1. 稀释

(1) 稀释液的配制　稀释液的配方选择易于精子活动、减少能量消耗、延长精子寿命的弱酸性稀释液。稀释液推荐配方如下。

配方一：生理盐水稀释液。生理盐水作为稀释液简单易行，稀释后的精液应在短时间内使用，是目前生产实践中最为常用的稀释液。稀释的倍数不宜太高，一般是原精液2倍以下为宜。

配方二：葡萄糖卵黄稀释液。在100mL蒸馏水中加葡萄糖3g、柠檬酸钠1.4g，溶解后过滤3~4次，蒸煮30min后灭菌，降至室温，再加新鲜卵黄（不要混入蛋白）20mL，再加青霉素10万单位振荡溶解。这种稀释液有增加营养的作用，可作7倍以下稀释。

(2) 稀释倍数　要根据精子密度、活力而定稀释比例，稀释后的精液，每毫升有效精子数不少于7亿个。

(3) 稀释的操作步骤　根据镜检得出精子密度确定稀释倍数，根据稀释倍数计算出应加入的稀释液的量，用量杯量取应加的稀释液。稀释前将两种液体置于同一温水中，然后将稀释液沿着精液瓶缓缓倒入，为使混合均匀可稍加摇动，稀释完毕后，立即进行活力镜检，并将镜检结果填入采精登记表。

2. 精液保存

（1）常温保存　精液稀释后，保存在20℃以下的室温环境中，一般可有效保存24h。

（2）低温保存　在常温保存的基础上，温度进一步缓慢降至0~5℃。可将精液装入小试管内，直接放入温度为2~4℃的恒温箱中，低温下一般可有效保存48~72h。

（五）发情鉴定

母羊发情的主要表现：食欲减退、兴奋不安、嘶鸣、爬跨其他羊或接受其他羊爬跨而静立不动；阴门红肿，频频排尿而流出透明的液体；用试情公羊与母羊接触，母羊表现温驯，并将后躯转向公羊；将开膣器插入阴道，使之开张，发情盛期的母羊阴道潮红、润滑，子宫颈口开张，分泌的液体呈透明状。

（六）输精

1. 准备

（1）人员　输精人员应穿工作服，用肥皂水洗手、擦干，再用生理盐水冲洗。

（2）器械　把洗涤消毒好的开膣器、输精枪、镊子用纱布包好，待用。

（3）母羊　对发情母羊输精时，应对外阴部进行清洗，待干燥后再用生理盐水棉球擦拭。

2. 方法

用生理盐水擦拭后的开膣器插入阴道深部，触及子宫颈后，稍向后拉，以使子宫颈处于正常位置之后，轻轻转动开膣器90°，打开开膣器，开张度在不影响观察子宫颈口的情况下，开张度越小越好（2cm），否则引起母羊努责，不仅不易找到子宫颈，而且不利于深部输精；输精枪应慢慢插到子宫颈内0.5~1cm处，插入到位后应缩小开膣器开张度，并向外拉出1/3，然后将精液缓缓注入；输精完毕后，让羊保持原姿势片刻，放开母羊，原地站立5~10min，再将羊赶走。

3. 输精次数和输精量

输精次数：母羊1个发情期应输精2次，发现发情时输精1次，间隔8~10h应进行第2次输精。输精量：每头份的输精量，原精液为0.05~0.1mL，稀释后精液应为0.1~0.2mL。

4. 其他要求

输精人员要严格遵守操作规程，输精员输精时应切记做到深部、慢插、轻注、稍停。对个别阴道狭窄的青年母羊，开膣器无法充分打开，很难找子宫颈口，可采用阴道内输精，但输精量需增加1倍。输精后立即做好母羊配种记录。

每输完一只羊，要对输精器、开膣器及时清洗消毒后才能重复使用，有条件的建议用一次性器具。

第四节　超数排卵与胚胎移植

随着科学技术的不断发展进步，利用羊的繁殖生理原理，在羊的繁殖过程中采用同期发情、超数排卵与胚胎移植及早期妊娠诊断等先进新技术，可以加快羊的繁殖和育种工作，大大提高养羊业的生产水平和生产能力。

一、超数排卵

在母羊发情周期的适当时间，注射促性腺激素，使卵巢比正常情况下有较多的卵泡发育并排卵，这种方法即为超数排卵（简称超排）经过超排处理母羊 1 次可以排出数个甚至十几个卵子。这对充分发挥优良母羊的遗传潜力具有重要意义。应用外源性激素诱发卵巢多个卵泡发育，并排出具有受精能力的卵子的方法。超数排卵常用的药物有促卵泡素（FSH）和孕马血清促性腺激素（PMSG）。为了提高效果，往往多种激素配合使用。超数排卵是羊胚胎移植的重要环节之一。

超数排卵最好是在每年的秋季进行，超排有以下两种方法。一种是孕马血清促性腺激素（PMSG）一次注射法：选择发情正常的母羊，在发情母羊到来前 4d 超排即发情周期的第 12d 或 13d，肌内或皮下注射孕马血促性腺激素（PMSG）600~1 100国际单位出现发情后即行配，并在当日肌内或静脉注射人绒毛膜促性腺激素（HCG）500~750 国际单位即可达到超排目的。另一种是促卵泡素（FSH）多次注射法。对发情周期正常的母羊，先保定，再对母羊的外阴部进行清洗和消毒，然后用放栓枪将阴道栓放置到羊的阴道处，母羊在放栓后的第 15~18d，连续 4d 注射促卵泡素（FSH），每日早、晚各注射 1 次，母羊在注射促卵泡素的第 7 针时，将阴道栓取出，当羊表现发情时，注射促黄体素（LH）及其类似的药物，开始配种。药物的用量因羊的品种、个体大小不同而异。在促卵泡素多次注射法中，根据药物的使用方法又分为两种：一是药物等量注射法，即每次注射促卵泡素的剂量相同；二是递减注射法，即每次注射促卵泡素的剂量不同，第一天 2 次注射的剂量最大，第二天剂量减少，最后一天剂量最小。

二、胚胎移植

胚胎移植是从经过超排处理的少数优良母羊的输卵管或子宫中取出多个优良的胚胎，移植到另一群母羊体内，以达到产生供体羊后代的目的。

羊的繁殖时间主要集中在秋季，其次是春季。为了最大限度地利用羊只潜在的自然繁殖性能，实现胚胎移植的高效益，羊的胚胎移植最好在秋冬季进行，也可选择春季。实践证明，温度适宜的秋季效果最佳，冬季也可取得良好的效果，春季次之，夏季和早秋不宜实施胚胎移植手术。

基本程序主要包括：供体和受体的选择，供体的超排，受体同期化处理，供体母羊的配种、胚胎收集、胚胎鉴定和移植。早在 1949 年，世界首例羊胚胎移植便获得成功，如今，胚胎移植技术已发展成为家畜繁殖生物工程中成熟度较高的技术之一，在羊的纯种繁育、快速扩群及提高优质高产种羊繁殖率等方面具有重要作用。

（一）供受体羊的选择

1. 供体羊

供体羊应选择表现型较好、生产水平高、遗传稳定的优秀羊只。年龄在 2~5 岁，有正常繁殖史，发情周期正常，健康无病，尤其是无生殖道疾病。初产羊通常由于超排效果较差，一般不宜选用，但周岁以上发育良好的个体也可选用。6 岁以上的母羊，由于采食能力和体质下降，卵巢机能退化，其胚胎数量和质量都低于青壮年羊，一般也不选用，但体质和繁殖性能尚佳的个体例外。

2. 受体羊

受体羊要选择体形较大、繁殖率较高、哺乳力较强的品种，如绵羊胚胎移植应选择经产的小尾寒羊，山羊胚胎移植可选择关中奶山羊作为受体羊。受体羊和供体羊必须是空怀母羊。不论从同期发情处理效果看，还是从羔羊的初生重和生长发育情况看，体格大、产奶量高、健康无病，有 1~2 胎产羔史的 2~4 岁青壮年羊是理想的胚胎移植受体，而老龄羊及单胎品种羊处理效果较差。供受体羊的计划配备以 1：（12~13）为宜。

（二）供体羊的超数排卵

超数排卵最好是在每年的秋季进行，选择发情正常的供体羊，用孕马血清促性腺激素（PMSG）一次注射或用促卵泡素（FSH）多次注射，以达到超数排卵的目的。

（三）供体羊和受体羊用孕激素和前列腺素进行同期发情处理

前列腺素使黄体溶解，停止分泌孕酮，然后再用促性腺激素，引起母羊发情；用外源孕激素维持黄体分泌孕酮的作用，造成人为的黄体期而达到发情同期化。

（四）供体母羊的配种

选择品质优秀，遗传性能稳定，精液品质好的公羊与供体母羊进行配种，母羊发情就配种，8~12h 配 1 次，直到母羊不发情为止。配种时要输精量大，输精次数要多。

（五）胚胎的收集

胚胎的收集，也称采胚。一般是 3d 左右胚胎是从受精卵冲出；7d 左右是从子宫冲取。

1. 输卵管法

用 7 号针头带胶皮管作为冲卵管，将其一端由输卵管伞部的喇叭口插入 2~3cm 深处，用钝圆的夹子固定，另一端接集卵皿。用 20mL 或 30mL 注射器，吸 37℃冲卵液 5~10mL，在子宫角靠近输卵的部位，将针头朝输卵管方向扎入，一只手在针头后方捏紧子宫角，另一只手推进注射器，冲卵液由子宫与输卵管结合部流入输卵管，经输卵管流入集卵皿。

2. 子宫法

将子宫于体外，用肠钳夹住子宫角分叉处，用注射器吸入预热的冲卵液 20~30mL，冲卵针从子宫角尖端插入，确认管腔内畅通时，再将橡胶管与注射器接连，将冲卵液推入子宫内，子宫膨胀时将回收管从肠钳夹钳夹基部的上方迅速扎入，冲卵液经回收管收集于集卵杯中，最后用拇指和食指将子宫角捋一遍。另一侧子宫角冲卵方法相同。

采卵后用生理盐水冲去凝血块，涂少量灭菌液体石蜡，将器官复位，缝合消毒，肌注青霉素 80 万国际单位，链霉素 100 万国际单位。

检卵先将集卵杯倾斜，轻轻倒去上面清液，留 10mL 的冲卵液，再用杜氏磷酸盐缓冲液（PBS）冲洗集卵杯，倒入表面皿镜检。随后准备 3~4 个培养皿，依次编号，倒入 10%或 20%羊血清 OBS 保存液，将培养皿放入培养箱中待用。用 10 倍体视显微镜找到受精卵，先用玻璃棒除去卵周围的黏液，将胚胎吸至第一培养皿内，用吸管先吸少量杜氏磷酸盐缓冲液（PBS）后再吸卵，并在不同部位冲洗 3 遍，用同样方法在第二培养皿内处理，然后全部移至另一培养皿内。

（六）胚胎的鉴定

未受精卵呈圆形，外周有一圈折光性强的透明带，中央为质地均匀色暗的细胞质。透明带与卵黄膜之间的空隙很小。

发育正常的受精卵透明发亮，卵周隙明显，分裂球大小均匀。

（七）胚胎的移植

移植的方法与冲胚相同，移植的原则是从哪个部位冲出的，就移植到哪个部位。移植注意的方面：观察受体羊卵巢，胚胎移至黄体侧子宫角，无黄体不移植。一般移 2 枚胚胎。

第五节　新技术在繁殖中的应用

一、发情控制技术

同期发情是利用某些激素制剂人为地控制和调整母羊自然的发情周期，使许多母羊的预定的时期集中发情，便于组织配种。同期发情配种时间集中，节省劳力、物力，有利羊群抓膘，扩大优秀种羊利用率，使羔羊年龄整齐。特别是在居住分散的山区，如果能在短时间内使羊群集中统一发情和排卵，以便创造适宜于人工授精和胚胎移植的有利条件，达到合理配种、受精或适时移植胚胎的目的。

同期发情有两种方法：一种方法是促进黄体退化，从而降低孕激素水平；另一种方法是抑制发情，增加孕激素水平。两种方法所用的激素性质、作用各不相同，但都是改变母羊体内孕激素水平，达到发情同期化的目的。

（一）促进黄体退化法

先用前列腺素使黄体溶解，停止分泌孕酮，然后再用促性腺激素，引起母羊发情。用于同期发情的前列腺素，进口的有高效的氯前列烯醇和氟前列烯醇等。前列腺素的施用方法：一般采用皮下注射，一次注射量为80~120μg，也可以采用直接投入子宫颈口，效果也很好，还有的用PMSG作为处理，效果更佳。应该注意的是，由于前列腺素有溶解黄体的作用，已怀孕母羊会因孕激素减少而发生流产，因此要在确认母羊属于空怀时，才能使用前列腺素处理。

（二）孕激素处理法

用外源孕激素继续维持黄体分泌孕酮的作用，造成人为的黄体期而达到发情同期化。每日肌注孕酮10~20mg或采用阴道栓塞法给予孕酮（或其他类似物）50~60mL处理12~18d，停药后为了提高发情率，而肌注能使卵泡发育的孕马血清（PMSG）。

（三）三合激素处理法

应用三合激素处理时，当羊群出现5%左右的自然发情母羊时开始用药。每只羊颈部皮下注射三合激素1mL，羊只于处理后24h开始发情，持续到第五天，第二、三天发情最集中。

二、诱发分娩

诱发分娩亦称人工引产，是指在妊娠末期的一定时间内，注射激素制剂，诱发孕畜妊娠终止，在比较确定的时间内分娩，产出正常的仔畜，针对于个体称之为诱发分娩，针对于群体则称为同期分娩。

（一）单独使用糖皮质激素或前列腺素

在妊娠的最后 1 周内，用糖皮质激素进行诱发分娩，在羊妊娠的 144d，注射 12~16mg 地塞米松，多数母羊在 40~60h 产羔，或对妊娠 141~144d 的羊，肌内注射 15mg 前列腺素或 0.1~0.2mg 氯前列烯醇，或有效地诱引母羊在处理后 3~5d 产羔。

（二）合用雌激素与催产素

据报道，在中卫山羊和湖羊诱发分娩研究中，肌内注射己烯雌酚和催产素，取得了成功，但在肉羊无公害生产中，禁止使用己烯雌酚，可尝试研究使用其他雌激素。

三、诱产双羔

通过人为手段，利用激素或免疫的方法引起母羊有控制地排卵，改善母羊的生理环境，提高母羊群产双羔的比例，促使母羊每年产双羔或双羔以上羔羊。这项技术与胚胎移植超排不同，并不是要求母羊排卵越多越好，以群体产双羔率有较大幅度提高为目标。诱产双羔、多胎的方法如下。

（一）补饲催情法

利用营养调控技术提高母羊双羔率，主要包括采用配种前短期优饲，补饲维生素 E 和维生素 A 制剂，补饲白羽扁豆、补矿物质、微量元素等。实践证实，这些措施既能提高母羊的发情率，又能增加排卵数，诱使母羊产双羔甚至多胎。对配种前的母羊实行营养调控处理，加大短期的投入，可以达到事半功倍的效果。一般情况下，采取这种处理，在配种前短期内使母羊活重增加 3~5kg 左右，以提高母羊的双羔率 5%~10%。待配种开始后，恢复正常饲养。从经济效益上分析，不会增加生产成本，投入恰到好处。

（二）生殖免疫技术

该技术是以生殖技术作为抗原，给母羊进行主动免疫，刺激母体产生激素抗体，或在母羊发情周期中用激素抗体进行被动免疫。这种抗体与母羊体内相应的内源性激素发生特异性结合，显著地改变内分泌原有的平衡，使新的平衡向多产方向发展。目前，生殖免疫制剂主要有：双羔素（睾酮抗原）、双胎疫苗（类固醇抗原）、多产疫苗（抑制素抗原）及被动免疫抗血清等。这些抗原处理的方法大致相同，即首次免疫 20d 后，进行第二次加强免疫，第二次免疫后 20d 开始正常配种。据测定，免疫后抗原滴度可持续 1 年以上。

激素免疫法提高双羔率的原理是利用卵泡发育和黄体形成过程中的某些孕酮和雌激素的抗原性，制成抗原免疫药物，让其诱发母羊产生抗体，使母羊血液中天然游离的雌激素水平降低，刺激促性腺激素分泌，加速卵巢中卵泡的成熟，使母羊同时有多个成熟卵子排出，从而使羊群产双羔的母羊比例增多。目前我国已由新疆生产出以雄烯二酮为主体的激素抗原免疫型药物，其商品名称为 xjc-A 型双羔苗。使用方法是在配种前 40d，每只羊肌内注射双羔苗 2mL，28~30d 后再注射 1 次，用量与第一次相同，过 10d 左右即可配种。兰州生药厂生产的油剂只需注射 1 次即可。影响双羔苗应用效果的因素有以下几个方面。

（1）母羊膘情好，产双羔的增多。营养缺乏，矿物质供应不足，双羔苗应用效果不大。

（2）繁殖力较低的品种比繁殖力较高的品种应用效果好。

（3）母羊配种时体重大的比体重小的应用双羔苗的效果好。

（4）初配羊与经产羊应用双羔苗的效果无明显差异。

（三）胚胎移植技术

应用胚胎移植技术为发情母羊移植两枚优良种畜的胚胎，不但能达到一胎双羔，还可以通过普通母羊繁殖良种形式，在生产中具有很大的经济价值。

（四）受精卵移植技术

受精卵移植简称卵移，是从一只母羊的输卵管或子宫内取出早期胚胎，移植到另一母羊的相应部位，即“借腹怀胎”。胚胎移植结合超数排卵，使优秀种羊的遗传品质能更多地保存下来。这项技术主要用于纯种繁育。

四、早期妊娠诊断技术

配种后的母羊应尽早进行妊娠诊断，能及时发现空怀母羊，以便采取补配措施。对已受孕的母羊加强饲养管理，避免流产，这样可以提高羊群的受胎率和繁殖率。早期妊娠诊断有以下几种方法。

（一）表观征状观察

母羊受孕后，在孕激素的制约下，发情周期停止，不再有发情症状表现，性情变得较为温顺。同时，甲状腺活动逐渐增强，孕羊的采食量增加，食欲增强，营养状况得到改善，毛色变得光亮润泽。仅靠表观征状观察不易早期确切诊断母羊是否怀孕，因此还应结合触诊法来确诊。观察母羊配种后的 1 个月之内是否再次发情，如不再发情可能是已怀孕，但是这种方法可靠性不是 100%。因为母羊的发情受各种因素的制约，不发情也不一定已怀孕，有的羊因气候、饲料、疾病的原因可能不再发情。也有个别怀孕羊发情的。

（二）触诊法

待检查母羊自然站立，然后用两只手以抬抱方式在腹壁前后滑动，抬抱的部位是乳房的前上方，用手触摸是否有胚胎胞块。注意抬抱时手掌展开，动作要轻，以抱为主。还有一种方法是直肠—腹壁触诊。待查母羊用肥皂灌洗直肠排出粪便，使其仰卧，然后用直径 1.5cm、长约 50cm、前端圆如弹头状的光滑木棒或塑料棒作为触诊棒，使用时涂抹上润滑剂，经过肛门向直肠内插入 30cm 左右，插入时注意贴近脊椎。一只手用触诊棒轻轻将直肠挑起来以便托起胎胞，另一只手则在腹壁上触摸，如有胞块状物体即表明已妊娠；如果摸到触诊棒，将棒稍微移动位置，反复挑起触摸 2~3 次，仍摸到触诊棒即表明未孕。注意，挑动时不要损伤直肠。羊属中小牲畜，不能像牛马那样做直肠检查，因此触诊法在早期妊娠诊断还是很重要的，而且这种方法准确率也相当高。

（三）阴道检查法

妊娠母羊阴道黏膜的色泽、黏液性状及子宫颈口形状均有一些与妊娠相一致的规律变化。

1. 阴道黏膜

母羊怀孕后，阴道黏膜由空怀时的淡粉红色变为苍白色，但用开膣器打开阴道后，很短时间内即由白色又变成粉红色。空怀母羊黏膜始终为粉红色。

2. 阴道黏液

孕羊的阴道黏液呈透明状，而且量很少，因此也很浓稠，能在手指间牵成线。相反，如果黏液量多、稀薄、颜色灰白的母羊为未孕。

3. 子宫颈

孕羊子宫颈紧闭，色泽苍白，并有浆糊状的黏块堵塞在子宫颈口，人们称为“子宫栓”。与发情鉴定一样，在做阴道检查之前应认真修剪指甲及消毒手臂。

（四）免疫学诊断

怀孕母羊血液、组织中具有特异性抗原，能与血液中的红细胞结合在一起，用它诱导制备的抗体血清和待查母羊的血液混合时，妊娠母羊的血液红细胞会出现凝集现象。如果待查母羊没有怀孕，就会因为没有与红细胞结合的抗原，加入抗体血清后红细胞不会发生凝集现象。由此可以判定被检母羊是否怀孕。

（五）孕酮水平测定法

测定方法是将待查母羊在配种 20~25d 后采血制备血浆，再采用放射免疫标准试剂与之对比，判读血浆中的孕酮含量，判定妊娠参考标准为：绵羊每毫升血浆中孕酮含量大于 1.5ng，山羊大于 2ng。（1ng：1g 的 1/100 万）。

（六）超声波探测法

超声波探测仪是一种先进的诊断仪器，有条件的地方利用其进行早期妊娠诊断，便捷可靠。检查方法是将待查母羊保定后，在腹下乳房前毛稀少的地方涂上凡士林或石蜡油等耦合剂，将超声波探测仪的探头对着骨盆入口方向探查。用超声波诊断羊早期妊娠的时间最好是配种 40d 以后，这时胎儿的鼻和眼已经分化，易于诊断。

第六节　提高肉羊繁殖力的措施

羊繁殖力是指羊繁殖后代的能力。繁殖力的高低，直接影响羊的数量发展和生产性能的提高。绵羊的繁殖力受遗传、营养、年龄及其他外界环境条件（如光照、温度）的影响。因此，提高绵羊的繁殖力不仅要通过选种选配、杂交改良和改变遗传特性进行探讨，还要饲养管理、繁殖技术和改变外界环境条件给予应有的重视。

一、羊繁殖力的影响因素

（一）遗传因素

不同的绵羊品种繁殖力差异很大。一般北方牧区的绵羊 1 年产 1 胎，而湖羊、小尾寒羊 1 年产 2 胎或 2 年产 3 胎，双羔常见，多的每胎产 4~5 只。不同品种繁殖力的差异是自然选择和人工选择的结果。通过选育能有效地提高绵羊的多胎性。

（二）营养因素

营养条件对绵羊繁殖力影响很大。加强饲养是提高绵羊繁殖力的有效措施。在配种前 2~3 周对母羊进行短期优饲，能提高母羊的排卵率。成年母羊维生素供给不足，会使排卵数目减少。

（三）温度因素

在夏季气候炎热时，有些品种的公羊出现完全不育或繁殖力降低的现象，表现在射精量减少，精子活力下降，数量减少，畸形精子或死精子的比例上升。

（四）年龄因素

母羊的产羔率一般随年龄而增加，3~6 岁时繁殖力最高。公羊的繁殖力通常在 5~6 岁时达到最高峰。无论公羊或母羊，7 岁以后繁殖力逐渐下降。

二、提高羊繁殖力的技术措施

保障羊群的高繁殖率和羔羊成活率是高效养羊生产中的重要环节。现代化的养羊业要求种羊具有早熟、多胎多产、生长发育快和产品质量好等优良特性。只有提高繁殖力，才能增加数量和提高质量，获得较好的经济效益。因此，畜牧工作者采用各种方法和途径来提高羊的繁殖力。

（一）改善饲养管理

营养条件对羊群繁殖力的影响很明显，改善公羊、母羊的营养状况是提高繁殖力的有效途径。在配种前及配种期，应给予公羊、母羊足够的营养，保证蛋白质、维生素和微量元素等供给。种公羊的营养水平对受胎率和产羔率、初生重和断奶重都有影响。种公羊应在配种前1.5个月开始加强营养。用全价的营养物质饲喂公羊，受胎率、产羔率都高，羔羊初生重也大。母羊应在配种前2~3周加强营养，不仅能使母羊发情整齐，也能使母羊排卵数增加，提高受胎率。任何微量元素的严重缺乏都会影响到羊的各种基本功能，包括繁殖性能等。母羊在妊娠期间，如果饲养管理不当，可能引起胎儿死亡。

（二）加强选种和选配

种公羊要求体型外貌符合种用要求、体质健壮、睾丸发育良好、雄性特征明显、精液品质好。从繁殖力高的母羊后裔中选择公羊；加强母羊选择，选择繁殖力强的母羊。

母羊的产羔率随年龄而变化。一般4~5岁时的双羔率最高，在2~3岁时较低，头胎初产时最低。第1胎即产双羔的母羊，具有较大的繁殖力。选择头胎产双羔和前3胎产多羔的母羊，可以提高母羊的双羔率和繁殖力。

要合理选配。单胎、双胎的公母羊，不同组合的配种，双羔率不一样。采用双胎公羊配双胎母羊，可显著提高双羔率。

（三）提高母羊产羔率

选育高产母羊是提高繁殖力的有效措施，坚持长期选育可以提高整个羊群的繁殖性能。一般采用群体继代选育法，即首先选择繁殖性能本身较好的母羊组建基础群，作为选育零世代羊，以后各世代繁殖过程中均不引进其他群种羊，实行闭锁繁育，但应避免全同胞的近亲交配，第三世代群体近交系数控制在12.5%以内。随机编组交配，严格选留后代种公羊、种母羊。群体继代选育的关键是在建立的零世代基础群应具备较好的繁殖性能，选择产羔率较高的种羊有以下一些方法。

1. 根据出生类型选留种羊

母羊随年龄的增长其产羔率有所变化。一般初产母羊能产双羔的，除了其本身繁殖力较高外，其后代也具有繁殖力高的遗传基础，这些羊都可以选留作种。

2. 根据母羊的外形选留种羊

细毛羊脸部是否生长羊毛与产羔率有关。眼睛以下没有被覆细毛的母羊产羔性能较好，所以选留的青年母绵羊应该体型较大，脸部无细毛覆盖。山羊中一般无角母羊的产羔数高于有角母羊，有肉髯母羊的产羔性能略高于无肉髯的母羊。但是无角山羊中容易产生间性羊（雌雄同体），因此山羊群体中应适当保留一定比例的有角羊，以减少间性羊的出生。

3. 提高繁殖公母羊的饲养水平

营养水平是影响公母羊繁殖性能的重要因素。我国地域广大，草地类型各异，除热带、亚热带很少地区外，大部分地区由于气候的季节性变化，存在着牧草生长的枯荣交替的季节性不平衡。特别是我国北方和高海拔地区，这种季节性不平衡更加严重。枯草季节，羊采食不足，身体瘦弱，影响羊的繁殖受胎率和羔羊成活率。配种季节应加强公母羊的放牧补饲，配种前两个月即应满足羊的营养需求。一方面延长放牧时间，早出晚归，尽量使羊有较多的采食时间；另一方面还应适当补饲草料，补饲的草料不仅要含有丰富的蛋白质、脂肪、碳水化合物，还应含有丰富的维生素和矿物质。在抓膘催情的同时，也要注意避免使繁殖种羊过度肥胖。繁殖母羊如果过度肥胖，可使体内积蓄大量脂肪，导致脂肪阻塞输卵管进口，形成生理性不孕。公羊过度肥胖，引起睾丸生殖细胞变性，产生较多的畸形精子和死精子，没有授精能力。防止繁殖公母羊过肥的措施是注意合理的日粮搭配，特别应注意使公母羊有适当的运动。

（四）利用多胎基因

引进多胎品种与地方品种羊杂交，是快速、有效和简便易行，提高繁殖力的方法。引入多胎品种的遗传基因、引入多胎品种进行杂交改良是提高群体繁殖力的一种有效方法。引进多胎品种杂交，利用我国绵羊的多胎品种主要有：大尾寒羊，平均产羔率为185%；小尾寒羊，平均产羔率可达270%左右；湖羊，平均产羔率可达235%左右。但是这些品种产毛量低，羊毛品质较差，杂交改良会对毛用性能带来不利影响。我国山羊具有多胎性能，平均产羔率可以达到200%左右，而北方地区的山羊品种产羔率通常较低，可以引进繁殖力较高的品种进行杂交。

用多胎品种与地方品种羊杂交，是快速、有效和简便易行提高繁殖力的方法，如利用小尾寒羊等多胎品种作父本进行杂交，明显增加产羔数。

（五）采用繁殖控制技术。

如早期断奶、同期发情、超数排卵、分娩控制等繁殖新技术，控制繁殖周期缩短产羔间隔时间。提高产羔频率和受胎效果，增加每胎产羔数，充分挖掘繁殖潜力。

（六）采用先进授精技术。

采用XK-2型等输精器授精，该输精器富弹性，操作简单，使用安全，坚固耐用，有利于进行深部输精，一般可比常规输精器提高受胎率10%以上；采用腹腔镜子宫角深部输精，能显著提高绵羊冷冻精液的受胎率；采用肌内注射促排卵3号（LRH-A3），情期受胎率可达93.5%，比不注射者提高27.2%的受胎率。

（七）应用胚胎移植与胚胎分割技术。

利用胚胎移植可加速良种羊扩群，提高母羊的繁殖力。该技术已被国内外养羊生产采用，并收到了很好效果。

第三章　肉羊场生态建设

第一节　肉羊养殖场场址的选择

肉羊养殖场场址选择是肉羊生产的开始，不仅要根据肉羊场的经营方式（单一经营或综合经营）、生产特点（种羊场或商品场）、饲养管理方式（舍饲或放牧）及生产集约化程度等基本特点，而且要与人们的消费观念与消费水平、肉羊生产的区域性、地方发展的方向以及资源利用等情况相结合。近几年来，羊传染病的发生及排泄物对环境造成的污染正逐渐引起人们的重视，因此必须对肉羊养殖场地形、地势、水源、土壤、地方性气候等自然条件，以及饲料和能源供应、交通运输、与工厂和居民点的相对位置、产品的就近销售、羊场废弃物的就地处理等社会条件进行全面考虑。一个理想的场址应具备以下条件。

一、地势高燥，地形平缓

羊有喜干燥厌潮湿的生活习性。如羊长期生活在低洼潮湿环境中，不仅影响生产性能的发挥，而且容易引发一些疾病，此外，羊场建在地势低洼处，则易积水而潮湿泥泞，降低畜舍保温隔热性能和使用年限，且夏季羊舍通风不良，空气闷热，易滋生蚊蝇和微生物，冬季则阴冷。因而，羊场场地应选择地势高燥（高出当地历史洪水线 1m 以上，地下水位在 2m 以下，对畜禽机体健康和生长、生产有利），平坦，有缓坡（坡度一般以 1%～3%为宜，最大不超过 25%，便于排水，否则会加大建场施工工程量，不利于场内运输），土质以沙壤土为好。如在坡地建场，则要求背风向阳，因为我国冬季盛行北风或西北风，夏季盛行南风或东南风，所以向阳坡夏季迎风利于防暑，冬季背风可减弱冬季风雪的侵袭，对场区小气候有利。

二、饲草饲料资源丰富

饲草饲料是肉羊赖以生存的物质基础。建肉羊场要考虑有稳定的饲料供给，如放牧地、饲料生产基地、打草场等。以舍饲为主的肉羊场，必须有足够的饲草饲料基地和便利的饲料原料来源；以放牧为主的羊场，必须有足够的放牧场地和打草场。切忌在草料缺乏或附近无放牧场的地方建肉羊场。

三、水电充足，水质良好

在羊场生产过程中，人畜的饮水、饲料的清洗与调配、羊舍和用具的洗涤、畜体的洗刷等，都需要使用大量的水，水质的好坏直接影响人、畜健康和畜产品质量。因此，要求：①水量充足，满足场内人员生活用水、肉羊饲养管理用水、绿化用水、消防用水等各项用水；②水质良好，人员用水符合生活饮用水水质标准（GB 5749—2006），肉羊饮用水符合《无公害食品 畜禽饮用水水质标准》（NY 5027—2008）；③便于防护，不易受污染；④取用方便，处理技术简单。人员用水可按24~40L/（d·人）计算，成年羊的饮水量一般为10L/（d·头），1岁以前的羊为3L/d·头。切忌在严重缺水或水源严重污染的地方建立羊场。

集约化程度较高的大型羊场，必须具备可靠的电力供应。应尽量靠近原有输电线路，缩短新线架设距离，最好采取工业用电和民用电两路供电，同时配置发电机。

四、符合防疫卫生要求

1. 地理位置

肉羊场应选在居民点的下风向，避开污水排放口。羊场与居民点的距离，一般养殖场应不少于500m，大型肉羊场应不少于1 000m（图3-1）。如周围有化工厂、屠宰场、制革厂等易造成环境污染的企业，则羊场应建在上风向，并远离。

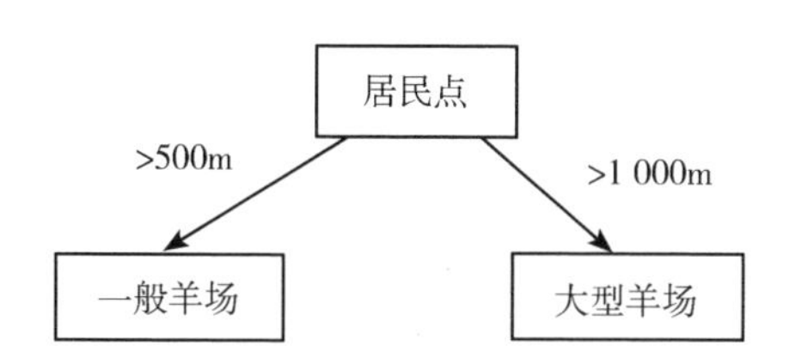

图3-1 肉羊养殖场与居民点间及养殖场之间卫生间距

2. 交通条件

肉羊场要求交通便捷，特别是大型集约化的商品羊场，饲料、产品、粪尿废弃物运输量很大，应保证交通方便。但是肉羊场交通干线往往又是疫病传播的途径，所以，在选择场址时，既要考虑交通方便，又要使羊场与交通干线保持适当的卫生间距。一般距交通干线不少于1 000m，距一般道路不小于500m。

五、合理征用土地

选择场址必须符合本地区农牧业生产发展总体规划、土地利用发展规划和城乡建设发展规划的用地要求。必须遵守十分珍惜和合理利用土地的原则，不得占用基本农田，尽量利用荒地和劣地建场。大型养殖企业分期建设时，场址选择应一次完成，分期征地。近期工程应集中布置，征用土地满足本期工程所需面积，远期工程可预留用地，随建随征。征用土地可按场区总平面设计图计算实际占地面积。以下地区或地段的土地不宜征用：①规定的自然保护区、生活饮用水水源保护区、风景旅游区；②受洪水或山洪威胁，以及有泥石流、滑坡等自然灾害多发地带；③自然环境污染严重的地区。

第二节　肉羊养殖场的规划与布局

养殖场场址选好后，在选定的场地上进行合理地分区规划和建筑物布局，即进行养殖场总（平面）图设计。这是建立良好的养殖场环境和组织高效率养殖生产的先决条件。羊场布局不仅要符合防疫卫生和消防要求，而且要节约投资，方便管理，省时省工，有利于提高劳动生产效率。

一、肉羊场的布局原则

具体包括以下原则。

（1）羊舍及各种建筑物的布局不仅要合理配置，符合长远规划的要求，而且要方便管理，有利于整体工作的提高，力求最短化运输、供电、供水系统。

（2）充分考虑主导风向与各区间的上下游关系，有利于做好防疫灭病工作，严防疫病的发生和传播。

（3）符合作业流程，即羊的饲养管理与繁殖，羔羊的培育，育肥羊群的饲养管理，饲料的运输、贮存、加工、调制、分发和羊舍清扫、粪尿清除、疫病防治等环节流转顺畅，减少无谓的劳动消耗。

（4）合理利用地形、风向和光照，充分利用平缓的坡地，利于排水，保持羊舍干燥。在寒冷地区羊舍应避开主风向口，尽量缩小迎风面；在炎热地区，应充分利用主风向，进行通风降温。羊舍应坐北朝南，便于采光保温。

（5）投资最省，就地取材，降低工程造价和设备投资，便于施工，且符合消防规定。

二、肉羊场场区的布局

在进行场地规划时，应充分考虑未来的发展，在规划时留有余地。肉羊场场区分为生活区、管理区、生产区和隔离区。各区的位置，应从人、畜卫生防疫和工作方便的角度考虑，根据场地地势和当地全年主风向，按图 3-2 所示的模式顺序安排各区。畜牧场每个功能区建筑物和设施功能之间的联系如图 3-3 所示。占地面积估算可按存栏基础母羊计算：占地面积为 15~20m^2/只，羊舍建筑面积为 5~7m^2/只，辅助和管理建筑面积为 3~4m^2/只。按年出栏商品肉羊计算：占地面积为 5~7m^2/只，羊舍建筑面积为 1.6~2.3m^2/只，辅助和管理建筑面积为 0.9~1.2m^2/只。

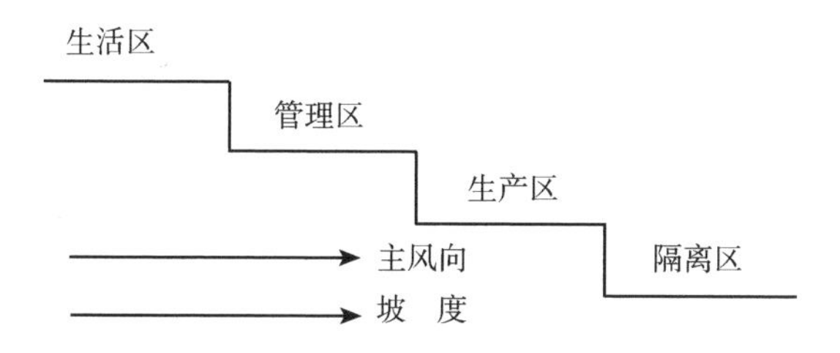

图 3-2　肉羊养殖场依地势、风向配置模式

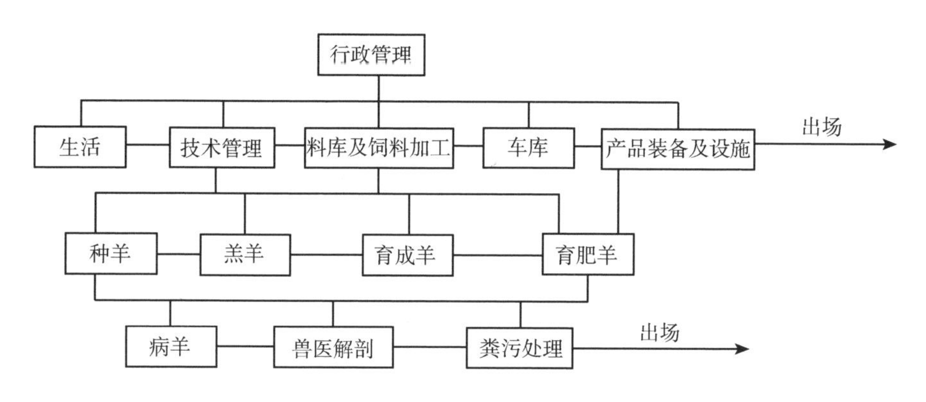

图 3-3　肉羊养殖场区建筑物和设施的功能关系

肉羊养殖场的主要建筑物有羊舍、病羊舍、饲料库、饲料加工间、兽医室、车库、办公室和生活用房等。道路分主干道和支干道，主干道因与场外运输线连接，其宽度为 5~6m，支干道为 2.5~3m，路面坚实，排水良好，道路两侧有排水沟，并植树，以绿化环境。给水系统最好通过自来水管道输送到羊场各个地方，如打井供水，则要经沉淀和消毒后使用。排水系统多设在道路的两旁，一般用大口径暗管道埋于冻土层以下，以免受冻阻塞，以减少污物积存。羊场四周应建有围墙或坚固的防疫沟，以防外来人员及其他动物进入场内。羊场大门口及各羊舍入口处，应设立消毒池或消毒室、更衣室等。

1. 生活区

生活区包括职工宿舍、食堂、文化娱乐设施等，应位于养殖场的上风和地势较高的地段，设在大门口或场外。

2. 管理区

管理区是养殖场从事经营管理活动的功能区，与社会环境具有极为密切的联系，包括行政和技术办公室、车库、杂品库、配电室等。此区位置的确定，除考虑风向、地势外，还应考虑将其设在与外界联系方便的位置。此外，负责场外运输的车辆严禁进入生产区，其车棚、车库应设在管理区。待出售的畜产品仓库及其他杂品库均在管理区。

3. 生产区

生产区是养殖场的核心区，包括肉羊舍、饲料调制和贮存。此区应设在养殖场的中心地带。规划时应从育种、繁殖、羔羊培育到商品羊群生产全过程考虑。如自繁自养养殖场应将种羊（包括基础繁殖群）、羔羊与商品羊群分开。通常将种羊、羔羊设在防疫比较安全的上风处和地势较高处，然后依次为育成羊、商品羊。

（1）肉羊舍　肉羊舍分为种羊舍、母羊舍、育成羊舍、育肥羊舍和产羔羊舍等，呈平行整齐排列，如果栋数少，可呈一列排列，栋数多则两列配置，羊舍高度2~2.5m，窗户与羊舍面积之比为1：（12~15），羊舍之间相距10~12m，以方便运输，利于通风采光。产羔羊舍应设在靠近母羊舍的下风处，或者在成年母羊舍内隔出产房。

（2）运动场　运动场一般设在羊舍的南面，以前排羊舍的后墙和后排羊舍的前墙之间的空地作为运动场，低于羊舍地面60cm以下，向南缓缓倾斜以利于排水和保持干燥，夏季炎热地区羊舍及运动场应有遮阴设施。四周设围栏或砌墙，其高度为1.2m，按每只成年羊10m^2估算。

（3）饲料加工车间　为了防疫安全，又便于外面车辆将饲料运入和饲料成品送往生产区，应将饲料加工车间和料库设在该区与生产区隔墙处，与饲料仓库最近，且靠近羊舍，最好设于各羊舍的中间位置，并靠近大门，以方便车辆往返。但对于兼营饲料加工销售的综合型大场，则应在保证防疫安全与生产区保持方便联系的前提下，独立组成饲料生产小区。

（4）饲料仓库　饲料仓库适用于规模较大或以舍饲为主的羊场，室内要通风良好、清洁、干燥。夏季要防潮湿霉变。库房地面及墙壁要平整，四周设有排水沟，建筑形式可以是封闭式、半敞开式或棚式。用于贮存精料原料、混合精料、预混料和添加剂。

（5）青贮窖（塔）　青贮窖、青贮塔等（图3-4）适合规模大的羊场，应建于成年羊舍旁，地势高燥、排水良好的地方，以便于取料，位置既便于青贮原料从场外运入，又避免外面车辆进入生产区。规模小的可建青贮窖或塑料袋青贮。

青贮塔：用砖、水泥、钢筋等原料砌筑而成的永久性塔形建筑。塔的高度应根据设备的条件而定，有自动装原料的青贮切碎机的条件，可以建高达8~10m

的青贮塔，甚至更高的青贮塔。适用于在地势低洼、水位高的地区及大型牧场或城市郊区使用。

青贮窖：根据其在地面上下的位置分地下式、半地下式和地上式。根据其形状又有圆形与长方形之分。一般在地下水位比较低的地方，可使用地下式青贮，而在地下水位比较高的地方宜建半地下式和地上式青贮。青贮原料多时，可采用长方形窖。一般深 1.5~3.5m，长度可根据需要确定。建长方形窖时，窖的四角必须做成圆弧形，便于青贮料下沉，排出残留气体。地下、半地下式青贮窖内壁要有一定斜度，一般要求口大底小，以防窖壁倒塌，可用砖、石、水泥等原料将窖底、窖壁砌筑起来，以保证密封和提高青贮效果。如在地面上建窖，呈长方形，长、宽可根据原料多少来确定，同样用砖、石、水泥砌筑。当青贮原料少时，最好建造圆形窖。因为圆形窖与同样容积的长方形窖相比，窖壁面积要小，贮藏损失小。一般圆形窖的大小以直径 2m、窖深 3m 为宜。

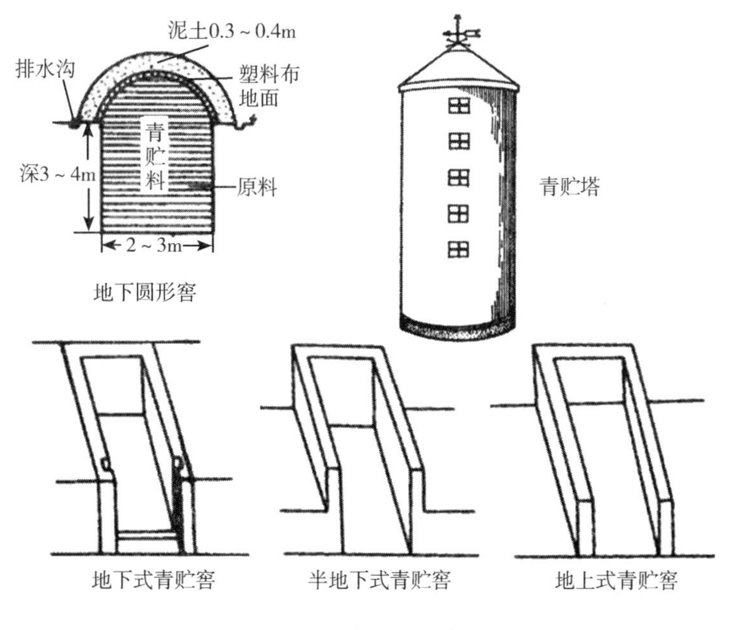

图 3-4　青贮窖（塔）

（6）干草和垫草的堆放场所　用于大量贮备干草、农作物秸秆、垫草的堆放场所，必须设在生产区的下风向，远离居民点，距羊舍较远处，以防火（与其他建筑保持在 60m 以上的防火间距）防尘，同时，考虑场外运送干草、垫草的车辆避免进入生产区。在羊舍周围另设堆草圈，以方便冬春季饲草取用与肉羊补饲，应建在高燥之地，并设有排水道，可用砖、土坯、栅栏或网栏制成，圈顶盖用遮风雨的材料。

(7) 人工授精站　人工授精站适用于大中型羊场，包括采精室、精液处理室、输精室，其面积分别为 8~12m²、10~12m²、20~25m²。要求保温、明亮、空气清新，水泥地面（图 3-5）。有足够的面积，采光系数不小于 1∶15。

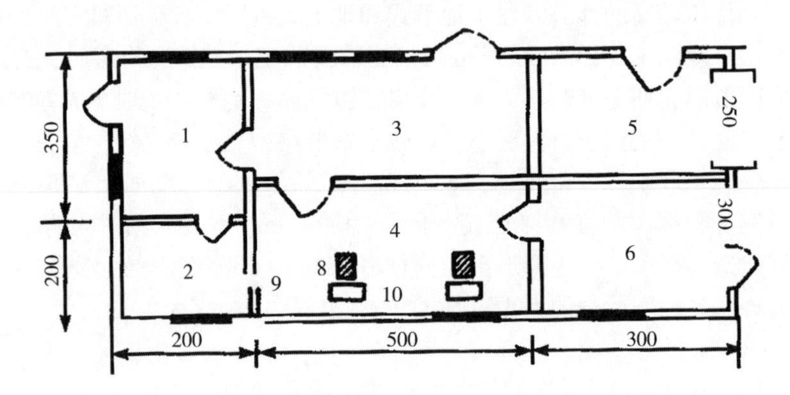

1. 授精室；2. 精液检查室；3. 输精等待室；4. 输精室；5. 贮藏室；
6. 已输精母羊室；7. 公羊圈；8. 输精架；9. 送精窗口；10. 输精坑

图 3-5　人工授精站平面（单位：cm）

(8) 药浴池　药浴池一般用水泥筑成，形状为长方形水沟状，池深 1m 左右，长 10~15m，底宽 30~60cm，上宽 60~100cm（图 3-6）。池的入口端为陡坡，出口一端用石、砖砌成或栅栏围成储羊圈，另一端设滴流台，羊出浴后，可在滴流台上停留片刻，使身上的药液流回池内。羊数较少的农户可建一个简易临时药浴池，先挖一个长 10m 左右、深 1m 的梯形沟，沟的两端呈斜坡状，然后铺上帆布，使沟的四周不漏水即可，药浴出口处地面也铺上帆布，使羊出浴后身上的药液能流回池中。储羊圈和滴流台的大小可根据羊只数量确定。

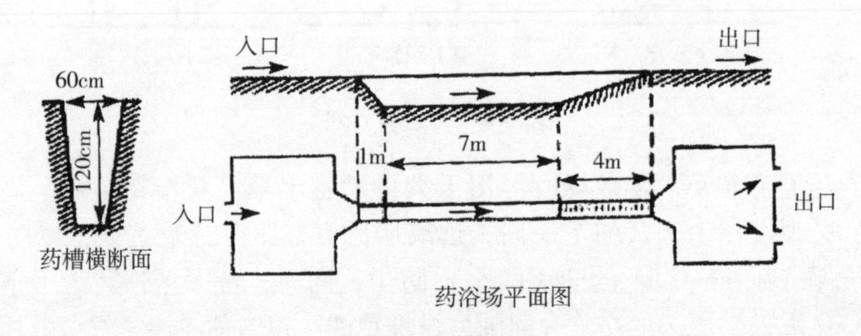

图 3-6　药浴池

4. 隔离区

隔离区包括兽医诊疗室、病畜隔离舍、尸坑或焚尸炉、粪便污水处理等，应设在场区的最下风向和地势较低处，并与羊舍保持 300m 以上的卫生间距。该区应尽可能与外界隔绝，四周应有隔离屏障，如防疫沟、围墙、栅栏或浓密的乔灌木混合林带，并设单独的通道和出入口。当羊舍成一列布局时，只需在与饲料加工调制间相对一侧设一个贮粪场；羊舍呈两列布局时，应设置 2 个，并分别位于羊舍较远一端的中部，以保证运输距离短，不与运饲料的道路交叉。贮粪场需要经过水泥硬化处理，以防止渗漏造成环境污染。所需贮粪池面积按贮放 6 个月堆入高 1.5m 计，每只成年羊为 0.4m^2，贮粪池深 1m 左右，长宽尺寸依据具体情况灵活掌握。污水处理池应大而浅，但其水深不小于 0.6m，最大深度不超过 1.2m。修建时采用水泥硬化，最好先使用防渗漏材料。处理病死家畜的尸坑或焚尸炉应严密隔离。此外，在规划时还应考虑严格控制该区的污水和废弃物的排放，防止疫病蔓延和污染环境。

第三节　肉羊舍的建筑设计

一、肉羊舍的基本结构

1. 地面

肉羊舍地面分为漏缝地面和实地面 2 种类型。漏缝地面最好建成离地面高 80~100cm 的高床，铺漏缝宽 2cm 床面。南方羊舍常用漏缝地板，由木条、竹片或漏缝水泥板构建，间隙一般 1~2cm，以利粪尿漏下为宜，与地面距离 1.5~1.8m，便于清除粪便。实地面又以建筑材料不同有夯实黏土、三合土（石灰：碎石：黏土之比为 1：2：4）、砖地、水泥、木质地面等，黏土地面易于去表换新，造价低廉，但易潮湿和不便消毒，只适用于干燥地区；三合土地面较黏土地面好；水泥地面不保温、太硬，但便于清扫和消毒；砖地面和木质地面保暖，也便于清扫和消毒，但成本高，适合于寒冷地区。无论哪种材料建造的地面，都应平整、坚固耐用。舍内地面高出舍外 20~30cm，且由里向外铺成斜跨台，保持一定的坡度，以利于清扫粪尿和排水。饲料间、人工授精室、产羔室可用水泥地面，以便清洗与消毒。

2. 墙和屋顶

墙和屋顶对羊舍起保温隔热和防雨作用。土墙造价低，保温好，但易潮湿，不易消毒，小规模简易羊舍可采用。砖墙有半砖墙、一砖墙和一砖半墙等，墙越厚保温性能越好，但建筑成本越高。北方寒冷地区可适当增加墙壁厚度。石墙坚固耐久，但导热性大，寒冷地区使用效果差。金属铝板、胶合板、玻璃纤维材料建成的保温隔热墙，效果很好。屋顶可为单坡式或双坡式，建筑常用材料有石棉瓦、泥、塑料薄膜、油毡等，其上可建天棚，以增强羊舍的保温和隔热性能。羊舍净高度一般不低于2.5m，寒冷地区羊舍可适当低一些，以利于保温。南方多雨地区羊舍屋顶应有严密的防漏装置，墙基要有排水设施。

3. 门和窗

羊舍门以羊能顺利通过不致拥挤为宜。大群饲养的羊舍和冬、春季因肉羊母羊怀孕，经过的舍门以3m×2m为宜，肉羊数少或分栏饲养的舍门可为1.5m×2.5m，育肥羊舍门为1.2m×2m。寒冷地区的羊舍，在大门外添设套门，能防止冷空气直接侵入。我国南方气候炎热、多雨、潮湿，门窗以敞开为好。窗户面积约为地面面积的1：（12~15），下缘距地面的高度约为1.5m。羊舍南面或南、北两面可加修0.9~1m高的矮墙，南窗和北窗上半部敞开，可保证羊舍干燥通风。

4. 面积

肉羊舍的面积和高度应能满足空气流通、干燥、采光、防寒保暖、防暑降温、便于饲养管理的要求。羊舍的占地面积应根据羊群规模的大小、品种、性别、生理状况和当地气候等情况而定。公羊（育成公羊：0.7~0.9m^2；单饲公羊：4~6m^2；群饲公羊：1.5~2m^2）；母羊（育成母羊：0.7~0.8m^2；春季产羔母羊：1.2~1.4m^2；秋季产羔母羊：1.6~2m^2）；羔羊（去势羔羊：0.6~0.8m^2；3~4月龄羔羊：0.3~0.4m^2）；育肥羊、淘汰羊（0.7~0.8m^2）；隔离羊（2~4m^2）。

二、肉羊舍的类型

由于各地气候条件和饲养方式的差异，羊舍的类型也有所不同。常见的羊舍类型有长方形羊舍、楼式羊舍和棚式羊舍。

（一）长方形羊舍

典型的羊舍为长方形，墙壁采用砖、石、土坯结构构成。一般为向外开启的双扇门，门宽1.2m以上，南墙和北墙均设有窗户。这种羊舍，夏季通风、透光，较凉爽；冬季向阳、背风，较暖和。根据羊舍四周墙壁封闭的严密程度，可划分为封闭舍、开放舍与半开放舍等。

羊舍内部结构可以是双列对头式，即羊舍内部的两侧为羊休息和采食的地方，中间为走道，走道两侧修建固定式饲槽（图3-7）；也可以是双列对尾式羊舍，即走道、饲槽等分别设在羊舍内部的两侧靠近窗户处，中间为羊躺卧休息和采食的地方。为降低羊舍的建筑成本，可减小羊舍跨度，将羊舍盖成单列式，即羊舍内部一侧为走道、饲槽，另一侧为羊躺卧休息和采食的地方。羊舍地面以沙壤土或混合土为好，有条件的也可铺成砖地面，并向舍外倾斜一定坡度。水泥地面可铺设用平整木条制成的羊床，木条的间隙 1～2cm。在靠近羊床的地方，修建带有颈枷或斜架的固定饲槽。

图 3-7　对头式羊舍

1. 开放式和半开放式结合单坡式羊舍

种羊舍由开放式羊舍和半开放式羊舍两部分组成。这种羊舍可排列成“厂”字形，羊可以在两种羊舍中自由活动。在半开放羊舍中，可用活动围栏分隔出固定的母羊分娩栏。这种羊舍适合于炎热地区或牧区（图 3-8）。

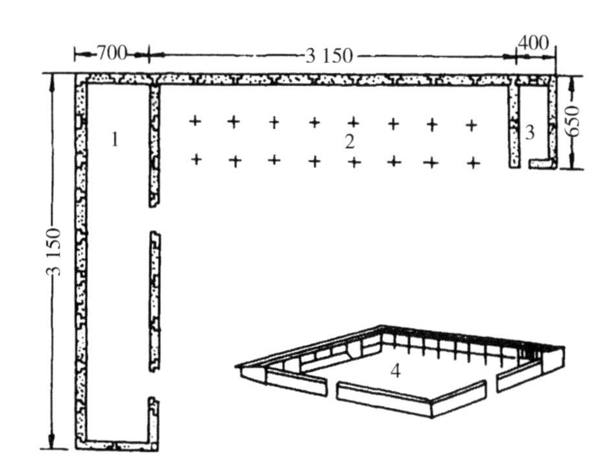

1. 半开放式羊舍；2. 开放式羊舍；3. 工作室；4. 运动场

图 3-8　开放式和半开放式结合单坡式羊舍（单位：cm）

2. 半开放双坡式羊舍

这种羊舍既可以排列成“厂”字形，也可以排列成“一”字形，但长度应适当延长，适用于比较温暖的地区或半农牧区（图 3-9）。

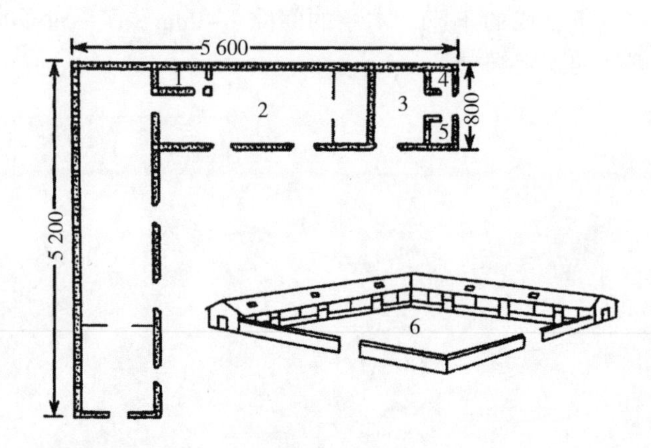

1. 人工授精室；2. 羊舍；3. 产房；4. 值班室；5. 饲料间；6. 运动场

图 3-9　半开放双坡式羊舍（单位：cm）

3. 封闭双坡式羊舍

这种类型羊舍四周墙壁封闭严密，屋顶为双坡，跨度大，排列成“一”字形，长度可根据羊的数量适当延长或缩短，其保温性能好，适用于寒冷地区，也可作冬季产羔舍（图 3-10）。

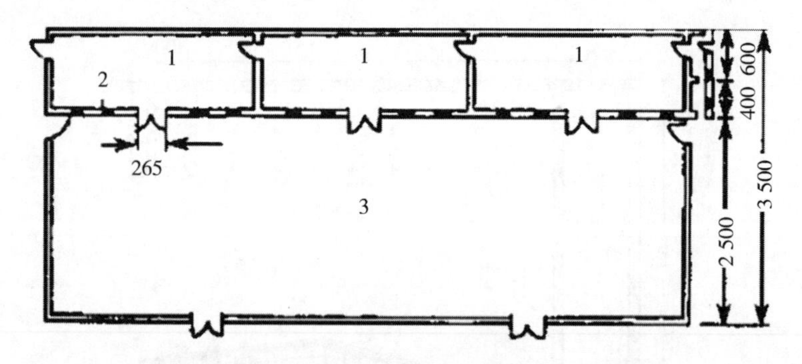

1. 值班室；2. 饲料间；3. 羊圈；4. 通气管；5. 运动场

图 3-10　封闭双坡式羊舍（可容纳 600 只羊）（单位：cm）

（二）棚式羊舍

1. 凉棚式羊舍

为南方热带地区所采用的羊舍，也可为放牧时肉羊午休的场所。凉棚式羊舍四周敞开，只设置圈栏，上有棚顶，其特点是通风性能好（图 3-11）。

图 3-11　凉棚式羊舍

2. 暖棚式羊舍

近年来在北方比较寒冷的地区，主要推广利用塑料暖棚养羊。这种羊舍是利用农村现有的简易敞圈或开放式羊舍的运动场，用竹竿、竹片、钢材、铁丝等材料做好骨架，扣上密闭的塑料膜而成（图 3-12）。塑料薄膜一般要求厚 0.2～0.5mm，白色透明，具有透光好、强度大等特点。棚顶类型分为单坡式单层或双层膜棚、拱式或弧式单层或双层膜棚。单坡式单层膜棚结构最简单，经济实用。

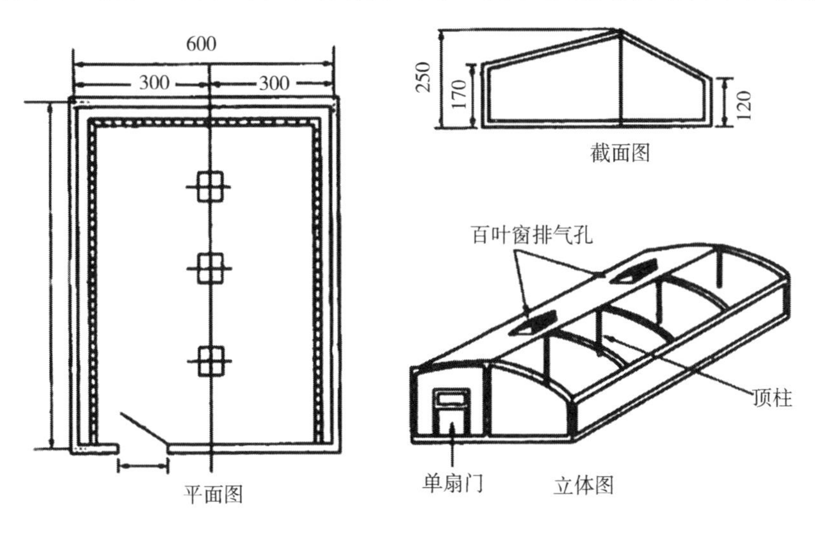

图 3-12　暖棚式羊舍（单位：cm）

扣棚时，塑料薄膜要铺平、拉紧，中间固定，边缘压实，扣棚角度一般为 35°~45°。墙的高度以不被羊破坏塑料薄膜为宜。在端墙上设门和进气孔。在塑料棚较高位置上设排气窗，其面积按圈舍或运动场面积的 0.5%~0.6%计算。东西方向每隔 8~10m 设一个排气窗（2m×0.3m），开关方便。棚舍坐北朝南，保温、采光好，经济适用。

（三）楼式羊舍

楼式羊舍为炎热、潮湿地区所采用的形式（图 3-13）。楼式羊舍的楼台离地面高 1.5~1.8m，用木条、竹片等制成楼板，间隙 1.0~1.5cm，羊舍南北两侧只有 1m 左右的半截墙，舍门宽 1.5~2.0m，舍门与地面之间有台阶相连。舍外有运动场，面积为羊舍的 2~2.5 倍。楼式羊舍的特点是通风良好，防热防潮性能好。

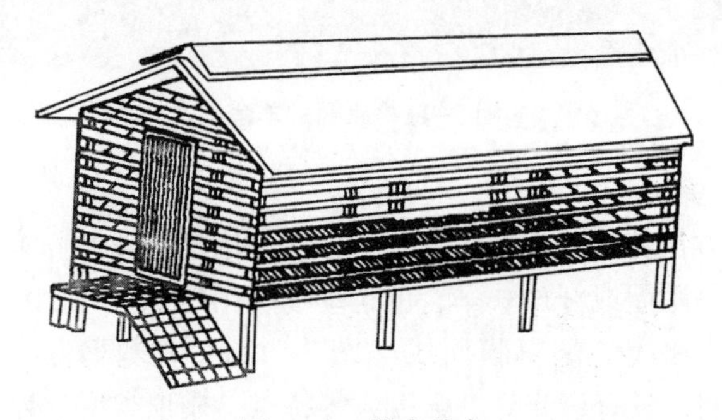

图 3-13　楼式羊舍

另外，我国南方的草山草坡较多，为适应这类地形地势条件，也可因地制宜地借助缓坡地修建简易楼式羊舍（图 3-14）。此种羊舍的山地坡度为 20°左右，

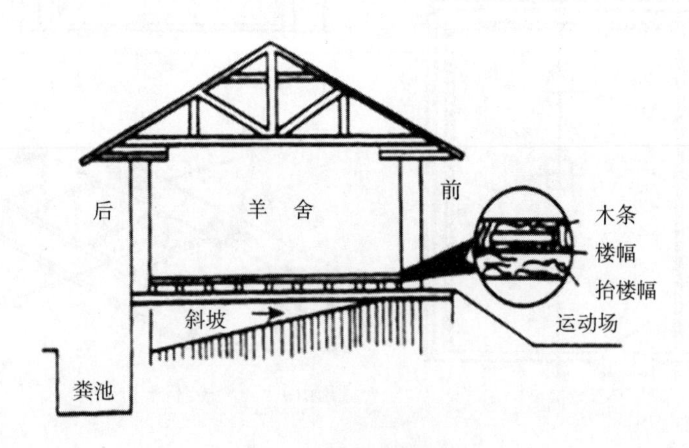

图 3-14　山区简易楼式羊舍

羊舍离地面高度为1.2m，以方便饲喂人员添加草料为宜，羊舍地面采用漏缝地板，清粪方便。其建筑要求可根据养殖户的资金条件决定，屋顶用稻草覆盖，四周用木条和竹片修建，则更能节约投资，但楼板一定要坚固耐用。由于羊舍背依山坡，因此最好修建排水沟，保证山坡流水通畅，以防雨水冲毁羊舍。这种羊舍结构简单，投资小，通风防潮，避暑，清洁卫生，无粪尿污染，适合于南方天气炎热、多雨潮湿、缓坡草地面积较大的地区。

第四节　肉羊养殖场常用设施

为了减轻劳动强度、提高工作效率、减少草料浪费、降低生产成本，肉羊场要配备必要的设施。肉羊场常用设施包括饲养设施（饲槽、水槽、盐槽、草架、栅栏等）、饲草饲料收获加工设施（收获机械、加工机械）。这些设施的设计与制作要因地制宜、安全适用，既要符合羊的生物学特点，又要便于日常操作、清洁和消毒。

一、肉羊饲养设施

（一）饲槽

1. 固定式饲槽

适用于舍饲为主的肉羊舍。用砖、土坯及混凝土砌成。双列式对头羊舍，饲槽应修在中间走道两侧；双列式对尾羊舍，饲槽应修在窗户走道一侧。单列式羊舍的饲槽应建在靠北墙的走道一侧，或建在北墙或东西墙根处。一般要求上宽下窄，槽底呈半圆形。槽长依羊只数量而定，一般按每只大羊30cm，羔羊20cm计算（图3-15）。

适应TMR日粮饲喂的低槽，双列式对头羊舍，设在中间走道两侧，水泥砌成，边缘和走道等高或稍高，内面光滑，多采用圆底式，并留有一定坡度，便于羊采食和饲槽清扫。靠近羊的一侧可设铁颈枷，便于固定羊位，颈枷的宽度根据羊的个体大小而定。

2. 移动式饲槽

主要用于冬春舍饲期妊娠母羊、泌乳母羊、羔羊、育成羊和病弱羊的补饲。可用木板或铁皮制作，一般上宽35cm，下宽30cm，深20cm左右。为防止饲喂时羊只攀踏翻槽，饲槽两端最好设有装拆方便的固定架。对于铁皮饲槽，应在表面喷防锈材料（图3-16）。

3. 悬挂式饲槽

适于断奶前羔羊补饲用。制作时可将饲槽两端的木板改为高出原槽约30cm

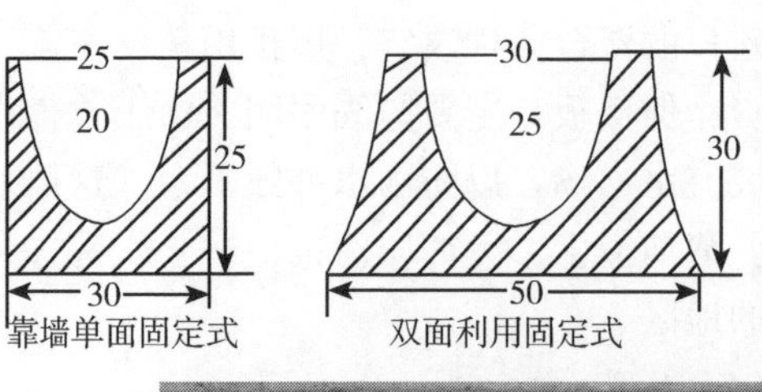

图 3-15　固定式饲槽（单位：cm）

图 3-16　移动式饲槽

的长方形木板，在上面各开一个圆孔，从两孔中插入一根圆木棍，用绳索拴牢圆木棍的两端后，将饲槽悬挂于羊舍补饲栏的上方，离地面高度以羔羊采食方便为准。

（二）草架

利用草架喂羊，可防止羊践踏饲草，减少饲草的浪费和疾病的发生。草架的形式主要有靠墙固定单面草架和两面联合草架。其形状有长方形、三角形及“U”形等（图 3-17）。靠墙固定单面草架是先用砖、石头或土坯砌一堵墙，或利用羊舍的一面墙，然后将数根 1.5m 以上的木棍或木条下端埋入墙根，上端向外倾斜一定角度，并将各个竖棍的上端固定在一横棍上。横棍两端分别固定在墙上即可。草架长度，成年羊按每只 30~50cm，羔羊 20~30cm 为宜，竖棍与竖棍之间的间距，应根据羊体型的大小而定，一般 10~15cm。两面联合草架是先制作一个高 1.5m、长 2~3m 的长方形立体框，再用 1.5m 高的木条制成间隔 10~15cm 的 V 形装草架，然后将装草架固定在立体框之间即成。制作材料为木材、钢筋。舍饲时可在运动场内用砖石、水泥砌槽，钢筋做栅栏，可兼做饲草、饲料两用槽。

1. 长方形两面草架；2. U 形两面联合草架；3. 靠墙固定单面草架；4. 靠墙固定单面兼用草料架；5. 轻便料槽；6. 三角形料槽

图 3-17　各种木质草架和小型料槽

（三）饮水槽

饮水槽一般固定在羊舍内或运动场上，可用镀锌铁皮制成，也可用砖石、水泥制成，在其一侧下部设置排水口以便清洗水槽，保证饮水卫生。水槽高度以羊方便饮水为宜。羊舍中使用自动化饮水器，能适应集约化生产的需要。

（四）盐槽

如果在舍外单独对羊补饲食盐或其他矿物质添加剂，为防止被雨淋、潮化，可设一带顶的盐槽，任羊随意舔食。

（五）栅栏

种类有母仔栏、羔羊补饲栏、分群栏、活动围栏等。可用木条、木板、钢筋、铁丝网等材料制成，一般高 1.0m，长 1.2m、1.5m、2.0m、3.0m 不等。栏的两侧或四角装有挂钩或插销，折叠式围栏，中间以铰链相连。

1. 活动母仔栏

为便于母羊产羔和羔羊吃奶，应在羊舍一角用栅栏将母仔围在一起，为大、中型羊场产羔期常用设备。用木条或木条加竹片制成。可用两块各长 1.2m 或 1.5m、高 1m 的栅栏或栅板做成折叠式围栏（图 3-18）。一个羊舍内可隔出若干小栏，每栏供 1 只母羊及其羔羊使用。母仔栏的数量一般为母羊数的 10%~15%。

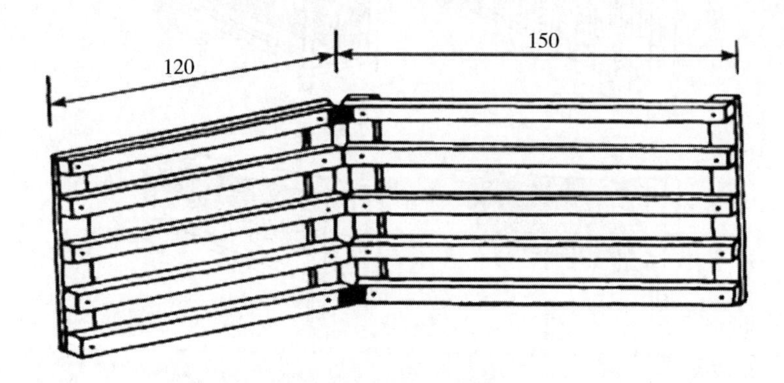

图 3-18 活动母仔栏（折叠式围栏）

2. 羔羊补饲栏

用于羔羊的补饲，可用多个栅栏、栅板或网栏，在羊舍或补饲场靠墙围成足够面积的围栏，并在栏间插入一个大羊不能进、羔羊可以自由进出采食的栅门即可（图 3-19）。栏内食槽可在中央或依墙而设（图 3-20）。

3. 分群栏

大中型羊场在进行羊群鉴定、分群、防疫注射、药浴、驱虫等，常将羊群按要求进行分组，为了提高工作效率，需要设比较结实，且可活动的分群栏。分群栏由许多栅栏连接而成。在羊群的入口处为喇叭形，中部为一条比羊体稍宽的狭

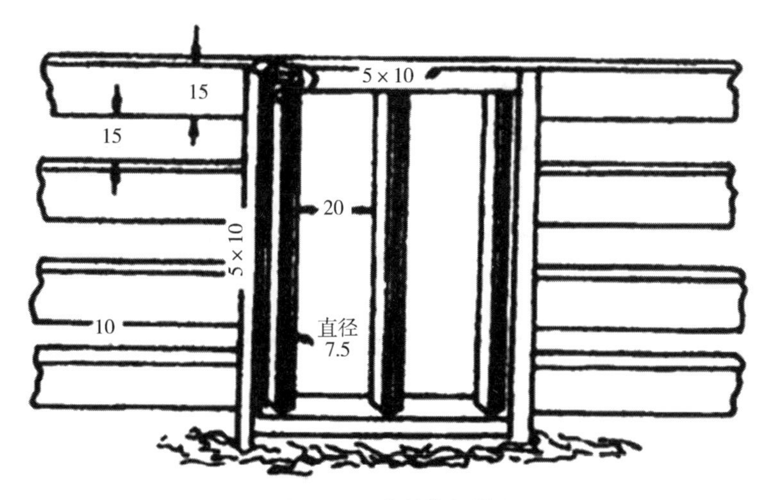

图 3-19　羔羊补饲栏

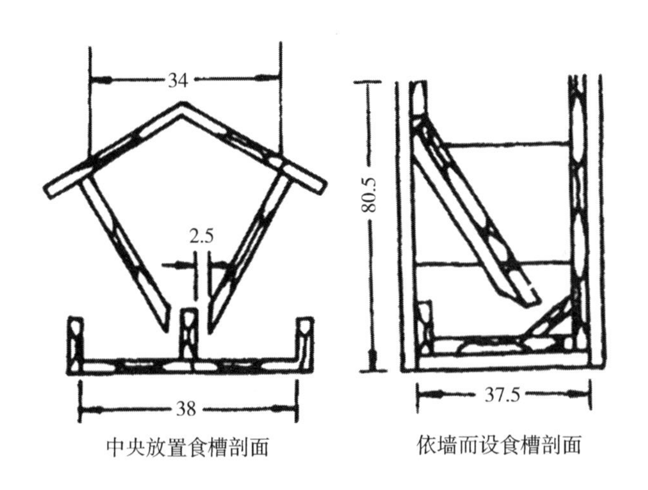

图 3-20　羔羊隔栏补饲食槽（单位：cm）

长通道，羊只在通道中央只能单行前进而不能回头。通道长度视需要而定，其一侧或两侧可设置若干个与通道等宽的小圈门，由此门的开关方向决定羊只去路（图 3-21）。

4. 活动羊圈

以放牧为主的羊场，根据季节、草场生产力状况，常需要转场放牧，采用活动羊圈。可利用若干栅栏或网栏，选一高燥平坦地面，连接固定成圆形、方形或长方形。网栏高 1m，每隔 6.5m 加装立柱和拉筋一副，立柱高 1.5m。网栏上覆

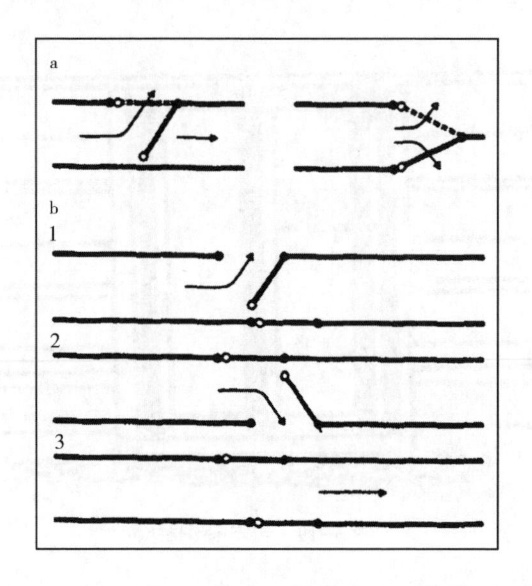

a. 双向分群栏；b. 三向分群栏

图 3-21　分群栏

盖围布，围布用高强度、质地柔软、耐寒热、抗风雨的聚丙烯编织布。圈门配门栏两根，插杆 1 对，圈门用钢丝编制而成。根据气候条件，围布可装可拆。围栏样式有折叠围栏（图 3-18）、重叠围栏、三角架围栏等（图 3-22）。

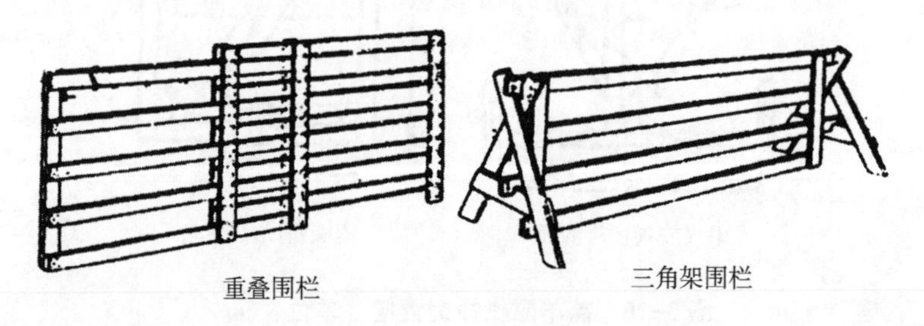

图 3-22　围栏样式

二、肉羊饲料加工设施

（一）收获机械

牧草和秸秆的收获机械可根据用户实际选用，如进行青贮可使用联合收割机，将收获、铡切以及装车作业一次完成，再用车辆入库。也可用单一的收割机，收割后运至青贮窖，再进行铡切。

1. 通用型青饲收获机

由主机、矮秆青饲作物收割台和高秆青饲作物收割台组成，能收获大麦、燕麦、高粱、玉米等饲料作物。在作业时用拖拉机牵引，后方挂接拖车，能一次性完成作物的收割、碾碎及抛送作业。拖车装满后用拖拉机运往贮存地点。

2. 玉米收割机

能一次完成玉米摘穗、剥皮、果穗收集、茎叶切碎及装车作业，拖车装满后运往青贮地点贮存。

3. 压捆机

将散乱的秸秆和牧草压成捆，分固定式和捡拾压捆机两类。根据压成捆的形状分为方捆活塞式和圆捆卷压式压捆机。根据草捆密度还可分为高密度（200~300kg/m^3）、中密度（100~200kg/m^3）和低密度（100kg/m^3）3类。

4. 搂草机

按搂成的草条方向分成横向和侧向两种类型。横向搂草操作简便，但搂成的草条不整齐，损失较大；侧向搂草机操作较复杂，搂成的草整齐，损失小，并能与捡拾作业相配套。

（二）加工机械

1. 铡草机

可将牧草、秸秆等切短，也可用于铡短青贮料。按每小时切碎量，可分为大、中、小3种机型。小型铡草机适宜小规模养殖户使用，大型铡草机主要用于铡切青贮料，中型铡草机可铡切秸秆与青贮料两用。按内部结构，可分为滚筒式和圆盘式两类。大中型机一般采用圆盘式，小型机多为滚筒式。

2. 粉碎机

主要有锤片式、劲锤式、齿爪式和对辊式4种类型。粉碎时饲料的含水量不宜超过15%。锤式多适用水分较多的青草类、秸秆类，劲锤式的粉碎能力更强，爪式适合粉碎含纤维较少的精饲料。

3. 揉搓机

是介于铡切与粉碎之间的一种新型加工设备。如玉米秸秆，经揉搓后加工成丝状，完全破坏了其间的结构，并被切成8~10cm的碎段，增加了适口性。

4. 搅拌机

饲料搅拌机分为立式饲料搅拌机与卧式饲料搅拌机两种，通过搅拌桶内叶轮的旋转，可将饲料混合均匀。常用搅拌机型号有500型和1000型每批混合量为500kg与1 000kg。

5. 制粒设备

秸秆粉碎后，加上精料和添加剂制成全价颗粒料。制粒机又有平模压粒和环模压粒两种。整套设备包括粉碎机、附加添加装置、搅拌机、蒸汽锅炉、压力机、冷却装置、碎粒去除和筛粉装置。

(三) 青贮饲料制备设施

1. 青贮塔

青贮塔分为全塔式和半塔式两种。全塔式直径通常为4~6m，高6~16m，容量75~200t。半塔式埋在地下深度3.0~3.5m，地上部分高度4~6m。塔用木材、砖或石块砌成。塔基必须坚实。半塔式地下部分必须用石块砌成。塔壁有足够的强度，表面光滑，不透水，不透气。最好在外表涂上绝缘材料。塔侧壁开有取料口，塔顶用不透水、不透气的绝缘材料制成，其上有一个可密闭的装料口。这种塔由于取出口较小，深度较大，饲料自重压紧程度大，空气含量少。因此，青贮料损失较少，但建筑费用昂贵，只在大型牧场使用。

2. 地下青贮窖或壕

青贮窖壁要光滑、坚实、不透水、上下垂直，窖底呈锅底状。直径一般为3.0~3.5m，深3~4m。青贮壕为长方形，宽3.0~3.5m，深10m，长度不一，一般为15~20m，可长达30m以上。结构简单，成本低，易推广但窖中积水，引起青贮料霉烂，造成损失，必须注意周围排水。

3. 青贮袋

近年来，我国大力推广袋装调制青贮料。此袋为一种特制的塑料大袋，袋长可达36m，直径2.7m，塑料薄膜用两层帘子线增加强度，非常结实。目前，德国用一种厚0.2mm，直径24m的聚乙烯塑料薄膜圆筒袋青贮。这种塑料袋长60m，可根据需要剪裁。袋式青贮损失少，成本低，适应性强，可推广利用。

三、肉羊舍排水设施

排水设施有传统式排水设施和漏缝地板式排水设施两种。

1. 传统式排水设施

由排尿沟、降口、地下排水管和粪水池构成。排尿沟设于羊栏后峭，紧靠除粪便道，至降口有1°~1.5°坡度。降口指连接排尿沟和地下排水管的小井，在降口下部设沉淀井，以沉淀粪水中的固形物，防止堵塞管道。降口上盖铁网，以防粪草落入。地下排出管与粪水池有3°~5°坡度。粪水池容积应能储存20~30d的粪尿，距饮水井100m以外。

2. 漏缝地板式排水设施

常用钢筋混凝土或竹木板制成，有的仅设于粪沟之上，有的用于制作羊床。多采用拼接式，便于清扫和消毒，粪沟相通。大型羊场可用机械刮板（图3-23）或高压水冲洗。

图 3-23 机械刮粪板

四、药浴设备

（一）大型药浴池

大型药浴池可供大型羊场或羊较集中的乡村药浴用。药浴池可用水泥、砖、石等材料砌成长方形，似狭长而深的水沟。长 10~12m，池顶宽 60~80cm，池底宽 40~60cm，以羊能通过不能转身为准，深 1.0~1.2m。入口处设漏斗形围栏，使羊依顺序进入药浴池。浴池入口呈陡坡，羊走入时可迅速滑入池中，出口有一定倾斜坡度，斜坡上有小台阶或横木条，其作用一是不使羊滑倒；二是羊在斜坡上停留一些时间，使身上余存的药液流回浴池（图 3-24、图 3-25）。

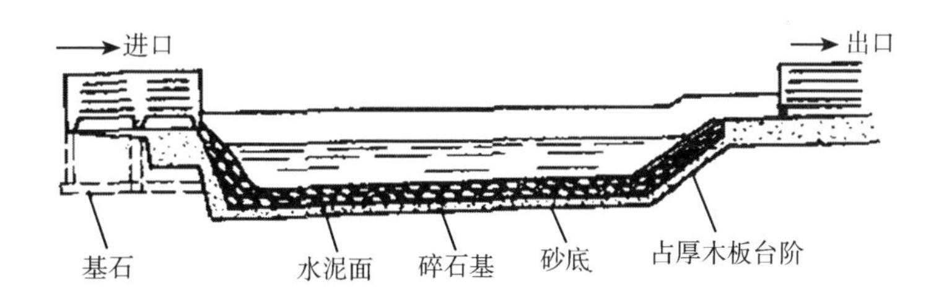

图 3-24 药浴池纵剖面

（二）小型药浴槽、浴桶、浴缸

小型浴槽液量约为 1 400L，可同时将两只成年羊（小羊 3~4 只）一起药浴，并可用门的开闭来调节入浴时间（图 3-26）。这种类型适宜小型羊场使用。

（三）帆布药浴池用防水性能良好的帆布加工制作

药浴池为直角梯形，上边长 3m、下边长 2m，深 1.2m、宽 0.7m，外侧固定套环。安装前按浴池的大小、形状挖一土坑。然后放入帆布药浴池，四边的套环用铁钉固定，加入药液即可工作。用后洗净，晒干，以后再用。这种设备体积

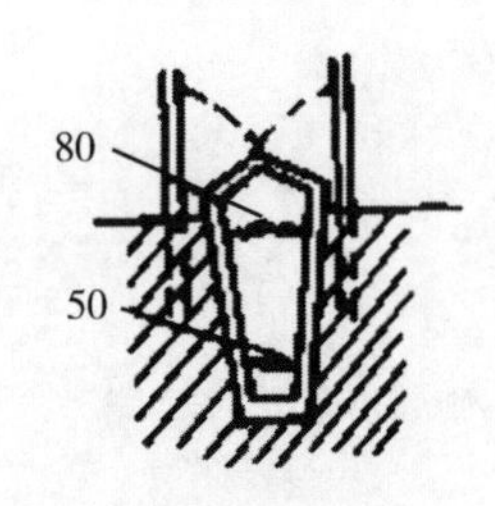

图 3-25　药浴池横剖面（cm）

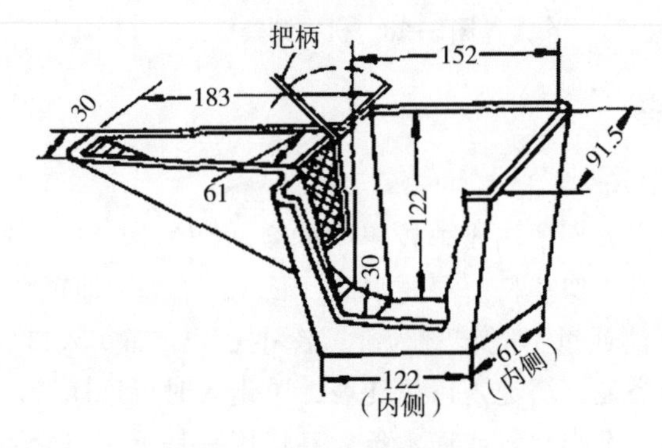

图 3-26　小型药浴槽（cm）

小、轻便，可以循环使用。此外，还有机械淋浴式药浴池。

第四章　肉羊饲料与加工调制

第一节　肉羊饲料的种类

肉羊的饲料种类极为广泛，在各种植物中，肉羊最喜欢采食比较脆硬的植物茎叶，如灌木枝条、树叶、块根、块茎等。树枝、树叶可占其采食量的1/3～1/2。灌木丛生、杂草繁茂的丘陵、沟坡是放牧肉羊的理想地方。

肉羊的饲料按来源可分为青绿饲料、粗饲料、多汁饲料、精饲料、无机盐饲料、特种饲料等。

一、青绿饲料

青绿饲料水分多（75%～90%），体积大，粗纤维含量少，含有易吸收的蛋白质、维生素，无机盐也很丰富，是成本低、适口性好、营养较全面的饲料。

青杂草种类很多，产量较低，其营养价值取决于气候、土壤、植物种类、收割时间。

青绿牧草是专门栽培的牧草，产量高、适口性好、营养价值高。

青割饲料是指将杂粮作物（如玉米、大麦、豌豆等）密植，在籽实成熟之前收割下来，饲喂山羊，总营养价值比收获籽实成熟后收割的高出70%。

青树叶即一些灌木、乔木的叶子（如榆、杨、刺槐、桑、白杨等树叶），蛋白质和胡萝卜素含量丰富，水分和粗纤维含量较低。

二、粗饲料

粗饲料是山羊冬、春季主要食物，包括各种青干草，作物秸秆、秕壳。特点是体积大、水分少、粗纤维多，可消化营养少，适口性差。

（一）青干草

包括豆科干草、禾本科干草和野干草，以豆科青干草品质最好。禾本科牧草在抽穗期，豆科牧草在花蕾形成期收割，叶子不易脱落，并含有较多的蛋白质、维生素和无机盐。经2～3个晴天，可晾晒成质量较好的青干草，中间遇雨，草会变黄或发霉，质量下降。青干草应存放在干燥地方，防止雨淋变质。

（二）秸秆和秕壳

各种农作物收获过种子后，剩余的秸秆、茎蔓等。有玉米秸、麦秸、稻草、谷草、大豆秧、黑豆秸，营养价值较低。经过粉碎、碱化、氨化和微贮等处理后，营养价值会有较大的提高。

三、多汁饲料

多汁饲料包括块根、块茎、瓜类、蔬菜、青贮等。水分含量很高，其次为碳水化合物。干物质含量很少，蛋白质少，钙微、磷少，钾多、胡萝卜素多。粗纤维含量低，适口性好，消化率高。

四、精料

精饲料主要是禾本科和豆科作物的籽实以及粮油加工副产品，如玉米、大麦、高粱等谷类，大豆、豌豆等豆类，以及麸皮、饼类、粉渣、豆腐渣等。

精饲料具有可消化营养物质含量高、体积小、水分少、粗纤维含量低和消化率高等特点。但此类饲料由于价格高，常作为羊的补充饲料。如冬季羊的补饲、妊娠母羊的补饲、哺乳羔羊及羔羊育肥的补饲、配种期公羊、母羊的补饲和病、残、瘦、弱羊的补饲等。

五、矿物质及其他饲料

无机盐用来补充日粮中无机盐的不足，能加强羊的消化和神经系统的功能，主要有食盐、石粉、磷酸氢钙以及各种微量元素。一般用作添加剂。与精料混合使用。

六、非蛋白氮饲料

非蛋白氮饲料可作为羊的蛋白质的补充来源。羊可以在瘤胃微生物的作用下利用非蛋白氮转变成菌体蛋白，提高蛋白质的品质，并在肠道消化酶的作用下（和天然蛋白质一样）可被羊消化利用。常用的非蛋白氮饲料有尿素、硫酸铵、碳酸氢铵、多磷酸铵、液氮等，非蛋白氮饲料是羊的一种蛋白质补充饲料，在羊的饲料中用量较少；过量使用会使羊发生中毒现象，建议用量小于1%。

七、维生素饲料

由于羊瘤胃可以合成B族维生素，所以一般不需要补充B族维生素，但维生素A，维生素D，维生素E需要补充。但病态羊、羔羊和冬季缺乏青饲料很容易发生维生素缺乏症，因此应补充维生素饲料。

八、添加剂饲料

添加剂饲料在羊的饲料中用量较少。

第二节　肉羊常用饲料的营养成分

一、饲料的一般成分

饲料的一般成分包括水分、粗蛋白质、粗脂肪、粗纤维、灰分、无氮浸出物6种。其组成物质见表4-1。

表4-1　饲料中6种成分的组成物质

粗略分析成分		各种成分的组成物
有机物	水分	水和可能存在的挥发物质
	粗蛋白质	纯蛋白质、氨基酸、氧化物、硝酸盐、含氧的糖苷、糖脂质、B族维生素
	粗脂肪	油脂、油、蜡、有机物、固醇类、色素、维生素A、维生素D、维生素E、维生素K
	粗纤维	纤维素、半纤维素、木质素
	无氮浸出物	纤维素、半纤维素、木质素、单糖类、果浆糖、淀粉、果胶、有机酸类、树脂、单宁类、色素、水溶性维生素
无机物	灰分	常量元素：钙、钾、镁、钠、硫、磷、氯；微量元素：铜、铁、锰、锌、钴、碘、硒、钼

二、各类饲料的营养特性

（一）各种牧草的营养特性

1. 豆科牧草的营养特性

豆科牧草所含的营养物质丰富、全面。特别是干物质中粗蛋白质占12%~20%，含有各种必需氨基酸，蛋白质的生物学价值高，钙、磷、胡萝卜素和维生素都较丰富。豆科牧草的青草粗纤维的含量较少，柔嫩多汁，适口性好，容易消化。青草和干草都是羊最喜欢采食的牧草。

（1）苜蓿草　苜蓿草所属的植物在世界上共有60多种。其中具代表性的草种有：紫花苜蓿、黄花苜蓿、金花菜等，紫花苜蓿的种植面积较广，适应性强、产量高、品质好、适口性好，称为苜蓿之王。苜蓿干草中含粗蛋白质在18%左右，是各类家畜的上等饲料，苜蓿为多年生植物，每年能收割2~4次，每亩（1亩≈667m^2）可产鲜草3 000~5 000kg。人工种植的苜蓿主要用于刈割，用作青草和晒制干草。但不宜用作放牧地。苜蓿地用作放牧地时，一是家畜踩踏严重，牧草浪费较大。二是苜蓿中含有一种有毒物质——皂素（皂），在青饲料或放牧采青中容易使羊中毒，发生瘤胃臌气，抢救不及时会造成死亡。特别是幼嫩苜蓿，空腹放牧和雨后放牧更容易中毒，发病快，死亡率高。

(2) 黄芪属牧草　黄芪属牧草又名紫云英属，世界上约有1 600种，其主要的代表品种有紫云英、沙打旺、百脉根、柱花草等。在我国栽培的主要有南方的紫云英、北方的沙打旺。

紫云英又名红花草，在我国的南方种植较广泛，紫云英牧草产量高，蛋白质含量丰富，且富含各种矿物质元素和维生素，鲜嫩多汁，适口性好。鲜草的产量一般为每亩1 500~2 500kg，1 年可收割 2~3 次。现蕾期牧草的干物质中的粗蛋白质含量很高，可达 31. 76%；粗纤维的含量较低，只有 11. 82%。紫云英的青饲、青贮和干草都是羊较好的饲草。

沙打旺又名直立黄芪、薄地草、麻豆秧、苦草。其生长迅速，产量高，再生力强，耐干旱，适应性好，是饲料、固沙、水土保持的优良牧草品种。在我国北方地区的河北、河南、山东、陕西、山西、吉林等地广泛栽培。一般每亩可产鲜草2 100~3 000kg，高的可达5 000kg左右。沙打旺茎叶鲜嫩，营养丰富，干物质中粗蛋白质的含量可达 14. 55%。青饲、青贮、干草都是羊较好的饲草。

(3) 红豆草　红豆草是一个古老的栽培品种，在我国许多地方都有种植，具有产草量高、适口性好、抗寒耐旱和营养价值高的特点，饲喂牛羊不会产生臌胀病，饲喂安全，是羊喜食的牧草品种。红豆草为多年生牧草，寿命为 7~8 年，为种子繁殖。产草高峰在第二至第四年。在合理的栽培管理下可维持 6~7 年的高产。有关资料表明，红豆草第一年至第七年每亩的产量分别为 1 633. 4kg、2 865kg、3 666. 8kg、3 444. 2kg、3 133. 4kg、2 700. 1kg、1 667. 5kg，每年刈割 3 次。粗蛋白质的含量为 14. 45%~24. 75%，无氮浸出物的含量为 37. 58%~46. 01%，钙的含量较高，在 1. 63%~2. 36%。

2. 禾本科牧草的营养特性

禾本科牧草种类很多，是羊主要采食的牧草。因其分布广，在所有牧草中有非常重要的位置，粗蛋白质含量低；但良好的禾本科牧草营养价值往往不亚于豆科牧草，富含精氨酸、谷氨酸、赖氨酸、聚果糖、葡萄糖、果糖、蔗糖等，胡萝卜素含量亦高。

(1) 黑麦草　黑麦草在世界上有 20 多种，其中有经济价值的为多年生黑麦草和一年生黑麦草。黑麦草在我国南方各地试种情况良好，在我国北方也有种植。黑麦草生长快，分蘖多，繁殖力强，刈割后再生能力强、耐牧，茎叶柔嫩光滑，适口性好，营养价值高，是羊较好的饲草。黑麦草喜湿润性气候，易在夏季凉爽、冬季不过于寒冷的地方栽培，一般年降水量在 500~1 000mm的地区均可种植，每亩的播种量为1 000~1 500kg。黑麦草的产量较高，春播当年可刈割 1 次，翌年盛夏可刈割 2~3 次，每亩总产量为4 000~5 000kg，在土壤条件好的牧地可产鲜草7 500kg以上。用黑麦草喂羊时应在抽穗前刈割，花前期干物质中的粗蛋白质的含量为15.3%，粗纤维的含量为24.6%。利用期推迟，干物质中的粗蛋白质减少，粗纤维含量增加，消化率下降，饲用价值降低。在我国中部及北部一年一熟的农业种植地区可推行以黑麦草-大豆、黑麦草-玉米、黑麦草-油葵等种植制度，这样不仅可以解决羊春季的饲草，还可以实现一年两熟制，提高农田单位面积的生物总产量。

（2）无芒雀麦　无芒雀麦又名雀麦、无芒麦、禾萱草，为世界最重要的禾本科牧草之一，在我国的东北、西北、华北等地均有分布。无芒雀麦是一种适应性广、生活力强、适口性好、饲用价值高的牧草，也是一种极好的水土保持植物，并耐旱，为禾本科牧草中抗旱最强的一种牧草，无芒雀麦属多年生牧草，有地下茎，易结成草皮，耐践踏，再生力又强。

刈、牧均宜，是建立打草场和放牧场的优良牧草。无芒雀麦春季生长早，秋季生长时间长，可供放牧时间长，采用轮牧较连续放牧对草地的利用效果要好。无芒雀麦每亩的播种量为1~2kg，每年可收割两次，每亩可产青草3 000kg。在营养生长期干物质中的粗蛋白质的含量为20.4%，抽穗期的粗蛋白质含量为14%；种子成熟期的粗蛋白质含量较低，为5.3%。

（3）羊草　羊草又名碱草，是我国北方草原地区分布很广的一种优良牧草。在东北、内蒙古高原、黄土高原的一些地方，羊草多为群落的优势种或建群种。羊草由于适应性强、饲用价值高、容易栽培、抗寒、耐旱、耐盐碱、耐践踏，是我国重点推广的优良牧草品种。它既行有性繁殖，又行无性繁殖，有性繁殖靠种子播种每亩播种量为2.5~3.5kg。无性繁殖靠根茎的伸长的新芽，由芽长成新株，形成大片密集群丛。羊草主要供放牧和割草用。晒制的干草品质优良，干物质中粗蛋白质的含量为13.53%~18.53%，无氮浸出物为22.64%~44.49%，是冬季很好的饲草，干草的产量因条件不同差别很大，在肥水充足、管理良好的条件下，每亩可产干草250~300kg，最高的可达500kg（鲜草1 700~2 000kg）。

（4）披碱草　披碱草又名野麦草，广泛分布于我国的东北、西北和华北等地区，成为草原植被中重要组成部分，有时出现单纯的植被群落，是我国主要的禾本科牧草品种之一。具有适应性强、抗旱、耐寒、耐瘠、耐碱、耐涝等特点。披碱草为多年生植物，利用期为4~5年，其中以第二、第三年长势最好，产量最高；第四年以后的生长逐渐衰退，产量下降。披碱草在春夏秋冬都播种，播种前需将种子脱芒，每亩的播种量为1~2kg。披碱草可供放牧和刈割晒制干草，每年割1~2次，每亩可产干草200~300kg，干草中粗蛋白质的含量为7.45%，无氮浸出物为33.79%。

（5）象草　象草又名紫狼尾草，是一种高秆牧草品种，株高可达2m以上，是我国南方主要种植的牧草品种之一，象草具有产量高、管理粗放、利用期长、适口性好的特点，是羊青饲料的主要来源之一，象草的生长期为3~4年，生长期长，刈割次数多，在生长旺期，每隔20~30刈割1次，一般每亩可产鲜草1 500~2 500kg，干草中粗蛋白质的含量为10.58%，无氮浸出物为44.7%。

3. 菊科牧草的营养特性

菊科牧草主要有普那菊苣。普那菊苣是新西兰20世纪80年代初选育的饲用植物新品种。山西省农业科学院畜牧兽医研究所于1988年率先引进，1997年全国牧草品种审定委员会评审认定为新品种，品种登记号为182。该品种为多年生草本植物，生长速度快，产量高，每亩可产鲜草6 000~10 000kg。开花初期含粗蛋白质为14.73%，适口性好，羊非常喜欢采食。

（二）秸秆类饲料的营养特性

1. 玉米秸秆

玉米是我国种植面积较广的农作物品种，玉米秸秆以收获方式分为收获籽实后的黄玉米秸秆或干玉米秸秆籽实。未成熟即行青刈的称为青刈玉米秸秆，青刈玉米秸秆的营养价值高于黄玉米秸秆，青嫩多汁，适口性好，胡萝卜素含量较多，为3~7mg/kg。可青喂、青贮和晒制干草供冬春季饲喂。青刈玉米秸秆干草中粗蛋白质的含量为7.1%，粗纤维为25.8%，无氮浸出物为40.6%。黄玉米秸秆具有光滑的外皮，质地坚硬，粗纤维含量较高，维生素缺乏，营养价值较低，粗蛋白质的含量为2%~6.3%，粗纤维的含量为34%左右。但由于羊对饲料中粗纤维的消化能力较强，消化率在65%左右，对无氮浸出物的消化率亦在60%左右，且玉米的种植面积广，秸秆的产量高，所以玉米秸秆仍为舍饲羊的主要饲草之一，生长期短的春播玉米秸秆比生长期长的玉米秸秆粗纤维含量少，易消化。同一株玉米，上部的比下部的营养价值高，叶片较茎秆营养价值高，玉米秸秆的营养价值又稍优于玉米芯。

2. 稻草

稻草是我国南方农区主要的饲料来源，其营养价值低于麦秸。粗纤维的含量为34%左右，粗蛋白质的含量为3%~5%。稻草中含硅较高，达12%~16%，因而消化率低，钙质缺乏，单纯喂稻草效果不佳，应进行饲料的加工处理。

3. 麦秸

麦类秸秆是难消化、质量较差的粗饲料。小麦秸是麦类秸秆中产量较高的秸秆饲料，小麦秸秆粗纤维的含量较高，并有难利用的硅酸盐和蜡制，羊单纯采食麦秸类饲料，饲喂效果不佳，容易上火（有的羊饲用麦秸后口角溃疡，群众俗称“上火”）。在麦秸中燕麦秸、荞麦秸的营养价值高，适口性也好，是羊的好饲料。

4. 谷草

谷草是粟的秸秆，也就是谷子的秸秆，质地柔软厚实，营养丰富，可消化粗蛋白质及可消化总养分较麦秸、稻草高，在禾谷类饲草中，谷草的主要用途是制备干草，供冬春季饲用，是骡、马的优质饲草。但对羊来说，长期饲喂谷草不上膘，有的羊可能消瘦，按群众的说法：谷草属凉性饲草，羊吃了会拉膘（即掉膘）。

5. 豆秸

豆秸是各类豆科作物收获籽实后的秸秆的总称，包括大豆、黑豆、豌豆、蚕豆、豇豆、绿豆等的茎叶，它们都是豆科作物成熟后的副产品。豆秸在收获后叶子大部分已凋落，既有一部分叶子已枯黄，茎也多木质化，质地坚硬，粗纤维含量较高，但粗蛋白质含量和消化率较高仍是羊的优质饲草。在籽实收获的过程中，经过碾压，豆秸被压扁，豆荚仍保留在豆秸上，这样使得豆秸的营养价值和利用率都得到提高。青刈的大豆秸叶的营养价值接近紫花苜蓿。在豆秸中，蚕豆秸和豌豆秸的蛋白质的含量最多，品质最好。

6. 花生藤、甘薯藤及其他蔓秧类

花生藤和甘薯藤都是收获地下根茎后的地上茎叶部分，这些藤类虽然产量不高，但茎叶柔软，适口性好，营养价值和采食率、消化率都高。花生藤、甘薯藤干物质中粗蛋白质的含量分别为16.4%和26.2%，是羊极好的饲草。其他蔓秧类（如西红柿秧、茄子秧、南瓜秧、豆角秧、豇豆藤、马铃薯藤等藤秧类）无论从适口性还是营养价值方面都是羊的好饲草，应当充分利用。

（三）精饲料（籽实类饲料及加工副产品）的营养特性

精饲料是富含无氮浸出物与消化总养分、粗纤维低于18%的饲料。这类饲料含蛋白质有高有低，包括谷实、油饼与磨房工业副产品。精饲料可分为：碳源饲料与氮源饲料，即能量饲料和蛋白质饲料。

1. 谷实类饲料（能量饲料）

能量饲料是指饲料干物质中粗纤维含量小于18%，同时粗蛋白质含量小于20%的饲料。

谷实类饲料是精饲料的主体，含大量的碳水化合物（淀粉含量高），粗纤维的含量少，适口性好，粗蛋白质的含量一般低于10%，淀粉占70%左右，粗脂肪、粗纤维及灰分各占3%左右，水分一般占13%左右，由于淀粉含量高，故将谷实类饲料又称为能量饲料，能量饲料是配合饲料中最基本的和最重要的饲料，也是用量最大的饲料，谷实类饲料在羊所采食的饲料（包括草）中虽占的比例不大，但却是羊最主要的补饲饲料。谷实类饲料的饲用方法一般稍加粉碎即可，不宜过细，以免影响羊的反刍。最常用和最经济的谷实类饲料有以下几种。

（1）玉米　玉米是谷实类饲料中的代表性饲料，是所有精饲料中应用最多的饲料。玉米产量高，适口性好，营养价值也高，玉米干物质中粗蛋白质的含量在7%左右，粗纤维的含量仅为1.2%，无氮浸出物高达73.9%；消化能也高，大约为15MJ/kg。但玉米所含的蛋氨酸、胱氨酸、钙、磷、维生素较少，在饲料的配合中应和其他饲料配合，使日粮营养达到平衡。

（2）高粱　高粱是重要的精饲料，营养价值和玉米相似。主要成分为淀粉，粗纤维少，可消化养分高，粗蛋白质的含量为7%~8%，但质量差，含有单宁，有苦味，适口性差，不易消化，高粱中含钙少，含磷多，粗纤维含量也少；烟酸含量多，并含有鞣酸，有止泻作用，饲喂量大容易引起便秘。

（3）大麦　大麦是一种优质的精饲料，其饲用价值比玉米稍佳，适口性好，饲料中的粗蛋白质含量为12%，无氮浸出物占66.9%，氨基酸的含量和玉米差不多，钙、磷的含量比玉米高，胡萝卜素和维生素D不足，硫胺素多，核黄素少，烟酸的含量丰富。

（4）燕麦　燕麦是一种很有价值的饲料，适口性好，籽实中含有较丰富的蛋白质，粗蛋白质的含量在10%左右，粗脂肪的含量超过4.5%，比小麦和大麦多1倍以上，燕麦的主要成分为淀粉。但燕麦的粗纤维含量高，在10%以上，营养价值高于玉米。燕麦含钙少，含磷多；胡萝卜素，维生素D、烟酸含量比其他的麦类少。

2. 糠麸类饲料

糠麸类饲料是谷实类饲料经制粉、碾米加工的主要副产品，同原料相比无氮浸出物较低，其他各种营养成分的含量普遍高于原料的营养成分，特别是粗蛋白质、矿物质元素和维生素含量较高，是羊很好的饲料来源之一。常用的糠麸类饲料有麦麸、米糠、稻糠、玉米糠。

麦麸是糠麸类饲料中用量最大的饲料，广泛用于各种畜禽的配合日粮中，麦麸具有适口性好、质地膨松、营养价值高、使用范围广的特点和轻泻作用。饲料中的粗蛋白质的含量在11%~16%，含磷多，含钙少，维生素的含量也较丰富。麦麸具有轻泻作用。在夏季可多喂些麸皮，可起到清热泄火的作用，由于麦麸中含磷量多，采食过多会引起尿道结石，特别是公羊表现比较明显，公羔表现更为突出，麦麸在饲料中的比例一般应控制在10%~15%，公羔的用量应少些。

稻糠是水稻的加工副产品，包括砻糠和米糠。砻糠是粉碎的稻壳，米糠是去壳稻粒的加工副产品，是大米精制时产生的果皮、种皮、外胚乳和糊粉层等的混合物。砻糠的体积较大，质地粗硬，不宜消化，营养价值低于米糠，由于稻糠带芒，作为羊的饲料，带芒的稻壳容易黏附在羊的胃壁上，形成一层稻壳膜，影响羊的正常消化，甚至致病、消瘦、死亡，故饲喂稻糠时一定要粉碎细致。米糠的营养价值高，新鲜米糠适口性也好，在羊的日粮中可占到15%左右。

3. 饼粕类饲料（蛋白质饲料）

粗纤维低于18%，粗蛋白质在20%以上的饲料归为蛋白质饲料。饼粕类饲料是富含油的籽实经加工榨取植物油后的加工副产品，蛋白质的含量较高，是蛋白质饲料的主体。通常蛋白质含量较高（30%~45%），适口性较好，能量也高，品质优良，是羊瘤胃中微生物蛋白质的氮的前身。羊可以利用瘤胃中的微生物将饲料中的非蛋白氮合成菌体蛋白，但蛋白质饲料仍是羊饲料中必不可少的饲料成分之一，特别是对羔羊的生长发育期、母羊的妊娠期的营养需求显得特别重要。这些饲料主要有以下几种。

（1）豆饼、豆粕　豆饼、豆粕是我国最常用的一种植物性蛋白质饲料，营养价值高，是畜禽较为经济和营养较为合理的蛋白质饲料，一般来说豆粕较豆饼的营养价值高，含粗蛋白质较豆饼高8%~9%。大豆饼（粕）较黑豆饼（粕）的饲喂效果好。在豆饼（粕）的饲料中含有一些有害物质和因子，如抗胰蛋白酶、尿素酶、血球凝集素、皂角苷、甲状腺诱发因子、抗凝固因子等，其中最主要的是抗胰蛋白酶。饲喂这些饲料时应进行加工处理。最常用的方法是在一定的水分条件下进行加热处理，经加热后这些有害物质将失去活性，但不宜过度加热，以免影响和降低一些氨基酸的活性。

（2）棉籽饼　棉籽饼是棉籽提取后的副产品，一般含粗蛋白质32%~37%，产量仅次于豆饼。是反刍家畜的主要蛋白质饲料来源。棉籽饼的饲用价值低于豆饼，粗纤维的含量较豆饼高，且含有有毒物质棉酚，在饲喂非反刍畜禽时使用量不可过多，喂量过多时容易引起中毒。但对于牛、羊来说，只要饲喂不过量就不会发生中毒，且饲料的成本较豆饼偏低，故在养羊生产中被广泛应用。

（3）菜籽饼　菜籽饼是菜籽经加工提炼后的加工副产品，是畜禽的蛋白质饲料来源之一。粗蛋白质的含量在20%以上，其营养价值较豆饼低。菜籽饼中含有有毒物质芥子甙或称含硫甙（含量一般在6%以上），各种芥子苷在不同的条件下水解，会形成异硫氰酸酯，严重影响适口性，采食过多会引起中毒。羊对菜籽饼的敏感性较强，饲喂时最好先对菜籽饼进行脱毒处理。

（4）花生饼　花生饼的饲用价值仅次于豆饼，蛋白质和能量都比较高，粗蛋白质的含量为48%，粗纤维的含量为5.8%。带壳花生饼含粗纤维在15%以上，饲用价值较去壳花生饼的营养价值低，但仍是羊的好饲料。花生饼的适口性较好，本身无毒素，但易感染黄曲霉素，易导致黄曲霉致病，贮藏时要注意防潮，以免发霉。

（5）胡麻饼　胡麻饼是胡麻种子榨油后的加工副产品，粗蛋白质的含量在36%左右，适口性较豆饼差，较菜籽饼好，也是胡麻产区养羊的主要蛋白质饲料来源之一。胡麻饼饲用时最好和其他的蛋白质饲料混合使用，以补充部分氨基酸的不足。单一饲喂容易使羊的体脂变软。

(6) 向日葵饼　向日葵饼简称葵花饼，是油葵及其他葵花籽榨取油后的副产品。去壳葵花饼的蛋白质含量可达 36%，不去壳葵花饼粗蛋白质的含量为 29.2%。葵花饼不含有毒物质，适口性也好，虽不去壳的葵花饼的粗纤维含量较高，但对羊来说是营养价值较好和廉价的蛋白质饲料。

4. 块根、块茎和瓜类饲料

块根、块茎类饲料属于适口性较好、水分含量较高的饲料。根据这些饲料的营养特性可分为薯类饲料和其他块根、块茎饲料。这些饲料是羊冬季补饲的好饲料。但在养羊中不是羊主要的饲料，用量不大，故简单介绍如下。

薯类是我国的主要杂粮品种，包括甘薯、马铃薯和木薯。这些杂粮不仅可以作为人类的粮食，还可以作为羊和其他家畜禽的饲料。薯类饲料具有产量高、水分含量高、淀粉含量高、适口性好、生熟饲喂均可的特点。按其干物质中营养成分的含量属于精饲料中的能量饲料。甘薯、马铃薯、木薯干物质中无氮浸出物的含量分别为 88.21%、77.6% 和 92.15%；粗纤维的含量非常低，在 2.5%~4.4%。饲料的消化利用率较高。薯类饲料在饲喂中应注意：甘薯出现的黑斑薯有苦味，含有毒性酮；马铃薯表皮发绿，有毒的茄素含量剧烈增加，饲喂后会出现畜禽中毒现象。木薯中含有一定量的氰氢酸，过多食用也会引起氰氢酸中毒。

萝卜是蔬菜品种，人畜均可食用，具有产量高、水分大、适口性好、维生素含量丰富的特点，是羊的维生素饲料补充料。胡萝卜还含有若干量的蔗糖和果糖，故具甜味，是羔羊和冬季母羊维生素的主要来源，饲喂效果良好；甜菜是优良的制糖和饲料作物品种，根、茎、叶的饲用价值较高，是羊的优良多汁饲料。其他块根、块茎类饲料还有菊芋、芜菁，甘蓝等，都是多汁、适口性好和饲用价值较高的饲料品种。

在瓜类饲料中最常用的是南瓜，它既是蔬菜，又是优质高产的饲料作物。由于其营养丰富，无氮浸出物的含量较高，糖类含量较多，适口性好，常被用作羊冬季的补饲饲料。

5. 树叶、灌木和其他饲料类产品饲料

羊几乎采食所有的树叶，无论是青绿状态的树叶，还是干树叶，对羊来说都是很好的饲料。树叶不仅适口性好，而且营养价值高，有的树叶是羊的蛋白质和维生素的来源之一。树叶虽是粗饲料，但粗纤维的含量低于其他粗饲料，营养价值也远比其他的粗饲料要高得多，甚至有的树叶的饲喂效果可与精饲料相比。如洋槐叶的干物质中粗蛋白质的含量达 29.9%，槐树叶、榆树叶、杨树叶的干物质中粗蛋白质的含量也在22%以上，远远超过禾谷类饲料中的蛋白质含量。灌木也是羊的饲料来源，不仅灌木叶是羊的饲草，而且细枝也可被羊采食利用，所以灌木在山区养羊业中占有重要的地位。灌木的利用主要是在春夏季节，春季牧草返青前，灌木的枝条、嫩枝都是羊的采食对象，是羊在青黄不接时的不可多得的饲草和保命草。灌木的利用对于山羊来说更显得重要。在山区，其他树木的枝、叶、果实也是羊的饲料和饲草资源，如松树、柏树的松籽、粕籽都是羊极好的饲料，不仅含有较高的蛋白质和其他营养物质，还具有特殊的香味，使羊肉也具有特殊的风味，松针可制成松针粉在羊的配合饲料中使用。

6. 糟渣类饲料

糟渣类饲料是植物加工的副产品饲料，几乎所有的植物加工的副产品都可以作为羊的饲料。如制酒的副产品（啤酒糟、酒糟），制糖的副产品（甜菜渣、甘蔗渣、糖浆），还有醋渣、豆腐渣、粉渣等。这些可利用的饲料中有的含粗蛋白质丰富，有的无氮浸出物含量高，有的可以直接被羊利用，有的通过加工可以被羊利用，是羊冬季补饲和舍饲养羊的饲料来源之一。

（1）啤酒糟　啤酒糟是以大麦为主要原料制取啤酒后的副产品，是麦芽汁的浸出渣。干啤酒糟的营养价值与小麦麸相当，粗蛋白质的含量为22.2%，无氮浸出物的含量为42.5%。啤酒酵母的干物质中粗蛋白质的含量高达53%，品质也好；无氮浸出物的含量为23.1%；含磷丰富；钙的含量较低。

（2）酒糟　酒糟是用淀粉含量较多的原料（如玉米、高粱和薯类）经酿酒后的副产品。由于酒糟中的可溶性碳水化合物发酵成醇被提取，其他营养成分（如粗蛋白质、粗脂肪、粗纤维与灰分等）的含量相应就提高，而无氮浸出物的含量相应降低，但能量值下降得不多，在营养上仍属于能量饲料的范围。以玉米为原料的酒糟干物质中的粗蛋白质的含量为16.6%，以高粱为原料的干酒糟中粗蛋白质的含量达24.5%。酒糟的营养价值还受一些副料的影响，如受稻壳或玉米芯的影响，降低了酒糟的营养价值。酒糟的营养含量稳定，但不完全，属于热性饲料，容易引起便秘。同时由于酒糟中水分含量较高，残留的醇类物质也多，过多饲喂容易引起酒精中毒，故饲喂前应进行晾晒。对含有稻壳的酒糟最好粉碎后饲喂，以免引起羊的瘤胃消化不良。

（3）甜菜渣　甜菜渣是甜菜中提取糖分后的副产品，主要成分为无氮浸出物和粗纤维，在干物质中粗蛋白质的含量为9.6%，粗纤维的含量为20.1%，无氮浸出物为64.5%。甜菜渣的适口性好，是羊的多汁饲料，饲喂时应配合一些蛋白质饲料。

（4）豆腐渣　豆腐渣是各种豆类经加工磨制豆腐后的副产品，富含各种营养，适口性好，饲喂方便，无论是鲜喂还是干喂，饲喂效果较好。同时豆腐渣的成本较低，粗蛋白质的含量为28.3%，粗纤维为12%，无氮浸出物为34.1%，粗纤维为13.9%。根据毛杨毅关于豆腐渣的试验资料表明，在羊的育肥补饲日粮中，1kg干物质的豆腐渣的饲喂效果与1kg的玉米的饲喂效果相比，无论在经济效益方面，还是在增重方面的效果都好于玉米。在冬季将豆腐渣和草粉或其他精饲料混合饲喂效果较好。

（四）非蛋白质饲料

最常用的非蛋白质氮是尿素，含氮46%左右，白色颗粒，微溶于水。蛋白质的当量为288%，即1g尿素相当于2.88g的蛋白质，或1kg尿素加上6kg的玉米，相当于7kg的豆饼。尿素的饲喂量：尿素在日粮的含量不超过其干物质的1%，每只成年绵羊每天13~18g，每只6月龄以上的青年绵羊8~12g/d。

1. 尿素的饲喂方法

（1）直接拌入饲料中饲喂。将尿素均匀地拌入含有谷物精料和蛋白质精料的混合饲料中饲喂。

（2）在青贮料中添加。在青贮的同时按青贮料湿重的0.5%添加。

（3）与青干草混合饲喂。在冬季舍饲的条件下，将尿素溶液喷洒在铡碎的青干草上饲喂。

（4）做成尿素精料砖供羊舔食。

2. 饲喂尿素注意的问题

（1）饲喂尿素应逐渐增加，一般要经过5~7d的适应期。

（2）饲喂不能间断，要坚持每天饲喂。

（3）小羔羊因瘤胃功能不全不能喂。

（4）饲喂尿素的日粮中要有足够的能量饲料。

（5）在有尿素的混合料中，不能含有生大豆和其他种类的豆类、苜蓿、胡枝子的种子。因这些饲料中含有尿素酶，会将尿素分解为氨和二氧化碳，氨可降低羊对饲料的采食量，降低蛋白质的水平。

（6）防止过量饲喂，以免发生尿素中毒。

（五）矿物质饲料

1. 食盐

食盐是羊及各种动物不可缺少的矿物质饲料之一，对保持生理平衡、维持体液的正常渗透压有着非常重要的作用。食盐还可以提高羊的适口性，增强食欲，具有调味作用。无论是夏季、还是冬季和其他季节，羊都应不断地饲喂食盐。食盐的用量一般占日粮的1%。最常用的饲喂方法是将食盐直接拌入精料中，或者将盐砖放在运动场让羊自由舔食。在放牧阶段，每隔 7d 左右啖 1 次盐。羊缺碘时食欲下降，采食牧草量减少，体重增加缓慢，啃碱土，啃土过多时会引起消化道疾病，拉稀消瘦。

2. 石粉

石粉主要指石灰石粉，是天然的碳酸钙，一般含钙 35%，是最便宜、最方便和来源最广的矿物质饲料。只要石灰石粉中的铅、汞、砷、氟的含量在安全范围之内，都可以作为羊的饲料。

3. 膨润土

膨润土是指钠基膨润土，资源丰富，开采容易，成本低，使用方便，容易保存。膨润土含有多种微量元素。这些元素能使酶和激素的活性或免疫反应发生显著的变化，对羊的生长有明显的生物学价值。

4. 磷补充饲料

磷的补充饲料主要有磷酸氢二钠、磷酸氢钠、磷酸氢钙，在配合饲料中的主要作用是提供磷和调整饲料中的钙磷比例，促进钙和磷的吸收和合理利用。

第三节 肉羊日粮的配制方法

肉羊的日粮配合是指在满足其营养物质需要的前提下，经济有效地利用各种饲料进行科学搭配。日粮配合应以青粗饲料和当地饲料为主，适当搭配精饲料，并注意饲料的体积和适口性。日粮配合的依据主要是饲养标准。在进行日粮配合时，还应考虑饲料的来源和价格，以降低饲料成本。

一、配合饲料的优点

（一）营养价值高，适合于集约化生产

配合饲料是根据肉羊在不同生长阶段的营养需要和饲养标准，经过科学配方加工配制而成。因此，大大提高了饲料中各种营养成分的利用率，营养全面，生物学价值高，消化利用率高，适合肉羊各个生理阶段的科学饲养。

（二）扩大饲料来源，发展节粮型畜牧业

科学配制饲料是选用多种不同种类的饲料，相互补充，取长补短，达到营养平衡。根本目的是合理利用饲料资源，以最低成本换取最大经济效益，为社会提供优质、无污染的绿色食品和其他畜产品。从某种意义上讲，没有饲料的科学配制，就没有低成本、高效益的规模化、标准化肉羊生产，也就没有绿色的羊肉食品。

(三) 适应于规模化、标准化的肉羊生产

配合饲料可以用现代先进的加工技术进行大批量工业化生产，便于运输和贮存，适应规模化生产发展，特别适合规模化、标准化肉羊产业的需要。

二、日粮配合的依据与原则

(一) 日粮配合的一般原则

在舍饲条件下，配合肉羊的日粮，应遵循如下原则。

(1) 必须根据羊在不同饲养阶段的营养需要量进行配制，并结合饲养实践做到灵活应用，既有科学性，又有实践性。

(2) 根据羊的消化生理特点，合理地选择多种饲料原料进行搭配，并注意饲料的适口性，采取多种营养调控措施，以提高羊对粗纤维性饲料的采食量和利用率，实行日粮优化设计。

(3) 要尽量选用当地来源广、价格便宜的饲料进行配合日粮，以降低饲料成本。

(4) 饲料选择应尽量多样化，以起到饲料间养分的互补作用，从而提高日粮的营养价值，提高日粮的利用率。

(5) 日粮原料必须卫生，绝对不能饲喂发霉、变质的饲料。

(6) 对日粮的原料，有条件的要有一定的储备，以免造成原料中断，从而改变日粮配方，造成肉羊的应激反应。

(二) 日粮配方的依据

1. 饲养标准

饲养标准是根据羊消化代谢的生理特点、生长发育、生产的营养需要，以及饲草饲料的营养成分和饲养经验，制定出的羊在不同生理状态和生产水平下，对不同营养物质的相对需要量，是科学养羊的依据。

2. 饲料的营养成分

在舍饲养羊生产中，羊所需要的营养物质完全由人工控制，饲料中的营养成分是否能满足羊的生长和生产的需要，与养羊业经济效益的关系十分密切，所以必须按照羊的营养需求和饲草中营养成分的含量，合理调配饲料中的营养成分含量。

三、日粮配合方法与步骤

在舍饲条件下，肉羊的日粮要求营养全面，能够满足其不同生理阶段的营养需要。因此，在配制日粮时，除了参照肉羊的饲养标准，注意饲草饲料就地取材、品种多种多样、质量上乘、优质廉价和以粗饲料为主等原则外，还要掌握日粮的具体配制方法。现举例说明如下。

现有野干草、玉米秸粉、玉米粗面、豆饼、麸皮、食盐、胡萝卜等几种饲料，如何配制体重 40kg 泌乳期母肉羊日粮呢？

第一步：查阅饲养标准表。

经查阅《绒用和毛用种母山羊饲养标准》得知，体重 40kg 泌乳期母肉羊的饲养标准为：干物质 1.6kg，代谢能 16MJ，粗蛋白质 255g，食盐 14g，钙 8g，磷 5.5g，胡萝卜素 19mg。

第二步：计算日粮中粗饲料的营养量。

在粗饲料质量较差的情况下，肉羊日粮中粗饲料的比例为 60%：40%较适宜，因此，日粮中粗饲料野干草和玉米秸粉的干物质含量为 0.96kg（1.6kg×60%），折合成实物为 1.06kg。如果玉米秸和野干草各喂 50%，则每种粗饲料每日喂 0.53kg。经查阅羊用饲料营养成分表，便可算出野干草和玉米秸的营养量：代谢能 7.23MJ、粗蛋白质 78.5g、钙 2.9g、磷 0.48g。

第三步：求出日粮中精饲料的营养量。

用饲养标准的数值减去日粮粗饲料的营养量，为日粮精饲料的营养量。经计算，精饲料的营养量为：干物质为 0.64kg，代谢能为 8.77MJ，粗蛋白质为 176.5g，钙为 5.1g，磷为 5.02g。

第四步：求出日粮中精饲料各种成分的比例。

因日粮精饲料干物质含量为 0.64kg，折合成实物为 0.71kg。用试差法计算，设 0.71kg 精饲料中有玉米粗粉 0.28kg、豆饼 0.32kg、麸皮 0.11kg，经查阅饲料营养价值表，就可计算出 3 种饲料的营养量合计为：代谢能 8.73MJ、精蛋白质 177.5g、钙 1.33g、磷 3.05g。这些数值中，代谢能及粗蛋白质与饲养标准的要求基本相符，钙、磷不足，只要再添加适量的钙、磷和胡萝卜素就可以。经计算，日粮中再添加 12g 骨粉和 30g 胡萝卜就可以达到要求。

第五步：列出日粮饲料配方表。

根据前面计算的结果列出日粮饲料配方表。见表 4-2。

表 4-2　体重 40kg 母羊日粮配方

饲料	饲喂量（kg）	占日粮比例（%）
干草	0.53	29
玉米秸粉	0.53	29
玉米粗粉	0.28	15.3
豆饼	0.32	17.5
麸皮	0.11	6.0
胡萝卜	0.03	1.6

第四节　肉羊饲料的加工、贮存与饲喂

一、精饲料的加工利用

（一）能量饲料的加工

能量饲料干物质的 70%~80%是由淀粉组成的，所含粗纤维的含量也较低，营养价值较高，是适口性比较好的饲料。能量饲料加工的主要目的是提高饲料中淀粉的利用效率和便于进行饲料的配合，促进饲料消化率和饲料利用率的提高。能量饲料的加工方法比较简单，常用的方法有以下几种。

1. 粉碎和压扁

粉碎是能量饲料加工中最古老和使用最广泛、最简便的方法。其作用是用机械的方法引起饲料细胞的物理破坏，使饲料被外皮或壳所包围的营养物质暴露出来，利用接受消化过程的作用，提高这些营养物质的利用效果。如玉米、高粱、小麦、大麦等饲料，常采用粉碎的方法进行饲料的加工，通过粉碎破坏了饲料硬的外皮，增加了饲料的表面积，使饲料与消化液的接触更充分，消化更彻底。但是，饲料粉碎的粒度不应太小，否则影响羊的反刍，容易造成消化不良。一般要求将饲料粉碎成两半或 1/4 颗粒即可。谷类饲料也可以在湿、软状态下压扁后直接喂羊或者晒干后喂羊，同样可以起到粉碎的饲喂效果。

2. 水浸

水浸饲料的作用，一是使坚硬的饲料软化、膨胀，便于采食利用；二是避免一些具有粉尘性质的饲料飞扬，减小粉尘对呼吸道的影响和改善饲料的适口性。一般在饲料饲喂前用少量的水将饲料拌湿放置一段时间，待饲料和水分完全渗透，在饲料的表面没有游离水时即可饲喂，注意水的用量不宜过多。

3. 液体培养——发芽

液体培养的作用是将谷物整粒饲料在水的浸泡作用下发芽，以增加饲料中某些营养物质的含量，提高饲喂效果。谷粒饲料发芽后，可使一部分蛋白质分解成氨基酸，增加粮分、维生素、各种酶。如大麦发芽前几乎不含胡萝卜素，经浸泡发芽后胡萝卜素的含量可达 93~100mg/kg，核黄素含量提高 10 倍，蛋氨酸的含量增加 2 倍，赖氨酸的含量增加 3 倍。因此发芽饲料饲喂公羊、母羊和羔羊有明显的效果。一般将发芽的谷物饲料加到营养贫乏的日粮中会有所助益，日粮营养越贫乏，收益越大。

（二）蛋白质饲料的加工利用

蛋白质饲料不仅具有能量饲料的一些特性，如低纤维、能量较高、适口性好等，而且更主要的是其蛋白质含量高，所以称为蛋白质饲料或蛋白质补充饲料。蛋白质饲料分为动物性蛋白质饲料和植物性蛋白质饲料，植物性蛋白质饲料又可分为豆类饲料和饼类饲料。不同种类饲料的加工方法不同，分别介绍如下。

1. 豆类蛋白质饲料的加工

豆类饲料含有一种称为抗胰蛋白酶的物质，这种物质在羊的消化道内与消化液中的胰蛋白酶作用，破坏了胰蛋白酶的分子结构，使酶失去生物活性，从而影响饲料中营养物质消化吸收，造成饲料蛋白质的浪费和羊的营养不足。这种抗胰蛋白酶在遇热时就变性而失去活性，因此在生产中常用蒸煮和焙炒的方法来破坏大豆中的抗胰蛋白酶，不仅提高了大豆的消化率和营养价值，而且增加了大豆蛋白质中有效的蛋氨酸和胱氨酸，提高了蛋白质的生物学价值。但有的资料表明，对于反刍家畜，由于瘤胃微生物的作用，不用加热处理。

2. 豆饼饲料的加工

豆饼根据生产的工艺不同可分为熟豆饼和生豆饼，熟豆饼经粉碎后可按日粮的比例直接加入饲料中饲喂，不必进行其他处理，生豆饼由于含有抗胰蛋白酶，在粉碎后需经蒸煮或焙炒后饲喂。豆饼粉碎的细度应比玉米要细，便于配合饲料和防止羊的挑食。

3. 棉籽饼的加工

棉籽饼含有丰富的可消化粗蛋白质、必需氨基酸，基本上与大豆粕的营养相当，还含有较多的可消化碳水化合物，是能量和蛋白质含量都较高的蛋白质饲料。但是棉籽饼中含有较多的粗纤维，还有一定量的有毒物质，所以在饲喂猪、家禽等单胃动物时受到一定的限制，而主要作为羊、牛等反刍家畜的蛋白质饲料。棉籽饼中的有毒物质是棉酚，是一种复杂的多酚类化合物，饲喂过量时容易引起中毒，所以在饲喂前一定要进行脱毒处理，常用的处理方法有水煮法和硫酸亚铁水溶液浸泡法。

4. 菜籽饼的加工

菜籽饼是油菜产区的菜籽油的加工副产品，会受两个不利的因素影响，一是菜籽饼含有苦味，适口性较差；二是菜籽饼含有含硫葡萄糖甙，这种物质在酶的作用下，裂解生成多种有毒物质，饲喂和处理不当会发生饲料中毒。这些有毒物质是致甲状腺肿大的噻唑烷硫酮（OET）、异硫氰酸酯（ITC）、芥籽甙等。因此对菜籽饼的脱毒处理显得十分重要。菜籽饼的脱毒处理常用的方法有两种：土埋法和氨、碱处理法。

（三）薯类及块茎块根类饲料的加工利用

这类饲料的营养较为丰富，适口性也较好，是羊冬季不可多得的饲料之一。加工较为简单，应注意3个方面。

①特烂的饲料不能饲喂。

②要将饲料上的泥土洗干净，用机械或手工的方法切成片状、丝状或小块状，块大时容易造成食道堵塞。

③不喂冰冻的饲料。饲喂时最好与其他饲料混合饲喂，并现切现喂。

二、青饲料的加工利用

（一）青绿饲料的加工

主要是指刈割后的饲料加工。一般常用的加工方法如下。

① 将刈割后的青绿饲料用铡刀切碎后放入饲槽内让羊采食。

② 将青饲料用绳子捆绑起来吊在羊舍内让羊采食。

③ 将青饲料晒干后供冬季饲用。

（二）饲喂青绿饲料时应注意的问题

① 青绿饲料不宜放置过久，要现割现喂。放置过久的青绿饲料发热霉烂或变味，容易造成氢氰酸中毒和饲料浪费。

② 嫩玉米苗、嫩高粱苗中含有氢氰酸，无论是放牧还是刈割饲喂都有发生中毒的危险，不要鲜喂，要让水分蒸发掉一部分后才可以饲喂，并要少喂。

三、牧草饲料的加工利用

无论是野生的牧草，还是人工种植的牧草都是羊的主要饲料，约占羊饲料总量的90%以上。牧草一年四季都可利用。为了保证冬季的饲料供应，往往在夏季牧草丰盛时期将鲜草刈割晒干长期保存，待冬季再经过加工饲喂，这种夏草冬用的牧草饲用方法具有成本低、收益大、经济效益高、贮藏方便的特点。所以牧草的晒干、调制、保存和利用成为青饲料的主要加工方式。

四、秸秆饲料的加工配制

秸秆饲料是农区冬季养羊的主要饲料之一。其利用的方式有两种。一是不经加工直接用于饲喂，让羊随意采食。这种饲喂方式羊仅采食了叶片，并因踩踏造成了大量的浪费，秸秆的采食利用率仅为20%~30%，浪费现象十分严重。二是加工后用于饲喂。秸秆加工的目的是要提高秸秆的采食利用率，增加羊的采食量，改善秸秆的营养品质。秸秆饲料常用的加工方法有以下几种。

（一）物理处理法

1. 切碎

切碎是秸秆饲料加工最常用和最简单的加工方法，是用铡刀或切草机将秸秆饲料或其他粗饲料切成1.5~2.5cm的碎料。这种方法适用于青干草和茎秆较细的饲草。虽然对粗的作物秸秆有一定的作用，但由于羊的挑食，致使粗的秸秆采食利用率仍很低。

2. 粉碎

用粉碎机将粗饲料粉碎成0.5~1cm的草粉。但应注意的是粉碎的粒度不能太小，否则影响羊的反刍，不利于消化。草粉应与精饲料混合拌湿饲喂，发酵、氨化后饲喂效果更佳。草粉还可以一定的比例和精饲料混合后，用颗粒机压制成一定形状和大小的颗粒饲料，以利于咀嚼和改善适口性，防止羊挑食、减少饲草的浪费。这种颗粒饲料具有体积小，运输方便、易于贮存等优点。

（二）化学处理法

1. 氨化处理法

氨化处理法就是用尿素、氨水、无水氨及其他含氮化合物溶液，按一定比例喷洒或灌注于粗饲料上，在常温、密闭的条件下，经过一段时间焖制后，使粗饲料发生化学变化。这样处理后的饲料称为氨化饲料。氨化可提高粗饲料的含氮量，除去秸秆中的木质素，改善饲料的适口性，提高饲料的营养价值和采食利用率。氨化处理可分为尿素氨化法和氨水氨化法。

（1）尿素氨化法　尿素氨化的方式有挖坑法、塑料袋法、堆垛法和水缸法等，其氨化的原理一样。下面介绍挖坑法。

在避风向阳干燥处，依氨化饲料的多少，挖深1.5~2m、宽2~4m、长度不等的长方形土坑，在坑底及四周铺上塑料薄膜，或用水泥抹面形成长久的使用坑。然后将新鲜秸秆切碎分层压入坑内，每层厚度为30cm，并用10%的尿素溶液喷洒，其用量为每100kg的秸秆需10%的尿素溶液40kg。逐层压入、喷洒、踩实、装满，并高出地面1m。上面及四周仍用塑料薄膜封严，再用土压实，防止漏气，土层的厚度约为50cm。在外界温度为10~20℃时，经2~4周后即可开坑饲喂，冬季则需45d左右。使用时应从坑的一侧分层取料，取出的饲料经晾晒放净氨气味，待具香味时便可饲喂。饲喂量应由少到多逐渐过渡，以防急剧改变饲料引起羊消化道的疾病。

塑料袋氨化法、水缸氨化法和堆垛法尿素的使用量与坑埋法相同，装好后也要注意四周封闭严实，防止漏气。

（2）氨水氨化法　用氨水或无水氨化粗饲料，比尿素氨化的时间短，需要有氨源、容器及注氨管等。氨化的形式与尿素法相同。向坑内填压、踩实秸秆时，应分点填夹注氨塑料管，管直通坑外。填好料后，通过注氨管按原料重12%的比例注入20%的氨水，或按原料重3%的比例注入无水氨，温度不低于20℃。然后用薄膜封闭压土，防止漏气。经1周后即可饲喂。取出的氨化饲料在饲喂前也要通风晾晒12~24h放氨，待氨味消失后才能饲喂。此法能除去秸秆中的木质素，既可提高粗纤维的利用率，还可提高秸秆中的氮，改善其饲料营养价值。用氨水处理的秸秆，每千克营养价值可从 10g 增加到 25g。有机质的消化率提高 4.7%~8%。其营养价值接近于中等品质的干草。用氨化秸秆饲喂羊，可促进增重，并可降低饲料的成本。

2. 碱化处理法

碱化处理最常用且简便的方法是氢氧化钠和生石灰混合处理。这种处理方法有利于瘤胃中的微生物对饲料的消化，提高粗饲料中有机物的消化率。其处理的方法是：将切碎的秸秆饲料分层喷洒 1.5%~2%的氢氧化钠和 1.5%~2%的生石灰混合液，每 100kg 秸秆喷洒 160~240kg 混合液，然后封闭压实。堆放 1 周后，堆内的温度达 50~55℃，即可饲喂。

（三）微生物处理法

微生物处理法分为干粗饲料发酵法、人工瘤胃发酵法、自然发酵法和利用担子菌法等。常用的方法如下。

1. 干粗饲料发酵法

将粗饲料粉碎后加入 2%的发酵用菌种，用水将菌法化开后喷洒在切碎的秸秆饲料上，使秸秆饲料的水分达到用手握有水而不滴水的程度。然后上面盖上干草粉或麦秸，当内部的温度达 40℃左右时，上下翻动饲料 1 次，封闭 1~3d 即可饲喂。

2. 自然发酵法

将粉碎后的秸秆饲料中拌入适量的精饲料，然后用水浇湿拌匀，堆放压实，经 2~3d 后，堆内自然发酵，温度升高，待有发酵的香味时即可饲喂。每次将上次的发酵饲料拌入下次的草粉中，循环使用。经发酵后的饲料松软，有香味，适口性好，饲料的采食利用率高。

五、微干贮饲料的加工方法

微干贮就是用秸秆生物发酵饲料菌种对秸秆饲料进行发酵处理，达到提高秸秆饲料的利用率和营养价值目的的饲料加工方法。此方法是耗氧发酵和厌氧保存，与青贮饲料的制作原理不同。其菌种主要为发酵菌种、无机盐、磷酸盐等。每吨干秸秆或每 3t 青贮料需加菌种 500g。每吨干秸秆加水 1t，食盐 5kg，麸皮 3kg。青玉米秸秆可不加食盐，加水适量。饲料的加工方法如下。

（一）菌液的配制

将菌液倒入适量的水中，加入食盐和麸皮，搅拌均匀备用。微贮王活干菌的配制方法是将菌种倒入 200mL 的自来水中，充分溶解后在常温下静置 1~2h。使用前将菌液倒入充分溶解的 1%食盐溶液中拌匀。菌液应当天用完，防止隔夜失效。

（二）饲料加工

微干贮时先按青贮饲料的加工方法挖好坑，铺好塑料薄膜。饲料的切碎和装窖的方法和注意事项与青贮饲料相同，只是在装窖的同时将菌液均匀地洒在窖内切碎的饲料上，边洒、边踩、边装。装满后在饲料的上面盖上塑料布，但不密封，过3~5d，当窖内的温度达45℃以上时，均匀地覆土15~20cm。封窖时窖口周围应厚一些并踩实，防止进气漏水。

（三）饲料的取用

窖内饲料经3~4周后变得柔软呈醇酸香味时，即可饲喂。成年羊的饲喂量为每只每天2~3kg，同时应加入20%的干秸秆饲料和10%的精饲料混合饲喂。取用时的注意事项与青贮料相同。

第五节　青贮饲料的制作技术

一、青贮加工的特点与意义

（一）青贮加工的特点

制作青贮饲料是一项季节性、时间性很强的突击性工作，要求收割、运输、切碎、踩实、密封等操作连续进行，短时间完成。所以青贮前一定要做好各项前期的准备工作，包括青贮坑的挖建、原料装备、人员安排、机械的准备和必要用具、用品的准备等。青饲料经青贮后，保存了青饲料的养分，提高了饲料品质，质地变软，气味芳香，能增进食欲。粗蛋白质中非蛋白氮较多，碳水化合物中糖分减少，乳酸和醋酸增多。在制作青干草过程中，营养物质一般损失20%~30%，而在青贮过程中，损失不般不超过10%。特别是胡萝卜素和粗蛋白质损失极少。如果制作半干青贮料，能更好地保存营养物质和青饲料的营养特征。

（二）青贮加工的意义

1. 有效地保存饲料原有的营养成分

饲料作物在收获期及时进行青贮加工保存，营养成分的损失一般不超过10%。特别青贮加工可以有效地保存饲料中的蛋白质和胡萝卜素；又如甘薯藤、花生蔓等新鲜藤蔓叶子要比茎秆的养分高1~2倍，在调制干草时叶子容易脱落，而制作青贮饲料时，富有养分的叶子可全部被保存下来，从而保证了饲料质量。同时，农作物在收获时期，尽管籽实已经成熟，而茎叶细胞仍在代谢之中，其呼吸继续进行，仍然存在大量的可溶性营养物质，通过青贮加工，创造厌氧环境，可抑制呼吸过程，使大量的可溶性养分保存下来，以供动物利用，从而提高其饲用价值。

2. 青贮饲料适口性好，消化率高

青贮饲料经过微生物作用，产生了具有芳香的酸味，适口性好，可刺激草食动物的食欲、消化液的分泌和肠道蠕动，从而增强消化功能。在青贮保存过程中，可使牧草粗硬的茎秆得到软化，提高动物的适口性，增加采食量，提高消化利用率。

3. 制作青贮饲料的原材料广泛

玉米秸秆是制作青贮良好的原料，同时其他禾本科作物都可以用来制作良好的青贮饲料，而荞麦、向日葵、菊芋、蒿草等也可以与禾本科混贮生产青贮饲料，因而取材极为广泛。特别是牛、羊不喜食的牧草或作物秸秆，经过青贮发酵后，可以改变形态、质地和气味，变成动物喜食的饲料。在新鲜时有特殊气味和叶片容易脱落的作物秸秆，在制作干草时利用率很低，而将它们调制成青贮饲料，不但可以改变口味，而且可软化秸秆、增加可食部分的数量。制作青贮饲料是广开饲料资源的有效措施。

4. 青贮是保存饲料经济而安全的方法

制作青贮比制作干草占用的空间小。一般每立方米干草垛只能垛70kg左右的干草，而每立方米的青贮窖能保存青贮饲料450～600kg，折合干草100～150kg。在贮藏过程中，青贮料不受风吹、雨淋、日晒等影响，亦不会发生火灾等事故，是贮备饲草经济、安全、高效的方法。

5. 制作青贮饲料可减少病虫害传播

青贮饲料的厌氧发酵过程可使原料中所含的病菌、虫卵和杂草种子失去活力，减少植物病虫害的传播以及对家田的危害，有利于环境保护。

6. 青贮饲料可以长期保存

制作良好的青贮饲料，只要管理得当，可贮藏多年。因而制作青贮饲料，可以保证肉羊一年四季均衡地吃到优良的多汁饲料。

7. 调制青贮饲料受天气影响较小

在阴雨季节或天气不好时，干草制作困难，而对青贮加工则影响较小。只要按青贮条件要求严格掌握，就可制成优良的青贮饲料。

二、青贮原理

青贮是储备青绿饲料的一种方法，是将新鲜的青绿饲料填入密闭的青贮塔、青贮窖或其他密闭容器内，经过微生物的发酵作用而使青贮料发生一系列物理的、化学的、生物的变化，形成一种多汁、耐贮、适口性好、营养价值高、可供全年饲喂的饲料，特别是作为羊冬季和舍饲羊的主要饲料之一。青贮发酵的过程可分为3个阶段：第一阶段是好气活动。饲料植物原料装入窖内后活细胞继续呼吸，消耗青贮料间隙中的氧，产生二氧化碳和水，释放能量或热量，同时好气的酵母菌与霉菌大量的生长和繁殖。从原料装入到原料停止呼吸，变为嫌气状态，这段时间要求越短越好，可以迅速地减少霉菌和其他有害细菌对饲料的作用。第二阶段是厌氧菌——主要是乳酸菌和分解蛋白质的细菌以异常的速度繁殖，同时霉菌和酵母菌死亡，饲料中乳酸增加，pH 下降到 4.2 以下。第三阶段是当酸度达到一定的程度，青贮窑内的蛋白质分解菌和乳酸菌本身也被杀死，青贮料的调制过程即可完成，各种变化基本处于一个相对稳定的环境状态，使饲料可以长时间地保存。

三、青贮的技术要点

（一）排出空气

乳酸菌是厌氧菌，只有在没有空气的条件下才能进行生长繁殖，如果不排除空气，就没有乳酸菌存在的余地，而好气的霉菌、腐败菌会乘机孳生，导致青贮失败。因此，在青贮过程中原料要切短（3cm 以下）、压实和密封严，排出空气，创造厌氧环境，以控制好气菌的活动，促进乳酸菌发酵。

（二）创造适宜的温度

青贮原料温度在 25~35℃时，乳酸菌会大量繁殖，很快便占主导优势，致使其他杂菌都无法活动繁殖，若料温达 50℃时，丁酸菌就会生长繁殖，使青贮料出现臭味，以致腐败。因此，除要尽量压实、排出空气外，还要尽可能地缩短铡草装料等制作过程，以减少氧化产热。

（三）掌握好物料的水分含量

适于乳酸菌繁殖的含水量为 70%左右，过干不易压实，温度易升高，过湿则酸度大，动物不喜食。70%的含水量，相当于玉米植株下边有 3~5 片叶子；如果二茬玉米全株青贮，割后可以晾半天，青黄叶比例各半，只要设法压实，即可制作成功；而进行秸秆黄贮，则秸秆含水量一般偏低，需要适当加入水分。判断水分含量的简易方法为：抓一把切碎的原料，用力紧握，指缝有水渗出，但不下滴为宜。

（四）原料的选择

用于青贮饲料的原料很多，如各种青绿状态的饲草、作物秸秆、作物茎蔓等。在农区主要是收获作物后的秸秆和其他无毒的杂草等。最常用的青贮原料是玉米秸秆和专用于青贮的玉米全株。对青贮原料的要求主要是原料要青绿或处于半干的状态，含水量为 65%~75%，不低于 55%。原料要无泥土、无污染。含水量少的作物秸秆不宜作为青贮的原料。我国青贮饲料的原料主要是收获玉米后的玉米秸秆，秸秆收割得越早越好。青贮过晚，玉米秸秆过干，粗纤维含量增加，维生素和饲料的营养价值降低。乳酸菌发酵需要一定的可溶性糖分，原料含糖多的易贮，如玉米秸、瓜秧、青草等，含糖少的难贮，如花生秧、大豆秸等。含糖少的原料，可以与含糖多的原料混合贮，也可以添加3%~5%的玉米面或麦麸等单贮。

（五）时间的确定

饲料作物青贮，应在作物籽实的乳熟期到蜡熟期时进行，即兼顾生物产量和动物的消化利用率。玉米秸秆的收贮时间，一看籽实成熟程度，乳熟早，枯熟迟，蜡熟正适时；二看青黄叶比例，黄叶差，青叶好，各占一半则嫌老；三看生长天数，一般中熟品种110d基本成熟，套播玉米在9月10日左右，麦后直播玉米在9月20日左右，就应收割青贮。利用农作物秸秆进行黄贮时，要掌握好时机。过早会影响粮食产量；过晚又会使作物秸秆干枯老化、消化利用率降低，特别是可溶性糖分减少，影响青贮的质量。秸秆青贮应在作物籽实成熟后立即进行，而且越早越好。

四、青贮设施建设

适合我国农村制作青贮的建筑种类很多，主要是青贮窖（壕、池）、青贮塔、青贮袋，以及草捆青贮、地面堆贮等。青贮塔、袋式青贮以及草捆青贮一般造价高，而且需要专门的青贮加工和取用设备；地面堆贮不易压实，工艺要求严格；而青贮窖造价较低，适于目前广大养殖场户采用。

（一）青贮窖（池、壕）

1. 窖址选择

青贮窖应选择建在地势较高、向阳、干燥、土质较坚实且便于存取的地方。切忌在低洼处或树荫下挖窖，还要避开交通要道、粪场、垃圾堆等，同时要求距离畜舍较近，以方便取用。并且四周应有一定的空地，以便于贮运加工。

2. 窖形设计

根据地形和贮量以及所用设备的效率等决定青贮窖的形状与大小。若设备效率高，每天用草量大，则以采用长方形窖为好；若饲养头数较少，则可用圆形窖。其大小视其所需贮存量而定。一般以长方形窖较为实用。

3. 建筑形式

建筑形式分为地下窖、半地下窖和地上窖，主要是根据地下水位、土壤质地和建筑材料而定。一般地下水位较低时，可修地下窖，此种形式加工制作极为方便，但取用时需上坡；地上窖耗材较多，则适合多数地区使用。

4. 建筑要求

青贮窖应建成四壁光滑平坦、上大下小的倒梯形。小型窖一般要求深度大于宽度，宽度与深度之比以（1~1.5）：2 为宜。要求不透气、不漏水、坚固牢实。窖底部应呈锅底形，与地下水位保持 50cm 以上的距离，四角圆滑。应用简易土窖时，应将四周夯实，并铺设塑料布。

5. 青贮的容重

青贮窖贮存容量与原料重量有关，各种青贮材料在容量上存在一定的差异，青贮整株玉米，每立方米容重为 500~550kg；青贮去穗玉米秸，每立方米为 450~500kg；人工种植及野生青绿牧草，每立方米重为 550~600kg。

青贮窖截面的大小取决于每日需要饲喂的青贮量。通常以每日取料的挖进量不少于 15cm 为宜。在宽度与深度确定后，根据需要青贮量，可计算出青贮窖的长度，也可根据青贮窖的容积和青贮原料的容重计算出所需青贮原料的重量。计算公式如下。

窖长（m）=计划制作青贮量（kg）/｛［上口宽（m）+下底宽（m）］/2×深度（m）×每立方米原料的重量（kg）｝；

即：窖长（m）=计划制作青贮量（kg）/［平均窖宽（m）×深度（m）×每立方米原料的重量（kg）］

圆形青贮窖容积（m^3）=3.14×青贮窖的半径（m）×青贮窖的半径（m）×窖深（m）

长方形窖容积（m^3）=平均窖宽（m）×窖深（m）×窖长（m）

（二）青贮塔

青贮塔是现代规模养殖场利用钢筋水泥砌成的永久性青贮建筑物。一次性投资大，但占地少、使用期长，且制作的青贮饲料养分损失小，适用于规模青贮，便于机械化操作。青贮塔呈圆筒形，上部有锥顶盖，可防止雨淋入。塔的大小视青贮用料量而定，一般内径 3~6m，塔高 10~14m。塔的四壁要根据塔的高度设置 2~4 道钢筋混凝土圈梁，四壁墙厚度为 36~24~18cm，由下往上分段缩减，但内径平直，内壁需用厚 2cm 水泥抹光。塔一侧每隔 2m 高开一个 0.6m×0.6m 的窗口，装时关闭，取空时敞开，原料全部由顶部装入。装料与取用都需要专用的机械作业。

（三）地面堆贮

这是最为简便的一种方法，选择干燥、平坦的地方，最好是水泥地面，四周用塑料薄膜盖严，也可以在四周垒上临时矮墙，铺一塑料薄膜后再装填青贮料，一般堆高 1.5~2m，宽 1.5~2m，堆长 3~5m。顶部用泥土或重物压紧。地面堆贮多用于临时贮藏，贮量也可大可小，比较灵活，但需要机械镇压和严实密封。制作技术要求严格。

(四) 塑料袋青贮

这种方法比较灵活，是目前国内外正在推行的一种方法。小型青贮袋能容纳几百千克，大的长 100m，容纳量为数百吨。我国尚未有这种大袋，但有长、宽各 1m，高 2.5m 的塑料袋，可装 750~1 000kg玉米青贮。一个成品塑料袋能使用两年，在这期间内可反复使用多次。塑料袋的厚度最好为 0.9~1mm，袋边袋角要封粘牢固，袋内青贮沉积后，应重新扎紧，如果塑料袋是透明膜，则应遮光存放，并避开畜禽和锐利器具，以防塑料袋被咬破、划破等。塑料袋青贮，不需要永久性建筑，但用大型塑料袋青贮时需要配备专用的青贮加工设备。

五、青贮的制作方法

(一) 贮前的准备

1. 青贮容器的选择

青贮坑应选择在地势较高、土质结实、排水良好、地面宽敞、离羊舍较近的地方。坑的大小依青贮料的多少而定。在农户饲养羊的数量不是太多的情况下，可挖深 1~2m、宽度为 2~4m、长度不限的青贮坑。坑的四周要平整，有条件时可用砖、水泥做成永久性的青贮坑，每年使用前将上年的饲草清理干净。土坑四周铺上塑料薄膜，防止土混入饲料中，同时增加四周的密闭性。

2. 机械准备

铡草机、收割装运机械，并准备好密封用的塑料布。

(二) 原料的装备

一是要适时收割。收割过晚秸秆粗纤维增加，维生素和水分减少，营养价值也降低。二是收割、运输要快，原料的堆放要到位，保证满足青贮的需要。

(三) 切碎

羊的青贮饲料切碎的长度为 1~2cm。切碎前一定要将饲料的根和带土的饲料去掉，将原料清理干净。

(四) 装窖

装窖和切碎同时进行，边切边装。装窖注意以下 3 点。一是注意原料的水分含量。适宜的水分含量应为 65%~75%，水分不足时应加入水。适宜水分的作用有利于饲料中微生物的活动；有利于饲料保持一定的柔软度；有利于在水分的作用下使饲料增加密度，减少间隙，减少饲料中空气的含量，便于饲料的保存。二是注意饲料的踩压。在大型青贮饲料的制作时，有条件的可使用履带式拖拉机碾压，没有条件时组织人力踩压。要一层一层地踩实，每层的厚度为30cm左右。特别是窖的四周一定要多踩几遍。三是装窖的速度要快，最好是当天装满、踩实、封窖。装窖时间过长时，容易造成好氧菌的活动时间延长，饲料容易腐败。

（五）密封严实

1. 青贮窖

当窖装满高出地面50~100cm时，在经过多遍的踩压后，将窖四周的塑料薄膜拉起来盖在露出地面的饲料上，封严顶部和四周。然后压上50cm的土层，拍平表面，并在窖的四周挖好排水沟。要确保封闭严实，不漏气、不渗水。封窖后要经常检查窖顶及四周有无裂缝，如有裂缝要及时补好，保证窖内的无氧状态。

2. 青贮塔青贮

将铡短的原料迅速用机械送入塔内，利用物料自然沉降将其压实。

3. 地面堆贮

先按设计好的锥形用木板隔挡四周，地面铺10cm厚的湿麦秸，然后将铡短的青贮料装入，并随时踏实。达到要求高度，制作完成后，拆去围板。

4. 袋式青贮

用专用机械将青贮原料切短，喷入（或装入）塑料袋，排尽空气并压紧后扎口即可。如无抽气机，则应装填紧密，加重物压紧。

5. 整修与管护

青贮原料装填完后，应立即封埋，将窖顶做成隆凸圆顶，在四周挖排水沟。封顶后2~3d，在下陷处填土覆盖，使其紧实隆凸。

六、青贮饲料的品质鉴定

（一）感官鉴定

即通过“看看、闻闻、捏捏”的方法，对青贮料的色、香、味和质地进行辨别，以判定其品质好坏（表4-3）。

表4-3　青贮饲料感官鉴定

品质等级	颜色	气味	酸味	质地、结构
优良	青绿或黄绿，有光泽，近似原来的颜色	芳香水果、酒酸味，给人以舒适感觉	浓	湿润、紧密，叶脉明显，结构完整
中等	黄褐色或暗褐色	有刺鼻醋酸味，香味淡	中等	茎叶花保持原状，柔软，水分稍多
低劣	黑色、褐色或暗墨绿色	有特殊刺鼻腐臭味或霉味	淡	腐烂、污泥状，黏滑或干燥或粘成块，无结构

（二）pH 测定

从被测定的青贮料中，取出具有代表性的样品，切短，在搪瓷杯或烧杯中装入半杯，加入蒸馏水或凉开水，使之浸没青贮料，然后用玻璃棒不断地搅拌，使水和青贮料混合均匀，放置 15~20s 后，将水浸物经滤纸过滤。吸收滤得的浸出液 2mL，移入白瓷比色盘内，用滴瓶加 2~3 滴甲基红-溴甲酚绿混合指示剂，用玻璃棒搅拌，观察盘内浸出物颜色的变化。判断出近似的 pH，借以评定青贮饲料的品质（表 4-4）。

表 4-4　青贮饲料 pH 测定

品质等级	颜色反应	近似 pH
优良	红、乌红、紫红	3. 8~4. 4
中等	紫、紫蓝、深蓝	4. 6~5. 2
低劣	蓝绿、绿、黑	5. 4~6. 0

七、青贮饲料的利用

（一）开窖饲喂

青贮 60d 后，待饲料发酵成熟、乳酸达到一定的数量、具备抗有害细菌和霉菌的能力后才可开窖饲喂。青贮质量好的青贮饲料，应有苹果酸味或酒精香味，颜色为暗绿色，表面无黏液，pH 在 4 以下。青贮料的饲喂要注意以下几点。一是发现有霉变的饲料要扔掉。二是开窖的面积不宜过大，以防暴露面积过大，好氧细菌开始活动，引起饲料变质。三是要随取随用，以免暴露在外面的饲料变质。取用时不要松动深层的饲料，以防空气进入。四是饲喂量要由少到多，使羊逐渐适应。在生产中有的养殖场（户）不了解青贮原理和使用要点，见饲料的表面有点发霉，怕饲料变质坏掉，就将青贮窖上的塑料薄膜去掉并翻动，结果青贮饲料很快腐烂变质，造成了损失。

（二）喂量

青贮饲料的用量，应视动物的种类、年龄、用途和青贮饲料的质量而定。开始饲喂青贮料时，要由少到多，逐渐增加，给动物一个适应过程。习惯后再增加。青贮饲料具有轻泻性，妊娠母羊可适当减少喂量。饲喂青贮饲料后，要将饲槽打扫干净，以免残留物产生异味。

八、青贮饲料添加剂

为了提高青贮饲料的品质，可在制作青贮饲料的调制过程中，加入青贮饲料添加剂，用来促进有益菌发酵或者抑制有害微生物。常用的青贮饲料添加剂有微生物类、酸类防腐剂以及营养物质等。青贮饲料添加剂的应用，显著地提高了青贮，特别是黄贮的效果，明显地改进了黄贮饲料的品质，但同时也增加了成本。因此应在技术人员的指导下，根据实际需要，针对性地采用不同的青贮添加剂及其应用方法，以切实有效地利用青贮添加剂，获得更大的经济效益。

（一）发酵促进剂

1. 微生物添加剂

青贮能否成功，在很大程度上取决于乳酸菌能否迅速而大量地繁殖。一般青绿作物叶片上天然存在着少量乳酸菌。在青贮过程中，若自然发酵，也可能会由于有害微生物的作用，使得青贮原料的营养物质损失过多，因此采用在青贮时加入乳酸菌菌种，可以促进乳酸菌尽快繁衍，产生大量乳酸，降低 pH，从而抑制有害微生物的活动，减少干物质损失，获得理想的青贮饲料。国外早在 20 世纪 50 年代就开展这一领域的研究，不少产品已经产业化。中国农业科学院饲料所已引进微生物青贮添加剂生产技术，并进行产业化生产。

2. 碳水化合物

有了足够的乳酸菌，还必须创造有利于其繁衍的适宜环境。除了保持密闭环境之外，乳酸菌还需要一定浓度的糖分作为营养。保证充分乳酸发酵的青贮原料其可溶性碳水化合物含量应高于 2%（鲜样），如果低于 2%，便有必要加入一些可溶性糖，以利于发酵。目前，乳酸菌主要用于栽培牧草和饲料作物，因为这些原料具有足够数量的可溶性糖。在实践上，乳酸菌往往与少量麸皮等混合制成复合添加剂，既有利于均匀添加，又能起到补充可溶性糖分的作用。这样可以使青贮发酵过程快速、低温、低损失，并能保证青贮饲料的稳定性。

3. 纤维酶制剂

对于秸秆类饲料，由于其纤维木质素含量较高，常结合采用多种纤维酶制剂。使用纤维素分解酶不仅可以将纤维物质分解为单糖，为乳酸菌发酵提供能源，而且能改善饲料消化率，该类型的酶制剂主要包括纤维素酶、半纤维素酶、木聚糖酶、果胶酶等，以及葡萄糖氧化酶，后者的目的是尽快消耗青贮容器内的氧气，形成厌氧环境。国外一些公司已经在我国注册和销售这些产品，我国也已经有此类产品的研究。由于不同饲料化学组成不同，酶的作用方式也会产生差异，因而应该针对不同原料，使用专用性的产品。

（二）发酵抑制剂

这是使用最早的一类青贮饲料添加剂，最初使用无机酸（如硫酸和盐酸），后来使用有机酸（如甲酸，丙酸等）和甲醛。加酸后，青贮料迅速下沉，易于压实；作物细胞的呼吸作用很快停止，有害微生物的活动很快得到抑制，减少了发热和营养损失；pH 下降，杂菌繁殖受到抑制。但是，加酸会增加饲料渗液，也增加了牲畜酸中毒的可能性，应当采取相应的补救和防护措施。例如，减少青贮作物的含水量可以防止渗液，添加一些碳酸钙或小苏打可以缓和酸性。

各种酸的适宜加入量推荐如下。①硫酸、盐酸：先用 5 倍水稀释，每 100kg 青贮加入 5~8L 稀释后的硫酸或盐酸；②甲酸：每吨青贮料加甲酸约 3kg；③乙酸：可按青贮原料重量的 1%左右加入。④丙酸：一般多喷洒在青贮原料的表面，用以防霉，可按每平方米喷洒 1L。

（三）防腐剂

防腐剂不能改善发酵过程，但能有效地防止饲料变质。常用的有丙酸、山梨酸、氨、硝酸钠、甲酸钠等。丙酸广泛用于贮藏谷物防腐中的微生物抑制剂，因此作为青贮饲料防腐剂效果也较好。使用方法可按每平方米青贮料加 1L，喷洒在青贮表面。但是，丙酸不能抑制所有与青贮腐败有关的微生物，而且成本也比较高。据报道，有些植物组织（如落叶松针叶）含有植物杀菌素，有较好的防腐效果，又没有毒性。这类防腐剂可因地制宜开发使用。

甲醛（福尔马林）不仅有较好的抑菌防腐作用，还可保护饲料蛋白质在反刍动物瘤胃内免受降解，增加家畜对蛋白质的吸收率，曾被认为是一种有效的青贮饲料添加剂，其推荐用量为 0.3%~1.5%。但是，由于甲醛具有潜在的致癌作用，从动物和人类安全考虑，现在一般不提倡使用。

（四）营养性添加剂

这类添加剂主要用来补充青贮饲料某些营养成分的不足，有些同时又能改善发酵过程。常用的这类添加剂包括尿素、盐类、碳水化合物等。尿素在瘤胃内分解出氨，再由瘤胃中的细菌合成蛋白质。据资料介绍，美国每年用作饲料的尿素超过 100 万 t，相当于 600 万 t 豆饼所提供的氮素，省下的大量饼类蛋白用于饲喂单胃牲畜。尿素的加入量为青贮饲料的 0.5%。

青贮饲料中加石灰石不但可以补充钙，而且可以缓和饲料的酸度。每吨青贮饲料中碳酸钙的加入量为 4.5~5kg。丁酸菌对高渗透压非常敏感，而乳酸菌却较迟钝，添加食盐可提高渗透压，增加乳酸含量，减少乙酸和丁酸含量，从而改善青贮饲料质量。添加食盐还能改善饲料的适口性，增加饲料采食量。

可用作青贮饲料添加剂的其他无机盐类以及在青贮饲料中的添加量为：硫酸铜 2.5g/t、硫酸锰 5g/t、硫酸锌 2g/t、氯化钴 1g/t、碘化钾 0.1g/t。

（五）吸附剂

高水分原料青贮，或者使用酸添加剂时，青贮饲料流出物很多，不仅损失营养成分，而且会引起环境污染问题。添加吸附剂可减少流出物。但是，吸附剂的效果取决于原料的物理特性、添加方法、青贮窖的结构以及排水性能等多种因素。常用的吸附材料包括甜菜渣、秸秆、麸皮以及谷物等。

甜菜渣具有良好的水吸附能力，可以片状或颗粒状添加，一般在青贮原料装窖分层添加。添加后不仅可以减少青贮流出物量，还可以增加青贮饲料采食量，改善动物生产性能。秸秆也具有良好的吸水性，添加于青贮饲料，具有减少干物质损失、改善发酵品质、提高营养价值（采食量）等作用，并能提高秸秆本身的利用率。一般采用分层添加方法。由于稻草糖分含量很低，发酵性较差，添加量不宜过高。据试验，秸秆添加比例以不超过原料的10%为宜。

第六节　羊全混日粮（TMR）配制技术

全混日粮（TMR）是根据反刍动物不同阶段的营养需要，将粗料、精料、矿物质、维生素和其他添加剂均匀混合而成的一种营养浓度均衡的全价日粮。其中，TMR颗粒饲料体积小，营养浓度高，饲喂省工省时，具有广阔的前景。

一、羊TMR配制技术要点

（一）TMR原料选择

应选当地资源丰富、能保证稳定供应、有一定营养价值且相对便宜的饲料原料。

（二）TMR配方的设计

（1）根据肉羊的生长发育、生产阶段、体况等，查询相应的营养标准，确定其营养参数需要量。

（2）依据养殖场的条件选择合适的饲料原料，根据经验，确定配料的大致比例，并进行试配。

（3）对配料的比例进行微调，达到营养平衡。

（4）将以干物质为基础的饲料组分换算成以风干饲料为基础的饲料组分。

（5）确定配料中各组分的添加比例，按照所使用的预混料添加比例，对配料的比例进行整体计算。

（三）搅拌机的选择

TMR饲料搅拌机通过绞龙和刀片的作用对饲料切碎、揉搓、软化和搓细，并经过充分的混合后获得全混合日粮，常见的为固定式（图4-1）和自走式两种（图4-2）。

图 4-1　固定式搅拌机

图 4-2　自走式搅拌机

（四）TMR 饲料制作方法

1. 原料添加

准确称量原料，并清除记录原料投放量，严格按日粮配方进行审核。投料应遵循先长后短、先粗后细、先干后湿、先轻后重的原则。

2. 搅拌

搅拌是获取理想 TMR 的关键环节，时间过长使 TMR 太细，有效纤维不足；时间太短，原料混合不匀，因此要边加料边混合。

值得注意的是，当前新冠肺炎疫情防控期间，为应对饲料短缺困难，可适当调整饲料配方，豆粕用量可减少 2%～3%，菜籽饼粕等其他蛋白质饲料原料可替代2%~5%豆粕，可考虑使用适量小麦、麸皮、米糠替代玉米（比例约5%）；适当限饲，饲喂肉羊正常采食量80%~90%的饲料；充分开发利用当地秸秆等资源。

二、羊TMR饲喂技术

（一）合理分群

按羊的性别、生产目的、生理阶段、羊群规模和设施设备合理分群。可分为3群，即育肥群、种母羊群、种公羊群；也可分为7群，即育肥群、空怀母羊群、妊娠母羊群、哺乳母羊群、后备母羊群、后备公羊群、种公羊群。

（二）饲喂量

育肥羊及特定阶段母羊宜自由采食，每次饲喂前TMR散料应有3%的剩料量，TMR颗粒料应有0.5%的剩料量，喂前将剩料清理干净。育肥羊也可采用料塔等自动供料装置。

（三）饲喂次数

一般每天上午、下午各投料1次，高温高湿季节宜上午提早、下午推迟喂料时间。低温季节全天可投料1次。在两次投料间隔内翻料1~2次。

第五章　肉羊健康养殖技术

第一节　羊的生活习性

一、合群性强

羊的群居行为很强，很容易建立起群体结构，主要通过视、听、嗅、触等感官活动，来传递和接受各种信息，以保持和调整群体成员之间的活动，头羊和群体内的优胜序列有助于维系此结构。在羊群中，通常是原来熟悉的羊只形成小群体，小群体再构成大群体。在自然群体中，羊群的头羊多是由年龄较大、子孙较多的母羊来担任，也可利用山羊行动敏捷、易于训练及记忆力好的特点选做头羊。应注意，经常掉队的羊，往往不是因病，就是老弱跟不上群。

一般地讲，山羊的合群性好于绵羊；绵羊中的粗毛羊好于细毛羊和肉用羊，肉用羊最差；夏、秋季牧草丰盛时，羊只的合群性好于冬、春季牧草较差时。利用合群性，在羊群出圈、入圈、过河、过桥、饮水、换草场、运羊等活动时，只要有头羊先行，其他羊只即跟随头羊前进并发出保持联系的叫声，为生产中的大群放牧提供了方便。但由于群居行为强，羊群间距离近时，容易混群，故在管理上应避免混群。

二、食物谱广

羊的颜面细长，嘴尖，唇薄齿利，上唇中央有一中央纵沟，运动灵活，下颚门齿向外有一定的倾斜度，对采食地面低草、小草、花蕾和灌木枝叶很有利，对草籽的咀嚼也很充分，素有“清道夫”之称。因为羊只善于啃食很短的牧草，故可以进行牛羊混牧，或不能放牧马、牛的短草牧场也可放羊。据试验，在半荒漠草场上，有66%的植物种类为牛所不能利用，而绵、山羊则仅38%。在对600多种植物的采食试验中，山羊能食用其中的88%，绵羊为80%，而牛、马、猪则分别为73%、64%和46%，说明羊的食物谱较广，也表明羊对种类单调饲草料最易感到厌腻。

绵羊和山羊的采食特点有明显不同：山羊后肢能站立，有助于采食高处的灌木或乔木的幼嫩枝叶，而绵羊只能采食地面上或低处的杂草与枝叶；绵羊与山羊合群放牧时，山羊总是走在前面抢食，而绵羊则慢慢跟随后边低头啃食；山羊舌上苦味感受器发达，对各种苦味植物较乐意采食。粗毛羊与细毛羊相比，爱吃“走草”即爱挑草尖和草叶，边走边吃，移动较勤，游走较快，能扒雪吃草，对当地毒草有较高的识别能力；而细毛羊及其杂种，则吃的是“盘草”（站立吃草），游走较慢，常落在后面，扒雪吃草和识别毒草的能力也较差。

三、喜干厌湿

“羊性喜干厌湿，最忌湿热湿寒，利居高燥之地”，说明养羊的牧地、圈舍和休息场所，都以高燥为宜。如久居泥泞潮湿之地，则羊只易患寄生虫病和腐蹄病，甚至毛质降低，脱毛加重。不同的绵羊、山羊品种对气候的适应性不同，如细毛羊喜欢温暖、干旱、半干旱的气候，而肉用羊和肉毛兼用半细毛羊则喜欢温暖、湿润、全年温差较小的气候，但长毛肉用种的罗姆尼羊，较能耐湿热气候和适应沼泽地区，对腐蹄病有较强的抗力。

根据羊对于湿度的适应性，一般相对湿度高于85%时为高湿环境，低于50%时为低湿环境。我国北方很多地区相对湿度平均在40%~60%（仅冬、春两季有时可高达75%），故适于养羊，特别是养细毛羊；而在南方的高湿高热地区，则较适于养山羊和长毛肉用羊。

四、嗅觉灵敏

羊的嗅觉比视觉和听觉更灵敏，这与其发达的腺体有关，其具体作用表现在以下3个方面。

1. 识别羔羊

羔羊出生后与母羊接触几分钟，母羊就能通过嗅觉鉴别出自己的羔羊。羔羊吮乳时，母羊总要先嗅一嗅其臀尾部，以辨别是否为自己的羔羊。利用这一点可在生产中寄养羔羊，即在被寄养的孤羔和多胎羔身上涂抹保姆羊的羊水或尿液，寄养成功率较大。

2. 辨植物

羊在采食时，能依据植物的气味和外表细致地区别出各种植物或同一植物的不同品种（系），选择含蛋白质多、粗纤维少、没有异味的牧草采食。

3. 辨饮水清洁

羊喜欢饮用清洁的流水、泉水或井水，而对污水、脏水等拒绝饮用。

五、适应能力

适应性是由许多性状构成的一个复合性状，主要包括耐粗、耐渴、耐热、耐寒、抗病、抗灾度荒等方面的表现。这些能力的强弱，不仅直接关系到羊生产力的发挥，同时也决定着各品种的发展命运。例如，在干旱贫瘠的山区、荒漠地区和一些高温高湿地区，绵羊往往难以生存，山羊则能很好地适应。

1. 耐粗性

羊在极端恶劣条件下，具有令人难以置信的生存能力，能依靠粗劣的秸秆、树叶维持生活。与绵羊相比，山羊更能耐粗，除能采食各种杂草外，还能啃食一定数量的草根树皮，对粗纤维的消化率比绵羊高 3.7%。

2. 耐渴性

羊的耐渴性较强，尤其是当夏秋季缺水时，它能在黎明时分，沿牧场快速移动，用唇和舌接触牧草，以搜集叶上凝结的露珠。在野葱、野韭、野百合、大叶棘豆等牧草分布较多的牧场放牧，可几天乃至十几天不饮水。但比较而言，山羊更能耐渴，山羊每千克体重代谢需水 188mL，绵羊则需水 197mL。

3. 耐热性

由于羊毛有绝热作用，能阻止太阳辐射热迅速传到皮肤，所以较能耐热。绵羊的汗腺不发达，蒸发散热主要靠呼吸，其耐热性较山羊差，故当夏季中午炎热时，常有停食、喘气和“扎窝子”等表现；而山羊对“扎窝子”却从不参加，照常东游西窜，气温 37.8℃时仍能继续采食。粗毛羊与细毛羊相比，前者较能耐热，只有当中午气温高于 26℃时才开始“扎窝子”；而后者则在 22℃左右即有此种表现。

4. 耐寒性

绵羊由于有厚密的被毛和较多的皮下脂肪，可以减少体热散发，故其耐寒性高于山羊。细毛羊及其杂种的被毛虽厚，但皮板较薄，故其耐寒能力不如粗毛羊；长毛肉用羊原产于英国的温暖地区，皮薄毛稀，引入气候严寒之地，为了增强抗寒能力，皮肤常会增厚，被毛有变密、变短的倾向。

5. 抗病力

放牧条件下的各种羊，只要能吃饱饮足，一般全年发病较少。在夏秋膘肥时期，对疾病的耐受能力较强，一般不表现症状，有的临死还勉强吃草跟群。为做到早治，必须细致观察，才能及时发现。山羊的抗病能力强于绵羊，感染内寄生虫和腐蹄病的也较少。粗毛羊的抗病能力较细毛羊及其杂种强。

6. 度荒能力

指羊只对恶劣饲料条件的忍耐力，其强弱除与放牧采食能力有关外，还决定于脂肪沉积能力和代谢强度。各种羊的抗灾能力不同，故因灾死亡的比例相差很大。例如，山羊因食量较小，食性较杂，抗灾度荒能力强于绵羊；细毛羊因羊毛生长需要大量的营养，而又因被毛的负荷较重，故易乏瘦，其损失比例明显较粗毛羊大；公羊因强悍好斗，异化作用强，配种时期体力消耗大，如无补饲条件，则其损失比例要比母羊大，特别是育成公羊。

六、神经活动

山羊生性机警灵敏，活泼好动，记忆力强，易于训练成特殊用途的羊；而绵羊则性情温顺，胆小易惊，反应迟钝，易受惊吓而出现“炸群”。当遇兽害时，山羊能主动大呼求救，并且有一定的抗御能力；而绵羊无自卫能力，四散逃避，不会联合抵抗。山羊喜角斗，角斗形式有正向互相顶撞和跳起斜向相撞两种，绵羊则只有正向相撞一种。因此，有“精山羊，疲绵羊”之说。

七、善于游走

游走有助于增加放牧羊只的采食空间，特别是牧区的羊终年以放牧为主，需长途跋涉才能吃饱喝好，故常常 1d 往返里程达到 6~10km。山羊具有平衡步伐的良好机制，喜登高，善跳跃，采食范围可达崇山峻岭，悬崖峭壁，如山羊可直上直下 60°的陡坡，而绵羊则需斜向作“之”字形游走。

不同品种的羊在不同牧草状况、牧场条件下，其游走能力有很大区别。在接近配种季节、牧草质量差时，羊只的游走距离加大，游走距离常伴随放牧时间而增加。

第二节　羔羊的饲养管理技术

一、羔羊饲养管理

1. 尽快吃上初乳

羔羊出生后要尽快吃上初乳，母羊产后 5d 以内的乳称为初乳，初乳中含有丰富的蛋白质（17%~23%）、脂肪（9%~16%）等营养物质和抗体，具有营养、抗病和轻泻作用。羔羊及时吃到初乳，对增强体质、抵抗疾病和排出胎粪具有很重要的作用。因此，应让初生羔羊尽量早吃、多吃初乳，吃得越早，吃得越多，增重越快，体质越强，发病少，成活率高。

2. 羔羊要早开食、早开料

羔羊在出生后 10d 左右就有采食饲料和饲草的行为。为促进羔羊瘤胃发育和锻炼羔羊的采食能力，在羔羊出生 15d 后应开始训练羔羊采食。将羔羊单独分出来组成一群，在饲槽内加入粉碎后的高营养、容易消化吸收的混合饲料和饲草。在饲喂过程中，要少喂勤添，定时定量，先精后粗。补草补料结束后，将槽内剩余的草料喂给母羊，将槽打扫干净，并将食槽翻扣，防止羔羊卧在槽内或将粪尿排在槽内。

3. 羔羊哺乳后期

当羔羊出生 2 个月后，由于母羊泌乳量逐渐下降，即使加强补饲，也不会明显增加产奶量。同时，由于羔羊前期已补饲草料，瘤胃发育及机能逐渐完善，能大量采食草料，饲养重点可转入羔羊饲养，每日补喂混合精料 200~250g，自由采食青干草。要求饲料中粗蛋白质含量为 13%~15%。不可给公羔饲喂大量麸皮，否则会引发尿道结石。

在哺乳时期要保持羊舍干燥清洁，经常垫铺褥草或干土，羔羊运动场和补饲场也要每天清扫，防止羔羊啃食粪土和散乱羊毛而发病。舍内温度保持在 5℃左右为宜。

4. 断奶

羔羊一般在 3.5~4 月龄采取一次性断奶，断奶后的羔羊可按性别、体质强弱、个体大小分群饲养。在断奶前 1 周，对母羊要减少精饲料和多汁饲料的供给量，以防止乳房炎的发生。断乳后的羔羊，要单独组群放牧育肥或舍饲育肥，要选择水草条件好的草场进行野营放牧，突击抓膘。羊舍要求每天通风良好，冬天保暖防寒，保持清洁，净化环境，经常消毒。

二、羔羊的育肥

肥羔生产具有生产周期短、成本低、充分利用夏秋牧草资源和生产的肉质好等特点，所以成为近年来国外羊肉生产的主要方式。断奶后不作种用的羔羊可转入育肥期，可采取放牧加补饲法、半牧半舍饲加补饲法、舍饲加补饲法进行育肥。

为了提高肥羔生产效益，必须掌握以下技术措施。

（一）选择育肥羔羊

羔羊来自早熟、多胎、生长快的母羊所生；也可以用肉用品种公羊来交配本地土种羊，生产一代杂种，利用杂种优势生产肥羔。例如，用陶赛特与本地羊杂交生产的杂交一代；波尔山羊与当地母羊杂交生产的杂交一代，这些杂交一代育肥效果都很好。

合理安排母羊配种，多安排在早春产羔，这样可以延长生长期而增加胴体重。

母羊产后母仔最好一起舍饲 15~20d。这段时间羔羊吃奶次数多，几乎隔 1 个多小时就需要吃 1 次奶。20d 以后，羔羊吃奶次数减少，可以让羔羊在羊舍饲养，白天母羊出去放牧，中午回来奶 1 次羔。

（二）及时补饲

母羊泌乳量随着羔羊的快速生长而逐渐不能满足其营养需要，必须补饲，一般羔羊生后 15d 左右开始啃草，这时应喂一些嫩草、树叶等，枯草季节可喂一些优质青干草。补饲精料时要磨碎，最好炒一下，并添加适量食盐和骨粉。补充多汁饲料时要切成丝状，并与精料混拌后饲喂。补饲量可做如下安排：15～30日龄的羔羊，每天补混合精料50～75g；1～2月龄补100g；2～3月龄补200g；3～4月龄补250g，每只羔羊在4个月哺乳期需补精料10～15kg。对青草的补饲可不限量，任其采食。

对放牧育肥的羔羊而言，在枯草期前后也要进行补饲，可延长育肥期，提高胴体重量。对舍饲育肥羔羊要用全价配合饲料育肥，最好制成颗粒料饲喂，玉米可整粒饲喂，并注意充足饮水和矿物质的补饲。

（三）加强育肥羔羊的饲养管理

（1）育肥前要驱除体内外的寄生虫，用虫克星0.2g/kg体重，盐酸左旋咪唑10mg/kg体重。

（2）按品种、性别、年龄、体况、大小、强弱合理进行分群，制订育肥的进度和强度。公羔可免去势育肥，若需去势，宜在2月龄进行，去势后要加强管理。

（3）贮备充分的饲草饲料，保证育肥期不断料，不轻易地变更饲料。同一种饲料代替另一种饲料时，先代替1/3（3d），再加到2/3（3d），逐步全部替换。

（4）育肥羊在育肥期如需舍饲，应保持有一定的活动场地，羔羊每只占地0.75～0.95m^2。

（5）推广青贮、氨化饲草，充分利用秸秆，扩大饲草来源。青贮、氨化秸秆制作方法简便易行，成本低，且营养价值高，适口性好，羊爱吃。饲喂青贮、氨化秸秆时，喂量由少到多，逐步代替其他牧草，适应后，每只羊每日喂青贮饲料3～4kg，氨化秸秆1～1.5kg，并补充适量的尿素。

（6）要确保育肥羊每日都能喝足清洁的水。据估计，气温在15℃时，育肥羊饮水量在1kg左右；15～20℃时，饮水量1.2kg；20℃以上时饮水量接近1.5kg，冬季不宜饮用雪或冰水。

（7）保证饲料的品质，不喂发霉变质和冰冻的饲料。喂饲时避免羊只拥挤、争食。因此，饲槽长度要与羊数相称，每只羊应用25～40cm，自动食槽可适当缩短，每只羊5～10cm。投饲量不能过多，以吃完不剩为理想。

（四）育肥阶段与饲料配方

羔羊育肥阶段的划分因根据羔羊体重的大小确定，不同阶段补饲的饲料组成、补饲量都有所不同。一般在羔羊育肥的前期，由于羔羊的机体器官和组织都在生长发育，饲料中的蛋白质含量要求较高；在育肥后期，主要是脂肪沉积时所需的能量饲料比例应加大。

在管理上，育肥前期管理的重点是观察羔羊对育肥管理是否习惯，有无病态羊，羔羊的采食量是否正常，根据采食情况调整补饲标准、饲料配方等；到了育肥中期，应加大补饲量，增加蛋白质饲料的比例，注重饲料中营养的平衡；育肥后期，在加大补饲量的同时，增加饲料中的能量，适当减少蛋白质的比例，以增加羊肉的肥度，提高羊肉的品质。补饲量的确定应根据体重的大小，参考饲养标准补饲，并适当超前补饲，以期达到应有的增重效果。无论是哪个阶段，都应注意观察羊群的健康状态和增重效果，随时改变育肥方案和技术措施。

1. 前期

玉米55%、麸皮14%、豆饼（豆粕）30%、磷酸氢钙1%。每天加添加剂（羊用）20g，食盐5~10g。每日每只供精料0.5kg左右。

2. 中期

玉米60%、麸皮15%、豆饼（豆粕）24%、磷酸氢钙1%。每天加添加剂（羊用）20g，食盐5~10g。每日每只供精料0.7kg左右。

3. 后期

玉米65%、麸皮14%、豆饼（豆粕）20%、磷酸氢钙1%。每天加添加剂（羊用）20g，食盐5~10g。每日每只供精料0.9kg左右。

（五）适时出栏

在冬季来临之前，除留一定数量的基础母羊、种羊外，商品羔羊全部出栏。实践证明，实行以羔羊当年育成出栏，可以实现“双赢”的效果：羔羊当年育成出栏，养羊的出栏率、商品率提高，羔羊肉好吃、卖价高；羔羊当年育成出栏，商品羊在秋季出栏，越冬的只有种羊和母羊，冬春季减少对饲草料、棚圈的需求，冬春舍饲喂养，不再进行放牧，有效地保护草原、草场生态。

第三节　育成羊的饲养管理

从断乳到配种前的羊称为青年羊或育成羊。这一阶段是羊骨骼和器官充分发育的时期，如果营养跟不上，便会影响生长发育、体质、采食量和将来的繁殖能力。加强培育，可以增大体格，促进器官的发育，对将来提高肉用能力、增强繁殖性能具有重要作用。

一、育成羊的选种

选择适宜的育成羊留作种用是羊群质量进步的根底和重要手腕，生产中经常在育成期对羊只进行选择，将种类特性优秀的、高产的、种用价值高的公羊和母羊选出来留作繁衍，不契合要求的或运用不完的公羊则转为商品运用。生产中常用的选种办法是依据羊自身的体形外貌、生产成绩进行选择，辅以系谱检查和后代测定。

二、育成羊的培育

断乳以后，羔羊按性别、大小、强弱分群，增强补饲，按饲养规范采取不同的饲养计划，按月抽测体重，依据增重状况调整饲养计划。羔羊在断奶组群放牧后，仍需继续补喂精料，补饲量要依据牧草状况决定。

三、育成羊的营养

在枯草期，特别是第一个越冬期，育成羊还处于生长发育时期，而此时饲草枯槁、营养质量低劣，加之冬季时间长、气候冷、风大，耗费能量较多，需要摄取大量的营养物质才能抵御冰冷的侵袭，保证生长发育，所以必须增强补饲。在枯草期，除坚持放牧外，还要保证有足够的青干草和青贮料。精料的补饲量应视草场情况及补饲粗饲料状况而定，正常每天喂混合精料 0.2~0.5kg。由于公羊生长发育快，需求营养多，所以公羊要比母羊多喂些精料，同时还应留意对育成羊补饲矿物质，如钙、磷、盐及维生素 A、维生素 D。

四、育成羊的管理

刚离乳整群后的育成羊，正处在早期发育阶段，这一时期是育成羊生长发育最旺盛时期，正值夏季青草期。在青草期应充分应用青绿饲料，由于其营养全面，十分有利于促进羊体消化器官的发育，能够培育出个体大、身腰长、肌肉匀称、胸围圆大、肋骨之间间隔较宽、整个内脏器官兴旺，而且具备各类型羊体型外貌的特征。因此，夏季青草期应以放牧为主，并结合少量补饲。放牧时要留意锻炼头羊，控制好羊群，不要养成好游走、挑好草的不良情况。放牧间隔不可过远。在春季由舍饲向青草期过渡时，正值北方牧草返青时期，应控制育成羊跑青。放牧要采取先阴后阳（先吃枯草树叶，后吃青草），控制游走，增加采草时间。

丰富的营养和充足的运动，可使青年羊胸部宽广，心肺发达，体质强壮。断奶后至 8 月龄，每日在吃足优质干草的基础上，补饲含可消化粗蛋白 15%的精料 250~300g。如果草质优良，也可以少给精料。舍饲的育成羊，若有质量优秀的豆科干草，其日粮中精料的粗蛋白以 12%~13%为宜。若干草质量普通，可将粗蛋白质的含量增加到 16%。混合精料中能量以不低于整个日粮能量的 70%~75%为宜。

第四节　母羊的饲养管理

依照生理特点和生产目的不同可分为空怀期、配种前的催情期、妊娠前期、妊娠后期、哺乳前期、哺乳后期 6 个阶段，其饲养的重点是妊娠后期和哺乳前期。

一、空怀期的饲养管理技术

空怀期是指母羊从哺乳期结束到下一个配种期的一段时间。这个阶段的重点是要求迅速恢复种母羊的体况，为下一个配种期做准备。以饲喂青贮饲料为主，可适当补喂精饲料，对体况较差的可多补一些精饲料，夏季不补，冬季补，在此阶段除做好饲养管理外，还要对羊群的繁殖技术进行调整，淘汰老龄母羊和生长发育差、哺乳性能不好的母羊，调整羊群结构。

二、配种前的催情补饲

为了保证母羊在配种季节发情整齐，缩短配种期，增加排卵数和提高受胎率，在配种前 2~3 周，除保证青饲草的供应，还要适当喂盐，满足自由饮水。还要对繁殖母羊进行短期补饲，每只每天喂混合精料 0.2~0.4kg。这样有助于发情。

三、妊娠前期的饲养管理

妊娠前期指开始妊娠的前 3 个月，此阶段胎儿发育较慢，所需营养无显著增多，但要求母羊能继续保持良好膘度。依靠青草基本上能满足其营养需要，如不能满足时，应考虑补饲。管理上要避免吃霜草和霉烂饲料，不饮冰水，不使受惊猛跑，以免发生流产。

四、妊娠后期的饲养管理

妊娠后期的 2 个月中，胎儿发育速度很快，90%的初生重在此阶段完成。为保证胎儿的正常发育，并为产后哺乳贮备营养，应加强母羊的饲养管理。对在冬春季产羔的母羊，由于缺乏优质的青草，饲草中的营养相对较差，所以应补优质的青干草。每只妊娠母羊每天补充含蛋白质较高的精饲料 0.4~0.8kg，胡萝卜 0.5kg，食盐 8~10g；对在夏季和秋季产羔的妊娠母羊，由于可以采食到青草，饲草的营养价值相对较好，根据妊娠母羊的不同体况，每只妊娠母羊可以补充精饲料量为 0.2~0.5kg，食盐 10g，磷酸氢钙 8~10g。在管理上严防挤压、跳跃和惊吓，以免造成流产，不喂发霉变质和冰冻饲料。

五、产期管理及护理

（一）产前准备

1. 产房及用具、用品的准备

接产用的房舍，应因地制宜，不强求一致。有条件的场户在建场时应根据规模大小、母羊多少、设计建设固定的产房，单位面积可适当宽松一些。没有条件修建产房者，应在羊舍内临时搭建接羔棚；要求产羔母羊每只应有产位面积 $2m^2$ 左右，产羔栏位约为待产母羊数的20%~30%。

接产用具及用品包括镊子、产科器械、长臂手套、结扎绳、5%碘酊消毒液、缩宫素、擦布、温水等。

产前3~5d，必须对产房、运动场、饲草架、饲槽、分娩栏等进行修理和清扫，并用3%~5%的火碱水进行彻底消毒。消毒后的产房，应当做到地面干燥、空气新鲜、光线充足、挡风御寒。

2. 接羔人员的准备

接羔是一项繁重而细致的工作，因此，每群产羔母羊除主管饲养员以外，还应根据羊群品种、质量、羊大小、营养状况，视经产母羊、初产母羊以及各接羔点当时的具体情况，配备一定数量的辅助劳动力（或相邻栋舍的饲养员），才能确保接羔工作的顺利进行。

主管饲养员及辅助接羔人员，必需分工明确，责任落实到人。在接羔期间，要求坚守岗位，认真负责地完成自己的工作任务，杜绝一切责任事故发生，对初次参加接羔的饲养员或辅助工作人员，在接羔前要认真组织学习、培训有关接羔的知识和技术。

（二）接产

1. 临产母羊的特征

母羊临产前，表现乳房肿大，乳头直立，能挤出乳汁，阴唇尾部松弛下陷，尤其以临产前2~3h最明显，行动迟缓，排尿次数增多，喜卧墙角，产羔时起卧不安，不时回顾腹部，努责，卧地时两后肢向后伸直。

2. 产羔过程及接羔技术

母羊正常分娩时，在羊膜（水胞）破后几分钟至30min左右，羔羊即可产出。正常胎位的羔羊，出生时一般是两前肢及头部先出，并且头部紧贴在两前肢的上面。若是产双羔，先后间隔5~30min，但也偶有长达数小时以上的，因此，当母羊产出第一个羔后，必须检查是否还有第二个，方法是以手掌在母羊腹部稍后侧适力颠举，如系双胎，可触感到光滑的羔体。

在母羊产羔过程中，非必要时一般不应干扰，最好让其自行娩出。但有的初产母羊因骨盆和阴道较为狭小，或双胎母羊在分娩第二只羔羊并已感疲乏的情况下，需要助产。其方法是：人在母羊体躯后侧，用膝盖轻压其肷部，待羔羊前肢端露出后，用一手向前推动母羊会阴部，羔羊头部露出后，再用一手握住头部，一手握住前肢，随母羊的努责劲向后下方拉出胎儿。若属胎势异常或其他原因的难产时，应及时请有经验的兽医技术人员协助解决。

羔羊产出后，首先将其口腔、鼻腔里的黏液掏出擦净，以免阻碍呼吸、吞咽羊水而引起窒息或异物性肺炎。羔羊身上的黏液，最好让母羊舐净，这样对母羊认羔有好处。如母羊恋羔性弱时，可将胎儿身上的黏液涂在母羊嘴上，引诱其舔净羔羊身上的黏液，也可以在羔羊身上撒些麦麸，引导母羊舔食羔羊，如果母羊不舐或冬天寒冷时，可用软布、毛巾或柔软干草迅速将羔体擦干或点火烤干，以免受凉。如遇到分娩时间过长，羔羊出现休克情况，可采用两种方法施救：一种是提起羔羊两后肢，使羔羊倒悬，同时拍打其背胸部，刺激羔羊呼吸；另一种是使羔羊卧平，两手有节律地按压羔羊胸部两侧，暂时假死的羔羊，经过这种处理后，可以复苏。

羔羊出生后，一般情况下都是由自己扯断脐带，在人工助产下娩出的羔羊，可由助产者剪断或扯断脐带，断前可用手将脐带中的血向羔羊脐部推捋几下，然后在离羔羊肚皮3~4cm处结扎、剪断，并用碘酒涂抹消毒。

母羊分娩后，非常疲倦、口渴，应给母羊喝温水，最好加入少量的麦麸和红糖。母羊一次饮水量不要过大，以300mL为宜，饮水量过大，容易造成真胃移位等疾病，影响以后采食。

六、产后护理

（1）母羊产后整个机体，特别是生殖器官发生了剧烈变化，机体的抵抗力降低。为使母羊复原，应给予适当的护理。在产后1h左右给母羊饮300~500mL的温水，并注意母羊胎衣及恶露排出的情况，一般在4~6h排出、排净恶露。3d之内饲喂质量好、易消化的饲料，减少精料喂量，以后逐渐转为正常饲喂。

（2）检查母羊的乳房有无肿胀或硬块，发现异常及时对症处理。

（3）初生的羔羊，在迅速擦干羔羊身体后，注意羔羊的保温，并尽快帮助羔羊吃上初乳。母羊产后1~7d为初乳分泌期。第一天内的初乳中脂肪及蛋白质含量最高，次日急速下降。初乳维生素含量较高，特别是维生素A，并含有高于常乳的镁、钾、钠等盐类，羔羊吃后有缓泻通便的作用。初乳中球蛋白含有较高的免疫物质，营养全面，容易被羔羊吸收利用，能增强羔羊抵病力。如果新生羔羊体弱找不到乳头或母羊不认羔羊时，要设法帮助母仔相认，人工辅助喂奶，直到羔羊能够自己吃上奶。对缺奶羔羊和双羔要另找保姆羊。对有病羔羊要尽早发现，及时治疗，给予特别护理。

对于母羊和生后3d以内的羔羊，母仔不认的羊，应延长在室内母仔栏内的饲养时间，直到羔羊健壮时再转群。为便于管理，母仔同群的羊可在母仔同一体侧编上相同的临时号码。

七、哺乳前期的饲养管理

哺乳前期是指产后羔的2月龄内，这段时间的泌乳量增加很快，2个月后的泌乳量逐渐减少，即使增加营养，也不会增加羊的泌乳量。所以在泌乳前期必须加强哺乳母羊的饲养和营养。为保证母羊有较高的泌乳量，在夏季要充分满足母羊青草的供应，在冬季要饲喂品质较好的青干草和各种树叶等。同时加强对哺乳母羊的补饲，根据母羊哺乳羔羊的数量、母羊的体况来考虑哺乳母羊的补饲量。每天喂混合精料 0.8kg，胡萝卜 0.5kg。

产后的母羊管理要注意控制精料的用量，产后 1~3d，母羊不能喂过多的精料，不能喂冷、冰水。羔羊断奶前，应逐渐减少多汁饲料和精料喂量，防止发生乳房疾病。母羊舍要经常打扫、消毒，胎衣和毛团等污物要及时清除，以防羔羊吞食发病。

八、哺乳后期的饲养管理

哺乳后期母羊的泌乳性能逐渐下降，产奶量减少，同时羔羊的采食能力和消化能力也逐渐提高，羔羊生长发育所需要的营养可以从母羊的乳汁和羔羊本身所采食的饲料中获得。所以哺乳后期母羊的饲养已不是重点，精饲料的供给量应逐渐减少。同时应增加青草和普通青干草的供给量，逐步过渡到空怀期的饲养管理。

第五节 种公羊的饲养管理

俗话说："公羊好，好一坡；母羊好，好一窝"，种公羊饲养得好坏，对提高羊群品质、生产繁殖性能的关系很大，种公羊在羊群中的数量少，但种用价值高。对种公羊必须精心饲养管理，要求常年保持中上等膘情，健壮的体质，充沛的精力，保证优质的精液品质，提高种公羊的利用率。

一、种公羊的管理要求

种公羊的饲料要求营养价值高，有足量的蛋白质、维生素和矿物质，且易消化，适口性好，保证饲料的多样性及较高的能量和粗蛋白质含量。在种公羊的饲料中要合理搭配精、粗饲料，尽可能保证青绿多汁饲料、矿物质、维生素均衡供给，种公羊的日粮体积不宜过大，以免形成"草腹"，种公羊过肥而影响配种能力。夏季补以半数青割草，冬季补以适量青贮料，日粮营养不足时，补充混合精料。精料中不可多用玉米或大麦，可多用麸皮、豌豆、大豆或饼渣类补充蛋白质。配种任务繁重的优秀公羊可补动物性饲料。补饲定额依据公羊体重、膘情与采精次数而定。另外，保证充足干净的饮水，饲料切勿发霉变质。钙磷比例要合理，以防产生尿路结石。

（一）圈舍要求

种公羊舍要宽敞坚固，保持圈舍清洁干燥，定期消毒，尽量离母羊舍远些。舍饲时要单圈饲养，防止角斗消耗体力或受伤；在放牧时要公母分开，有利于种公山羊保持旺盛的配种能力，切忌公母混群放牧，造成早配和乱配。控制羊舍的湿度，不论气温高低，相对湿度过高都不利于家畜机体健康，也不利于精子的正常生成和发育，从而使母羊受胎率低或不能受孕。另外，要防止高温，高温不仅影响种公羊的性器官发育、性欲和睾酮水平，而且影响射精量、精子数、精子活力和密度等。夏季气候炎热，要特别注意种公山羊的防暑降温，为其创造凉爽的条件，增喂青绿饲料，多给饮水。

（二）适当运动

在补饲的同时，要加强放牧，适当增加运动，以增强公羊体质和提高精子活力。放牧和运动要单独组群，放牧时距母羊群尽量远些，并尽可能防止公羊间互相斗殴，公羊的运动和放牧要求定时间、定距离、定速度。饲养人员要定时驱赶种公羊运动，舍饲种公羊每天运动4h左右（早、晚各2h），以保持旺盛的精力。

（三）配种适度

种公羊配种采精要适度。一般1只种公羊可承担30~50只母羊的配种任务。种公羊配种前1~1.5个月开始采精，同时检查精液品质。开始1周采精1次，以后增加到1周2次，到配种时每天可采1~2次，连配2~3d，休息1d为宜，个别配种能力特别强的公羊每日配种或采精也不宜超过3次。公羊在采精前不宜吃得过饱。在非繁殖季节，应让种公羊充分休息，不采精或尽量少采精。种公羊采精后应与母羊分开饲养。

种公羊在配种时要防止过早配种。种公羊在6~8月龄性成熟，晚熟品种推迟到10月龄。性成熟的种公羊已具备配种能力，但其机体正处于生长发育阶段，过早配种可导致元气亏损，严重阻碍其生长发育。

在配种季节，种公羊性欲旺盛，性情急躁，在采精时要注意安全，放牧或运动时要有人跟随，防止种公羊混入母羊群进行偷配。

（四）日常管理

定期做好种公羊的免疫、驱虫和保健工作，保证公羊的健康，并多注意观察平日的精神状态。有条件的每天给种公羊梳刷1次，以保持清洁和促进血液循环。检查有无体外寄生虫病和皮肤病。定期修蹄，防止蹄病，保证种公羊蹄坚实，以便配种。

二、种公羊的合理利用

种公羊在羊群中数量小，配种任务繁重，合理利用种公羊对于提高羊群的生产性能和产品品质具有重要意义，对于羊场的经济效益有着明显的影响。因此，除了对种公羊的科学饲养外，合理利用种公羊，提高种公羊的利用率是发展养羊业的一个重要环节。

（一）适龄配种

公羊性成熟为6~10月龄，初配年龄应在体成熟之后开始为宜，不同品种的公羊体成熟时间略有不同，一般在12~16月龄，种公羊过早配种影响自身发育，过晚配种造成饲养成本增加。公羊的利用年限一般为6~8年。

（二）公母比例合理

羊群应保持合理的公母比例。自然交配情况下公母比例为1∶30，人工辅助交配情况下公母比例为1∶60，人工授精情况下公母比例为1∶500。

（三）定期测定精液品质

要定期对种公羊进行体检，每周采精1次，检查种公羊精液品质并做好记录。对于精液外观异常或精子的活率和密度达不到要求的种公羊，暂停使用，查找原因，及时纠正。对于人工授精的饲养场，每次输精前都要检查精液和精子品质，精子活率低于0.6的精液或稀释精液不能用于输精。

（四）合理安排

在配种期最好集中配种和产羔，尽量不要将配种期拖延得过长，否则不利于管理和提高羔羊的成活率，同时对种公羊过冬不利。种公羊繁殖利用的最适年龄为3~6岁，在这一时期，配种效果最好，并且要及时淘汰老公羊，并做好后备公羊的选育和储备。

（五）人工授精供精

公羊的生精能力较强，每次射出精子数达20亿~40亿个，自然交配每只公羊每年配种30~50只，如采用人工授精可提高到700~1 000只，大大提高种公羊的配种效能。在现代的规模化羊饲养场、养羊专业村和养羊大户中推广人工授精技术，可提高种公羊的利用率，减少母羊生殖道疾病的传播，是实现羊高效养殖的一项重要繁殖技术。

第六节　放牧条件下肉羊的饲养管理

放牧饲养是养羊业的原始饲养方式，好处是适应绵、山羊的生活习性，增强体质；能充分利用各种自然资源，节省饲料，生产成本较低，劳动生产率较高。但存在着季节性差异，夏、秋两季饲草茂盛期，羊只生长速度快，生产性能高。

到冬、春枯草期则生长发育缓慢，体重增长较少，甚至逐渐下降，羊的生产性能下降。因此，冬、春枯草季节除放牧外，还应给予补饲。

一、放牧羊群的组群

合理组群有利于放牧管理，以及羊的选留和淘汰，并且可以合理利用和保护草场，经济地利用劳动力和设备，充分发挥牧地和羊的生产潜力。放牧羊群应根据羊的数量、品种、性别、年龄、牧地等具体情况合理组群。羊的数量多，同一品种可分为种公羊群、一般公羊群、育成公羊群、羯羊群和育种母羊核心群、成年母羊群、育成母羊群等。在成年母羊群和育成母羊群中，还可鉴定等级组群。羊的数量少，不能多组群时，应将种公羊单独组群，母羊组成繁殖群和淘汰群。非种用公羊应去势，防止劣质公羊在群内杂交乱配，影响羊群质量的提高。羊群大小，要根据羊的质量、生产性能和牧地的地形与牧草生长情况来定。一般种公羊群要小于繁殖群，高产性能的羊群要小于低产性能的羊群。地形复杂、植被不好、不宜大群放牧的地区，羊群要小，反之羊群则大。就地区而言，在牧区放牧羊群的规模，繁殖母羊群一般以 250~500 只，半农半牧区 100~150 只，山区 50~100 只，农区 30~50 只为宜。育成公羊群可适当增大，核心母羊群可适当减少，成年种公羊 20~30 只，后备种公羊 40~60 只为宜。

二、放牧队形

为了控制羊群游走、休息和采食时间，使其多采食，少走路，有利于抓膘，在放牧实践中可通过一定的放牧队形来控制羊群。羊群放牧的队形名称很多，但归纳起来基本有 3 种，即“一条鞭”“满天星”和“簸箕口”队形。放牧队形应根据地形、草场品质、季节及羊的采食情况灵活应用。“一条鞭”也称一条线，羊群进入放牧地排成“一”字形横队，放牧员在前边距羊群 8~10m，左右移动并缓慢后退，拦强羊等弱羊，控制羊群，使羊群缓慢前进，齐头并进地采食牧草。如有助手则在后边驱赶个别落后羊或离群外窜的羊，经过训练的牧羊犬也可以执行此任务。羊群在横队中可以有 3~4 层，不能过密，否则后边的羊就吃不到好草。此队形适用于地形宽阔、平坦、植被较好、牧草分布均匀的草地。“满天星”也称散开队形，即羊到放牧地后，控制羊群在一定范围内均匀散开，自由采食。满天星队形适用于任何类型的放牧地。对于牧草优良、产量较高的草场，羊群散开后随时都可以吃到好牧草，对于牧草稀疏或覆盖不均匀的牧场，羊群散开后，也可吃到较好的草。“簸箕口”队形是牧工站在羊群中间挡羊，使羊群缓缓前进，逐渐使中间羊群走得慢，两边羊走得快，边走边吃，形成簸箕口形。此队形多在春季牧草萌生、稀疏、低矮时，为了使羊都吃到青草和防止羊群过于分散跑青时采用。

总之，放牧队形要灵活多样，以多吃草少走路、有利于抓膘为目的。常是早出“一条鞭”，中午“满天星”，晚归“簸箕口”。按季节通常是冬、春“一条鞭”，夏秋“一大片”。

三、四季放牧技术要点

（一）春季放牧管理

肉羊经过漫长的冬春枯草季节，膘差、嘴馋、易贪青造成下痢，误食毒草中毒，或青草胀（瘤胃臌气）。因此，春季放牧一要防止羊“跑青”；二要防止羊“臌胀”。春季，干草和树叶大多都已经腐烂，幼草虽已萌发，牧坡青绿，但羊仍因草短而啃不上，于是便东奔西跑地寻找青绿色草和各种树花而吃不饱，形成“跑青”。这样便造成羊体瘦弱，甚至死亡。这时是放牧最困难的季节，应特别注意加强放牧管理。羊群经过漫长的冬季，营养水平下降，膘情差、体质弱。母羊正处在怀孕后期或产羔育羔的重要时期，对营养需求增加。春季气温变化较大，天然草场青黄不接，是养羊业的困难时期。这一时期，放牧应选在距冬牧场不远、牧草萌发较早的阳坡丘陵地带。春季放牧应特别注意天气变化，发现天气有变坏预兆时，应及早将羊群赶到羊圈附近或山谷地区放牧，避免因气候突变造成损失。

春季放牧出牧宜迟，归牧宜早，中午可不回圈，使羊群多采食。春季牧草返青，羊群易出现“跑青”现象。为避免“跑青”，有补饲条件的可在出牧前给羊群喂些干草，等羊半饱时再放到青草地上；无补饲条件的可先在枯草地上放牧，再放青草地。

此外，应特别注意以下几点：春季毒草萌发早，羊群急于吃青，容易误食毒草，引起中毒。因此，应随时注意草场情况及羊只表现，一旦有中毒现象，及时处理。为减少绵羊腐蹄病，应在露水消失后出牧。春季应重视羊群的驱虫工作，这对羊只在夏季体力的恢复和抓膘有很大影响。

（二）夏季放牧管理

夏季气候的特点是炎热、蚊虫多，应做好防暑降温工作。放牧应注意早出晚归，中午炎热时，要防羊“扎窝子”。应让羊群到通风、阴凉处休息，必要时，在放牧中途给予适当休息。夏季日暖昼长，青草茂密，羊群经过晚春放牧、剪毛后，负担减轻、体力大增，是抓膘的有利时机。抓好伏膘有助于羊只提前发情，迎接早秋配种，早产冬羔。

夏季放牧应避免蚊虫多、闷热潮湿的低洼地，宜到凉爽的高岗山坡上，最好找有山葱、野蒜和草药的地方放牧。这类牧草营养丰富，且有驱虫开胃的作用，有利于抓膘。

夏季放牧出牧宜早，归牧宜迟，尽量延长放牧时间，每天放牧不少于12h，但要避开晨露大、羊只不爱吃草的时间。出牧和归牧时要掌握“出牧急行，收牧缓行”和“顺风出牧，顶风归牧”的原则。在山区还要防止因走得太急而发生滚坡等意外事故。夏季多雨，小雨可照常放牧，背雨前进，如遇雷阵雨，可将羊赶至较高地带，分散站立，如果雨久下不停，应不时驱赶羊群运动产热，以免受凉感冒。

（三）秋季放牧管理

秋季天高气爽，牧草丰富且草籽逐渐成熟，牧草抽穗结籽，草籽富含碳水化合物、蛋白质和脂肪，营养价值高，是抓满膘的最好时期。放牧中，注意将羊放饱、放好，这对冬季育肥出栏、安全过冬和羊的繁殖都很重要。秋季放牧的基本任务是在抓好伏膘的基础上，使羊体充分蓄积脂肪，最大限度地提高羊只膘情，为安全越冬做好准备。

秋季也是羊只配种的季节，抓好秋膘有利于提高受胎率。因此，秋季放牧应选择草高而密的沟河附近或江河两岸、草茂籽多的地方放牧。尽可能延长放牧时间，每天放牧不少于10h。到晚秋有霜冻时应避免羊只吃霜草影响上膘、患病、母羊流产等。

在半农半牧区，应结合茬地放牧，抢茬时羊只主要捡食地里的穗头和吃嫩草，跑动大，此时要注意控制羊群。

（四）冬季放牧管理

冬季天渐转寒，植物开始枯萎，并有雨雪霜冻。放牧中，注意防寒、保暖、保膘、保羔。冬季放牧常常在村前村后和羊圈左右，让羊吃些树叶、干草，多让羊运动和晒太阳，孕羊切忌翻沟越岭。冬牧场应选择避风向阳、地势高燥、水源较好的山谷或阳坡低凹处。采取先远后近、先阴后阳、先高后低、先沟地后平地的放牧方法。

放牧不可走太远，如遇到天气骤变时，能很快返回牧场，保证羊群安全。由于冬季草地牧草枯黄、营养价值低，应及时对羊补草补料，使羊只安全过冬。

四、放牧的基本要求

（一）多吃少消耗

放牧羊群在草场上，吃草时间比游走时间越长越好，吃草时间长，体能行走消耗相对较小，这样才能达到多吃少消耗、快速育肥的目的。

（二）三勤四稳

三勤指放牧人员要腿勤、手勤、嘴勤；四稳指放牧稳、走路稳、饮水稳、出入圈稳。达到羊群要慢则慢、要快则快，才能使羊充分合理利用草地，保证吃饱吃好，易健康壮膘。

（三）“领羊、挡羊、喊羊、折羊”相结合

放牧羊群应有一定的队形和程度，牧工领羊按一定队形前进，控制采食速度和前进方向，同时挡住走出群的羊。折羊指使羊群改变前进方向，将羊群赶向既定的草场，水源的道路上。喊羊指放牧时呼以口令，使落后的羊跟上队，抢前的缓慢前进，平时要训练好头羊，有了头羊带队，容易控制羊群，使放牧羊群按放牧工的意图行动。

（四）建立指挥群羊的口令

通过长时期的条件反射训练，要让羊群理解放牧人员的固定口令。选口令时应注意语言配合固定的手势，不可随意改变，否则指挥口令发生混乱，影响条件反射的建立。

五、放牧注意事项

羊经常采食的豆科牧草、杂草、树叶等，其中一些为有毒植物，容易发生中毒或瘤胃膨胀。为避免放牧时过度饥饿而误食有毒植物，在放牧前应饲喂少量的干草。一旦出现中毒，立即对病羊实施瘤胃放气，并投喂解毒药物。

天气炎热时，上午放牧应早出早归，一般露水刚干即可出牧。中午气温较高时，让羊在圈内休息，晚上 7:00 再收牧。晴爽天气，应选择干燥的地方，高温天气要选择阴凉地，以避免中暑。在枯草期，先利用牧道上易被践踏的草地和四周远处的牧地，再逐渐向草场中心转移，避免羊群冬季往返过度踩踏。冬季积雪较多的地区，对牧场的利用，可考虑先放阴坡，后放阳坡；先放沟底，后放坡地；先放低草，后放高草；先放远处，后放近处，以充分利用放牧地，提高利用价值。

体弱和妊娠后期的母羊不能随大群放牧，成年公羊应与母羊分群放牧，或对公羊进行阉割。

要定期对羊群进行驱虫，一般每季度进行驱虫 1 次。成羊和产后母羊要进行驱虫，有肝片吸虫的地方要用硝氯酚等进行驱虫，及时给羊群进行药浴，常用药液有双甲脒等。药浴应在晴朗无风天进行，入浴前 2～3h 给羊饮足水、喂好料，以免羊在药浴中吞饮药液中毒，药液的温度应在 25℃左右。病、伤和怀孕 2 个月以上的羊只不宜药浴，药液的深度以浸没羊体为宜。羊鱼贯而行，应将羊头按入药液中 1～2 次。小规模养殖户可采取将配好的药液倒入较大的水缸，掩住羊的耳、鼻、口将其投入药缸浸没即可。

六、放牧羊的补饲

我国广大牧区，寒冷季节长达6~8个月，气候严寒使牧草枯黄、品质下降，特别是粗蛋白含量严重不足。牧草生长期粗蛋白含量为13.6%~15.57%，而枯草期则下降至2.26%~3.28%。另外，冬春季节是全年气温最低，能量消耗最大，母羊妊娠、哺乳、营养需要增多的时期。此时单纯依靠放牧，不能满足羊的营养需要，特别是生产性能较高的羊，更有必要进行补饲，以弥补营养的不足。

（一）补饲时间

补饲时间原则上是从体重出现下降开始，最迟也不能晚于春节前后。补饲过早，会降低羊群过冬春的能力，饲养成本也高。补饲过晚，羊群瘦弱，不能发挥补饲的最佳效果。补饲应根据羊群具体情况和草料储备情况来定，一旦开始就应连续进行，直至能接上吃青。

（二）补饲方法

补饲既可以在出牧前进行，也可以安排在归牧后。如果草料都补，则可以在出牧前补料，归牧后补草。在草料利用上，应先喂质量较差的草，后喂较好的草。在草料分配上，应保证优羊优饲，对于种公羊和核心群母羊的补饲应多些。其他羊则可按先弱后强、先幼后壮的原则进行补饲。补草时最好安排在草架上进行，既可以避免造成饲草的浪费，又可以减少草渣、草屑混入毛被，影响羊毛质量。饲喂青贮时，特别应注意妊娠母羊采食过多，造成酸度过高引起流产现象发生。日补饲量，一般可按每只羊每日补干草0.5~1kg和混合精料0.1~0.3kg。

（三）补饲技术

补饲的目的是通过增加营养投入来提高生产水平。但如果不考虑羊体本身的营养消耗和对饲料养分的利用率，也达不到补饲的最终目的。因此，现代补饲理论是将补饲和营养调控融为一体，针对放牧存在的主要营养限制因素，采取整体营养调控措施来提高现有补饲饲料的利用率和整体效益。根据我国养羊生产的现状和饲草料资源状况，提出主要的营养调控措施有以下几点。

1. 补饲可发酵氮源

常用的可发酵氮源为尿素。尿素的喂量大体为不超过日粮中干物质的1%或精料的2%~3%或按100kg体重喂20~30g为适合，尿素喂量的多少取决于日粮中能量饲料喂量的多少，日粮中能量较多时可多喂，能量少时尿素喂量少。尿素喂量过多，容易引起中毒，一般成年羊日喂10~15g是比较安全的。饲喂尿素应分次喂给，而且必须配合易消化的精料或少量的糖蜜，还应配合适量的硫和磷。注意不能与豆饼、苜蓿混合饲喂，有病和饥饿状态下的羊也不要喂尿素，以防引起尿素中毒。尿素的饲喂方法是将尿素撒在潮湿的精料中均匀溶化，严禁溶在水中饮喂或纯喂。喂时不可在 1~2d 加足喂量，应在 1~2 周内逐渐增加，日给量分 3 次饲喂。喂完尿素日粮的羊不能立刻饮水，适宜饮水时间是在饲喂 2h 之后。如因饲喂不当引起中毒的，主要症状表现为呻吟不安，肌肉震颤，步态不稳，鼻流白沫、口流唾液等。治疗方法可用大量灌服冷水，降低尿素的浓度或灌服稀释的醋酸 1~2L，灌服酸奶 2~2.5L 或食醋 1~2kg，来中和胃液。若服用 10%醋酸加葡萄糖混合液 1.5~2L，效果更好。

2. 使用过瘤胃技术

常用过瘤胃蛋白和过瘤胃淀粉。补饲过瘤胃蛋白，可提高放牧羊的采食量，增加小肠收牧氨基酸的数量，达到提高产毛量和产乳量的效果。

3. 增加发酵能

常用补饲非结构性碳水化合物如含淀粉较高的大麦、小麦、燕麦、玉米、高粱等谷物饲料来提供可发酵能，充分提高粗饲料的利用率。

4. 青贮催化性补饲

在枯草期内用少量青贮玉米进行催化性补饲以刺激瘤胃微生物生长，达到提高粗饲料利用率的目的。

5. 补饲矿物质

养羊生产中存在的普遍问题是放牧羊体内矿物质缺乏和不平衡。由于矿物质缺乏存在明显的地域性特点，因此需要在矿物质营养检测的基础上进行补饲。羊可能缺乏的矿物质元素有钙、磷、钠、钾、硒、铜、锌、碘、硫等。矿物质补饲方法可采用混入精料饲喂，或制成盐砖、矿物质丸、铜针、缓释装置等进行补饲。

（四）供给充足的饮水和食盐

充足的饮水对羊很重要。如果饮水不足，对羊体健康、泌乳量和剪毛量都有不良影响。羊饮水量的多少，与天气冷热、牧草干湿都有关系。羊夏季每天可饮水 2 次，其他季节每天至少饮水 1 次。饮水以河水、井水或泉水最好，死水、污水易使羊感染寄生虫病，不宜饮用。饮河水时，应将羊群散开，避免拥挤；饮井水时，应安装适当长度的饮水槽。每只羊每日需食盐 5~10g，哺乳母羊宜多给些。补饲食盐时，可隔日或 3d 给 1 次，将盐放在料槽中或粉碎掺在精饲料中饲喂均可。

第七节　舍饲条件下肉羊的饲养管理

舍饲养羊是在适合羊只生长发育和繁殖需要的基础上，方便转群、配种及日常饲养管理的在舍内进行饲养的一种生产方式。随着人们改善生态环境意识的增强，舍饲养羊是社会发展的必然选择，也是养羊业向产业化、集约化、规模化发展的必经之路。

一、饲料多样化

舍饲养羊成功与否，充足的饲草饲料是关键。目前舍饲养羊常见的问题有饲料种类单一、饲草品质差、日粮配合不科学等。供应羊的饲料种类甚多，可分为植物性饲料、动物性饲料、矿物质饲料及其他特殊饲料。其中，植物性饲料（包括粗饲料、青贮饲料、多汁饲料和精饲料）对羊特别重要。羊喜食多种饲草，若经常饲喂少数的几种，会造成羊的厌食、采食量减少、增重减慢，影响生长。因此，要注意增加饲草品种，尽可能地提高羊的食欲。更换饲料应由少到多逐渐过渡，避免突然换料。

二、定时、定量

定时、定量、少喂、勤添饲喂可使羊保持较高的食欲，并减少饲料浪费。每天可饲喂 3 次，一般间隔时间 5~6h。具体时间可根据本地实际情况而定。精饲料与粗饲料应间隔供给，青贮饲料和多汁饲料也应与青干草间隔饲喂，每次喂量不宜太多。饲喂日程应根据饲料种类和饲喂量安排，通常是先粗料后精料。精料喂完后不宜马上喂多汁饲料或抢水喝，否则，羊胃严重扩张，逐渐变成“大腹羊”。饲喂青贮饲料要由少到多，逐步适应；为提高饲草利用率，减少饲草的浪费，饲喂青干草时要切短，或粉碎后和精饲料混合饲喂，也可以经过发酵后饲喂。每天自由饮水 2~3 次。

三、合理分群

在规模化、集约化养羊生产中，合理分群，稳定羊群结构是保持较高生产率的基础。规模化羊场应按照不同品种、不同年龄、不同体况，将羊群分为公羊舍、育成羊舍、母羊舍、哺乳母羊舍、断奶羔羊舍、病羊舍及育肥羊舍，并根据各种羊的情况分别饲养管理。据统计，理想的羊群公母比例为 1∶36，繁殖母羊、育成羊、羔羊比例应为 5∶3∶2，可保持高的生产效率、繁殖率和持续发展后劲。每年入冬前要对羊群进行 1 次调整，淘汰老、弱、病、残母羊和次羊，补充青壮母羊参与繁殖，并推行羔羊当年育肥出栏。

四、加强运动

每天保持充足的运动，才能促进新陈代谢，保持正常的生长发育。夏季时常保持羊舍与运动场连通，便于羊只自由出入进行活动。其他季节应与保暖措施结合，合理安排。冬季宜选择天气较好时运动。种公羊非配种季节每日运动量不低于 4h，配种季节可适当缩减。母羊怀孕后期也可适当加强运动，以保证良好的体况，促进胎儿发育，有利于分娩。

五、做好饲养卫生和消毒工作

日常喂给的饲料、饮水必须保持清洁。不喂发霉、变质、有毒及夹杂异物的饲料。母羊怀孕后，禁止饲喂棉籽饼、菜籽饼、酒糟等饲料。日常饮水要清洁卫生、充足，怀孕母羊、刚产羔的母羊供应温水，预防流产或产后疾病。饲喂用具经常保持干净。羊舍、运动场要经常打扫，每月做1次常规消毒。羊舍四周环境要不定期铺撒生石灰进行消毒。羊场大门设消毒池对进出车辆进行消毒，门卫室设紫外线灯，对进入羊场的工作人员实行消毒。严禁闲杂人员进入场区。要坚持自繁自养，尽可能不从疫区购羊，防止疫病传播。如果必须从外地引入时，要严格检疫，至少经过10~15d隔离观察，并经兽医确认无病后方可合群。定期进行疫苗注射。

六、定期驱除体内外寄生虫

驱虫的目的是减少寄生虫对机体的不利影响。一般每年春秋两季要对羊群驱肝片吸虫1次。对寄生虫感染较重的羊群可在2—3月提前治疗性驱虫1次；对寄生虫感染较重的地区，还应在入冬前再驱1次虫。常用的驱虫药物有四咪唑、驱虫净、丙硫咪唑、虫克星（阿维菌素）等，其中丙硫咪唑又称抗蠕敏，是效果较好的新药，口服剂量为每千克体重15~20mg，对线虫、吸虫、绦虫等都有较好的治疗效果。研究表明，针对性地选择驱虫药物或交叉使用2~3种驱虫药等都会取得更好的驱虫效果。为驱除羊体外寄生虫、预防疥癣等皮肤病的发生，每年要在春季放牧前和秋季舍饲前进行药浴。

七、坚持进行健康检查

在日常饲养管理中，注意观察羊的精神、食欲、运动、呼吸、粪便等状况，发现异常及时检查，如有疾病及时治疗。当发生传染病或疑似传染病时，应立即隔离，观察治疗，并根据疫情和流行范围采取封锁、隔离、消毒等紧急措施，对病死羊的尸体要深埋或焚烧。在日常管理中也要防止通过饲养员、其他动物和用具传播疾病。

第八节 肉羊的一般管理技术

一、捉羊方法

捕捉羊是管理上常见的工作，有的捉毛扯皮，往往造成皮肉分离，甚至坏死生蛆，造成不应有的损失。正确的捕捉方法是：右手捉住羊后腱部，然后左手握住另一腱部，因为腱部的皮肤松弛，不会使羊受伤，人也省力，容易捕捉。

引导羊前进时，如拉住颈部和耳朵时，羊感到疼痛，用力挣扎，不易前进。

正确的方法是一手在额下轻托，以便左右其方向，另一手在坐骨部位向前推动，羊即前进。

放倒羊的时候，人应站在羊的一侧，一手绕过羊颈下方，紧贴羊另一侧的前肢上部，另一只手绕过后肢紧握住对侧后肢飞节上部，轻托后肢，使羊卧倒。

二、编号

进行肉羊改良育种、检疫、测重、鉴定等工作，都需要掌握羊的个体情况，为便于管理，需要给羊编号。习惯编号的方法是第一个数字表示出生年份，公羔编单号，母羔编双号。

三、去势

去势一般在羔羊生后1~2周进行，天气寒冷或羔羊虚弱，去势时间可适当推迟。去势法有结扎法、刀切法。结扎法是在公羔生后3~7d进行，用橡皮筋结扎阴囊，隔绝血液向睾丸流通，经过15d后，结扎以下的部位脱落。这种方法不出血，亦可防止感染破伤风。刀切法是由一人固定公羔的四肢，腹部向外显露出阴囊，另一人用左手将睾丸挤紧握住，右手在阴囊下1/3处纵切一切口，将睾丸挤出，拉断血管和精索，伤口用碘酒消毒。

四、去角

肉羊公母羊一般均有角，有角羊只不仅在角斗时易引起损伤，而且饲养及管理都不方便，少数性情恶劣的公羊，还会攻击饲养员，造成人身伤害。因此，采用人工方法去角十分重要。羔羊一般在生后7~10d去角，对羊的损伤小。人工哺乳的羔羊，最好在学会吃奶后进行。有角的羔羊出生后，角蕾部呈旋涡状，触摸时有一较硬的凸起。去角时，先将角蓄部分的毛剪掉，剪的面积要稍大些（直径约3cm）。去角的方法主要有以下几种。

（一）烧烙法

将烙铁于炭火中烧至暗红（亦可用功率为300W左右的电烙铁）后，对保定好的羔羊的角基部进行烧烙，烧烙的次数可多一些，但每次烧烙的时间不超过1s，当表层皮肤破坏，并伤及角质组织后可结束，对术部应进行消毒。在条件较差的地区，也可用2~3根40cm长的锯条代替烙铁使用。

（二）化学去角法

即用棒状苛性碱（氢氧化钠）在角基部摩擦，破坏其皮肤和角质组织。术前应在角基部周围涂抹一圈医用凡士林，防止碱液损伤其他部分的皮肤。操作时先重、后轻，将表皮擦至有血液浸出即可。摩擦面积要稍大于角基部。术后应将羔羊后肢适当捆住（松紧程度以羊能站立和缓慢行走即可）。由母羊哺乳的羔羊，在半天以内应与母羊隔离；哺乳时，也应尽量避免羔羊将碱液污染到母羊的乳房上而造成损伤。去角后，可给伤口撒上少量的消炎粉。

五、修蹄

肉羊由于长期舍饲，往往蹄形不正，过长的蹄甲，使羊行走困难，影响采食。长期不修，还会引起蹄腐病、四肢变形等疾病，特别是种公羊，还直接影响配种。

修蹄最好在夏秋季节进行，因为此时雨水多，牧场潮湿，羊蹄甲柔软，有利于削剪和剪后羊只的活动。操作时，先将羊只固定好，清除蹄底污物，用修蹄刀将过长的蹄甲削掉。蹄子周围的角质修得与蹄底基本平齐，并且将蹄子修成椭圆形，但不要修剪过度，以免损伤蹄肉，造成流血或引起感染。

六、羔羊断尾

一些长瘦尾型的羊，为了保护臀部羊毛先受粪便污染和便于人工授精，应在羔羊出生1周后将尾巴在距尾根4~5cm处去掉，所留尾巴的长度以母羊尾巴能遮住阴部为宜。通常羔羊断尾和编号同时进行，可减少抓羊次数，降低劳动强度。

（一）结扎法

就是用橡皮筋或专用橡皮圈，套紧在尾巴的适当位置（第三、第四尾椎间），断绝血液流通，使下端尾巴因缺血而萎缩、干枯，经7~10d而自行脱落。此方法的优点是不受断尾时条件限制，不需专用工具，不出血、无感染，操作简单，速度快，安全可靠，效果好。

（二）热断法

用带有半月形的木板压住尾巴，将特制的断尾铲热后用力将尾巴铲掉。此方法需要有火源和特制的断尾工具及2人以上的配合，操作不太方便，且有时会形成烫伤，伤口愈合慢，故不多采用。

七、剪毛

春季在清明前后，秋季在白露前剪毛。剪毛应注意6点。

（1）剪毛应在天气较温暖且稳定时进行，特别是春季更应如此，剪毛后要有圈舍，以防寒流袭击而造成羊群伤亡。

（2）剪毛前12~24h内不应饮水、补饲，空腹剪毛比较安全。

（3）剪毛动作要轻、要快，特别是对于妊娠母羊要小心，对妊娠后期的母羊不剪毛为好，以防造成流产。

（4）不要剪重剪毛（回刀毛、重茬毛），剪毛应紧贴皮肤，留毛茬0.3~

0. 5cm，即使留毛茬过高，也不要重剪第二次，因第二次剪下的毛过短，失去纺织价值。

（5）剪毛场所要干净，防止杂物混入毛内。

（6）剪毛时，对剪破的皮肤伤口要用碘酒涂擦消毒。在发生破伤风的疫区，每年都应注意注射破伤风疫苗，以防发生破伤风。

第六章　肉羊场生物安全体系建设

第一节　肉羊场卫生管理

一、圈舍的清扫与洗刷

要经常对羊圈舍进行清扫与洗刷。为了避免尘土及微生物飞扬，清扫运动场和羊舍时，先用水或消毒液喷洒，然后再清扫。主要是清除粪便、垫料、剩余饲料、灰尘及墙壁和顶棚上的蜘蛛网、尘土。

喷洒消毒液的用量为1L/m²，泥土地面、运动场为1.5L/m²左右。消毒顺序一般从离门远处开始，以墙壁、顶棚、地面的顺序喷洒1遍，再从内向外将地面重复喷洒1次，关闭门窗2~3h，然后打开门窗通风换气，再用清水清洗饲槽、水槽及饲养用具等。

二、羊场水的卫生管理

（一）饮用水水质要符合要求

要保证水质符合畜禽饮用水水质标准（表6-1），以保证干净卫生，防止羊感染寄生虫病或发生中毒等。

表6-1　畜禽饮用水水质标准（NY 5027—2008）

项目		标准值	
		畜	禽
感官性状及一般化学指标	色	≤30°	
	浑浊度	≤20°	
	臭和味	不得有异臭、异味	
	总硬度（以 $CaCO_3$ 计），mg/L	≤1 500	
	pH	5.5~9.0	6.5~8.5
	溶解性总固体，mg/L	≤4 000	≤2 000
	硫酸盐（以 SO_4^{2-} 计），mg/L	≤500	≤250
细菌学指标≤	总大肠菌群，MPN/100mL	成年畜100，幼畜和禽10	

（续表）

项目		标准值	
		畜	禽
毒理学指标	氟化物（以 F^- 计），mg/L	≤2.0	≤2.0
	氰化物，mg/L	≤0.20	≤0.05
	砷，mg/L	≤0.20	≤0.20
	汞，mg/L	≤0.01	≤0.001
	铅，mg/L	≤0.10	≤0.10
	铬（六价），mg/L	≤0.10	≤0.05
	镉，mg/L	≤0.05	≤0.01
	硝酸盐（以 N 计），mg/L	≤10.0	≤3.0

（二）保证用水卫生

（1）场区保持整洁，搞好羊舍内外环境卫生、消灭杂草，每半个月消毒 1 次，每季灭鼠 1 次。夏秋两季全场每周灭蚊蝇 1 次，注意人畜安全。

（2）圈舍每天进行清扫，粪便要及时清除，保持圈舍整洁、整齐、卫生。做到无污水、无污物、少臭气。每周至少消毒 1 次。

（3）圈舍每年至少要有 2~3 次空圈消毒。其程序为：彻底清扫—清水冲洗—2%火碱水喷洒—次日用清水冲洗干净，并空圈 5~7d。

（4）饮水槽和食槽每两周用 0.1%的高锰酸钾水清洗消毒。

（5）定期清洗排水设施。

（三）废水符合排放标准

养殖业是我国农村发展的重要产业。近些年来，随着养殖规模的不断扩大、饲养数量的急剧增加，使得大量的畜禽养殖废水成为污染源，这些养殖场产生的污水如得不到及时处理，必将对环境造成极大危害，造成生态环境恶化、畜禽产品品质下降，并危及人体健康，养殖废水治理技术的滞后将严重制约养殖业的可持续发展。

针对畜禽养殖污染，我国先后发布了《畜禽养殖业污染物排放标准》（GB 18596—2001）、《畜禽养殖业污染防治技术规范》（HJ/T 81—2001）、《规模化畜禽养殖场沼气工程设计规范》（NY/T 1222—2006）、《畜禽养殖污染防治管理办法》（国家环境保护总局令第 9 号）、《畜禽规模养殖污染防治条例》（国务院令第 643 号）等文件。

国家颁布的《畜禽养殖业污染物排放标准》（GB 18596—2001）文件中针对

养殖废水排放标准要求如下。

（1）畜禽养殖废水不得排入敏感水域和有特殊功能的水域。排放去向应符合国家和地方的有关规定。

（2）标准适用规模范围内的畜禽养殖业的水污染物排放分别执行如表 6-2、表 6-3 和表 6-4 的规定（羊场标准可参考下表执行）。

表 6-2　集约化畜禽养殖废水水冲工艺最高允许排水量

种类	猪［m^3/（d·百头）］		鸡［m^3/（d·千只）］		牛［m^3/（d·百头）］	
季节	冬季	夏季	冬季	夏季	冬季	夏季
标准值	2.5	3.5	0.8	1.2	20	30

注：养殖废水排放标准最高允许排放量的单位中，百头、千只均指存栏数。

春、秋季养殖废水排放标准最高允许排放量按冬、夏两季的平均值计算。

表 6-3　集约化畜禽养殖业干清粪工艺最高允许排水量

种类	猪［m^3/（d·百头）］		鸡［m^3/（d·千只）］		牛［m^3/（d·百头）］	
季节	冬季	夏季	冬季	夏季	冬季	夏季
标准值	1.2	1.8	0.5	0.7	17	20

注：养殖废水排放标准最高允许排放量的单位中，百头、千只均指存栏数。

春、秋季养殖废水排放标准最高允许排放量按冬、夏两季的平均值计算。

表 6-4　集约化畜禽养殖业水污染物最高允许日均排放浓度

控制项目	5 日生化需氧量（mg/L）	化学需氧量（mg/L）	悬浮物（mg/L）	氨氮（mg/L）	总磷（以 P 计，mg/L）	粪大肠菌群数（个/mL）	蛔虫卵（个/L）
标准值	150	400	200	80	8.0	10 000	2.0

（四）畜禽饮用水中农药限量

当畜禽饮用水中含有农药时，农药含量不能超过表 6-5 中的规定。

表 6-5　畜禽饮用水中农药限量指标　（单位：mg/L）

项目	限值
马拉硫磷	0.25
内吸磷	0.03
甲基对硫磷	0.02

（续表）

项目	限值
对硫磷	0.003
乐果	0.08
林丹	0.004
百菌清	0.01
甲萘威	0.05
2,4-D	0.1

三、肉羊场饲料的卫生管理

建立和推广有效的卫生管理系统，可有效杜绝有毒有害物质和微生物进入饲料原料或配合饲料生产环节，保证最终产品中各种药物残留和卫生指标均在控制线以下，确保饲料原料和配合饲料产品的安全。

（一）设施设备的卫生管理

饲料饲草加工机械设备和器具的设计要能长期保持防污染，用水的机械、器具要有耐腐蚀材料构成。与饲料饲草等的接触面要具有非吸收性，无毒、平滑。要耐反复清洗、杀菌。接触面使用药剂、润滑剂、涂层要合乎规定。设备布局要防污染，为了便于检查、清扫、清洗，要置于触手可及的地方，必要时可设置检验台，并设检验口。设备、器具维护维修时，事前要作出检查计划及检验器械详单，其计划上要明确记录修理的地方，交换部件负责人，保持检查监督作业及记录。

（二）卫生教育

对从事饲料饲草加工的人员进行认真教育，对患有可能导致饲料被病原微生物污染的疾病人员，不允许从事饲料饲草的加工工作。不要赤手接触制品，必须用外包装。进入生产区域的人要用肥皂及流动的水洗净手。使用完洗手间或打扫完污染物后要洗手。穿工厂规定的工作服、帽子。考虑到鞋可能将异物带入生产区域，要换专用的鞋。为防止进入生产区的人落下携带物，要事先取下保管。生产区内严禁吸烟。

（三）杀虫灭鼠

由专人负责，制定出高效、安全的计划并得到负责人认可方可实施。对使用的化学制品要有详细的清单及使用方法。要设置毒饵投放位置图并记录查看次数，写出实施结果报告书。使用的化学制品必须是规定所允许的，实施后调查害虫、老鼠生态情况，确认效果。如未达到效果，须改进计划并实施。

（四）饲料的消毒

对粗饲料通风干燥，经常翻晒和日光照射消毒；防止青饲料霉烂，最好当日割当日喂。防止精饲料发霉，要经常晾晒。

四、肉羊场空气环境质量管理

（一）肉羊场空气环境质量

对肉羊场场区、舍区要检测氨气、硫化氢、二氧化碳、总悬浮颗粒物、可吸入颗粒浓度，注意空气流通，避免氨气等浓度过高。

在无公害生产中，肉羊场空气环境质量应符合表 6-6 要求。

表 6-6　羊场空气环境质量指标

项目	单位	场区	舍区
氨气	mg/m^3	≤5	≤25
硫化氢	mg/m^3	≤2	≤10
二氧化碳	mg/m^3	≤750	≤1 500
可吸入颗粒（标准状态）	mg/m^3	≤1	≤2
总悬浮颗粒物（标准状态）	mg/m^3	≤2	≤4
恶臭	稀释倍数	≤50	≤70

（二）场区周围区域环境空气质量

密切观察空气质量指数，避免受工业废气的污染。空气质量监测主要包括总悬浮颗粒物、二氧化硫、氮氧化物、氟化物、铅等。

在无公害生产中，场区周围区域环境空气质量应符合表 6-7 的要求。

表 6-7　环境空气质量指标

	单位	日平均	1h 平均
总悬浮颗粒物（标准状态）	mg/m^3	≤0. 30	
二氧化硫（标准状态）	mg/m^3	≤0. 15	≤0. 50
氮氧化物（标准状态）	mg/m^3	≤0. 12	≤0. 24
氟化物	$\mu g/(dm^3 \cdot 天)$	≤3（月平均）	
铅（标准状态）	$\mu g/m^3$	季平均 1. 50	

（三）空气消毒

人、羊的呼吸道及口腔排出的微生物，随着呼出气体、咳嗽、鼻喷形成气溶胶悬浮于空气中。空气中微生物的种类和数量受地面活动、气象因素、人口密度、地区、室内外、羊的饲养数量等因素影响。一般羊舍被污染的空气中微生物数量较多，特别是在添加粗饲料、更换垫料、清扫、出栏时更多。因此，必须对羊舍的空气进行消毒，尤其注意对病原污染羊舍及羔羊舍的空气进行消毒。

空气消毒最简单的方法是通风，其次是利用紫外线杀菌或甲醛气体熏蒸。

1. 通风换气

通风换气是迅速减少畜禽舍内空气中微生物含量的最简便、最迅速、最有效的措施。它能排出因羊呼吸和蒸发及飞沫、尘埃污染的空气，换以清新的空气。具体实施时，应打开羊舍的门窗、通风口，提高舍内温度，以加大通风换气量，提高换气速度。一般舍内外温差越大，换气速度越快。

2. 紫外线照射

紫外线的杀菌效能，除与波长有关外，还与光源的强度、照射的距离以及照射时间有密切的关系。紫外线照射只能杀死其直接照射部分的细菌，对阴影部分的细菌无杀灭作用，所以紫外线灯架上不应附加灯罩，以利于扩大照射范围。

3. 化学消毒法

常用消毒药液进行喷雾或熏蒸。用于空气消毒的消毒药剂有乳酸、醋酸、过氧乙酸、甲醛、环氧乙烷等。

使用乳酸蒸气消毒时，按 10mL/m^3 的用量加等量水，放在器皿中加热蒸发。醋酸、食醋也可用来对空气进行消毒，用量为 3～10mL/m^3，加水 1～2 倍稀释，加热、蒸发。

使用过氧乙酸消毒的方法有喷雾法和熏蒸法两种，喷雾消毒时，用 0.3%～0.5%浓度的溶液进行，用量为 1 000mL/m^3，喷雾后密闭 1～2h。熏蒸消毒时，用 3%～5%浓度溶液加热蒸发，密闭 1～2h，用量为 1～3g/m^3。

甲醛气体消毒是空气消毒中最常用的一种方法，一般使用氧化剂和福尔马林溶液，使其产生甲醛气体。常用的氧化剂有高锰酸钾、生石灰等，用量为：福尔马林 25mL/m^3、高锰酸钾 25g/m^3、水 12.5mL/m^3。

五、搞好羊场的驱虫

为了预防羊的寄生虫病，应在发病季节到来之前，用药物给羊群进行预防性驱虫。预防性驱虫的时机，根据寄生虫病季节动态调查确定。例如，某地的肺线虫病主要发生于 11—12 月及翌年的 4—5 月，那就应该在秋末冬初草枯以前（10 月底或 11 月初）和春末夏初羊抢青以前（3—4 月）各进行 1 次药物驱虫；也可将驱虫药小剂量地混在饲料中，在整个冬季补饲期间让羊食用。

预防性驱虫所用的药物有多种，应视病的流行情况选择应用。丙硫咪唑（丙硫苯咪唑）具有高效、低毒、广谱的优点，对羊常见的胃肠道线虫、肺线虫、肝片吸虫和线虫均有效，可同时驱除混合感染的多种寄生虫，是较理想的驱虫药物。使用驱虫药时，要求剂量准确，并且要先做小群驱虫试验；取得经验后再进行全群驱虫。驱虫过程中发现病羊，应进行对症治疗，及时解救出现中毒、副作用的羊。

药浴是防治羊的外寄生虫病，特别是羊螨病的有效措施，可在剪毛后10d左右进行。药浴液可用0.1%~0.2%杀虫脒（氯苯脒）水溶液、1%敌百虫水溶液或速灭菊酯（80~200mg/L）、溴氰菊酯（50~80mg/L）。也可用石硫合剂，其配法为生石灰75kg、硫黄粉末12.5kg，用水拌成糊状，加水150L，边煮边拌，直至煮沸呈浓茶色为止，弃去下面的沉渣，上清液便是母液。在母液内加500L温水，即成药浴液。药浴可在特建的药浴池内进行，或在特设的淋浴场淋浴，也可用人工方法抓羊在大盆（缸）中逐只洗浴。目前还有一种驱虫新药——浇泼剂，驱虫效果很好。

六、药浴杀虫

药浴是用杀虫剂药液对羊只体表进行洗浴。山羊每年夏天进行药浴，目的是防治肉羊体表寄生虫、虱、螨等。常用药有敌杀死、敌百虫、螨净、除癞灵及其他杀虫剂。羊只药浴时要严格按照药物产品说明书进行药液配制。羊只药浴时应注意以下几点。

① 药浴应选择晴朗无大风天气，药浴前8h停止放牧或喂料，药浴前2~3h给羊饮足水，以免药浴时吞饮药液。

② 先浴健康的羊，后浴有皮肤病的羊。

③ 药浴完，羊离开滴流台或滤液栏后，应放入晾棚或宽敞的羊舍内，免受日光照射，过6~8h后可以喂饮或放牧。

④ 妊娠两个月以上的母羊不进行药浴，可在产后一次性皮下注射阿维速克长效注射液进行防治，安全、方便、疗效高，杀螨驱虫效果显著，保护期长达110d以上。也可采用其他阿维菌素或伊维菌素药物防治。

⑤ 工作人员应戴好口罩和橡皮手套，以防中毒。

⑥ 对病羊或有外伤的羊，以及妊娠2个月以上的母羊，可暂时不药浴。

⑦ 药浴后让羊只在回流台停留5min左右，将身上余药滴回药池。然后赶到阴凉处休息1~2h，并在附近放牧．

⑧ 当天晚上，应派人值班，对出现个别中毒症状的羊只及时救治。

七、搞好肉羊场的卫生防疫

① 场区大门口、生产管理区、生产区，每栋舍入口处设消毒池（盆）。

羊场大门口的消毒池，长度不小于汽车轮胎周长的1.5~2倍，宽度应与门的宽度一样，水深10~15cm，内放2%~3%氢氧化钠溶液或5%来苏儿溶液。消毒液1周换1次。

② 生活区、生产管理区应分别配备消毒设施（喷雾器等）。

③ 每栋羊舍的设备、物品固定使用，羊只不许窜舍，出场后不得返回，应入隔离饲养舍。

④ 禁止生产区内解剖羊，剖后和病死羊焚烧处理，羊只出场出具检疫证明和健康卡、消毒证明。

⑤ 禁用强毒疫苗，制定科学的免疫程序。

⑥ 场区绿化率（草坪）达到40%以上。

⑦ 场区内分净道、污道，互不交叉，净道用于进羊及运送饲料、用具、用品，污道用于运送粪便、废弃物、死淘羊。

第二节　肉羊场消毒管理

规范的养羊场须制定饲养人员、圈舍、带羊消毒，用具、周围环境消毒、发生疫病的消毒、预防性消毒等各种制度及按规范的程序进行消毒。

一、圈舍消毒

一般先用扫帚清扫并用水冲洗干净后，再用消毒液消毒。用消毒液消毒的操作步骤如下。

（一）消毒液选择与用量

常用的消毒药有10%~20%的石灰乳、30%漂白粉、0.5%~1%菌毒敌（原名农乐，同类产品有农福、农富、菌毒灭等）、0.5%~1%二氯异氰尿酸钠（以此药为主要成分的商品消毒剂有强力消毒灵、灭菌净等）、0.5%过氧乙酸等。消毒液的用量，以羊舍内每平方米面积用1L药液配制，根据药物用量说明来计算。

（二）消毒方法

将消毒液盛于喷雾器内，喷洒圈舍、地面、墙壁、天花板，然后再开门窗通风，用清水刷洗饲槽、用具等，将消毒药味除去。如羊舍有密闭条件，可关闭门窗，用福尔马林熏蒸消毒12~24h，然后开窗24h。福尔马林的用量是每平方米空间用12.5~50mL/m^2，加等量水一起加热蒸发。在没有热源的情况下，可加入等量的高锰酸钾（7~25g/m²），即可反应产生高热蒸汽。

（三）空羊舍消毒规程

育肥羊出栏后，先用0.5%~1%菌毒杀对羊舍消毒，再清除羊粪。3%火碱水喷洒舍内地面，0.5%的过氧乙酸喷洒墙壁。打扫完羊舍后，用0.5%过氧乙酸或30%漂白粉等交替多次消毒，每次间隔1d。

二、环境消毒

在大门口设消毒池，使用2%火碱或5%来苏儿溶液，注意定期更换消毒液。

羊舍周围环境每2~3周用2%火碱消毒或撒生石灰1次，场周围及场内污水池、排粪坑、下水道出口，每月用漂白粉消毒1次。每隔1~2周，用2%~3%的火碱溶液（氢氧化钠）喷洒消毒道路；用2%~3%的火碱，或3%~5%的甲醛，或0.5%的过氧乙酸喷洒消毒场地。

圈舍地面消毒可用含2.5%有效氯的漂白粉溶液、4%福尔马林或10%氢氧化钠溶液。停放过芽孢杆菌所致传染病（如炭疽）病羊尸体的场所，应严格加以消毒。首先用含2.5%有效氯的漂白粉溶液喷洒地面，然后将表层土壤掘起30cm左右，撒上干漂白粉，并与土混合，将此表土妥善运出掩埋。其他传染病所污染的地面土壤，则可先将地面翻一下，深度约30cm，在翻地的同时撒上干漂白粉（用量为0.5kg/m²），然后以水浸湿、压平。如果放牧地区被某种病原体污染，一般利用阳光来消除病原微生物；如果污染的面积不大，则应使用化学消毒药消毒。

三、用具和垫料消毒

定时对水槽、料槽、饲料车等进行消毒。一般先将用具冲洗干净后，可用0.1%新洁尔灭或0.2%~0.5%过氧乙酸消毒，然后在密闭的室内进行熏蒸。注射器、针头、金属器械，煮沸消毒30min左右。

对于养殖场的垫料，可以通过阳光照射的方法进行。这是一种最经济、最简单的方法，将垫草等放在烈日下，暴晒2~3h，能杀灭多种病原微生物。

四、污物消毒

（一）粪便消毒

按照粪便的无害化处理执行。

（二）污水消毒

最常用的方法是将污水引入污水处理池，加入化学药品（如漂白粉或生石灰）进行消毒。消毒药的用量视污水量而定，一般1L污水用2~5g漂白粉。

（三）皮毛消毒

皮毛消毒，目前广泛利用环氧乙烷气体消毒法。消毒必须在密闭的专用消毒室或密闭良好的容器（常用聚乙烯或聚氯乙烯薄膜制成的篷布）内进行。此法对细菌、病毒、霉菌均有良好的消毒效果，对皮毛等产品中的炭疽芽孢也有较好的消毒作用。

对患炭疽、口蹄疫、布氏杆菌病、羊痘、坏死杆菌病等的羊皮羊毛均应消毒。应当注意，发生炭疽时，严禁从尸体上剥皮；在储存的原料中即使只发现1张患炭疽病的羊皮，也应将整堆与其接触过的羊皮消毒。

（四）病死尸体的处置

病死羊尸体含有大量病原体，只有及时经过无害化处理，才能防止各种疫病的传播与流行。严禁随意丢弃、出售或作为饲料。应根据疾病种类和性质不同，按《畜禽病害肉尸及其产品无害化处理规程》的规定，采用适宜方法处理病羊尸体。

1. 销毁

将病羊尸体用密闭的容器运送到指定地点焚毁或深埋。

2. 焚毁

对危险较大的传染病（如炭疽和气肿疽等）病羊的尸体，应采用焚烧炉焚毁。对焚烧产生的烟气应采取有效的净化措施，防止烟尘、一氧化碳、恶臭等对周围大气环境的污染。

3. 深埋

不具备焚烧条件的养殖场应设置1个以上安全填埋井，填埋井应为混凝土结构，深度大于3m，直径1m，井口加盖密封。进行填埋时，在每次投入尸体后，应覆盖一层厚度大于10cm的熟石灰，井填满后，须用黏土填埋压实并封口。

或者选择干燥、地势较高，距离住宅、道路、水井、河流及羊场或牧场较远的指定地点，挖深坑掩埋尸体，尸体上覆盖一层石灰。尸坑的长和宽径以容纳尸体侧卧为度，深度应在2m以上。

4. 化制

将病羊尸体在指定的化制站（厂）加工处理。可以将其投入干化机化制，或将整个尸体投入湿化机化制。

五、人员消毒

饲养管理人员应经常保持个人卫生，定期进行人畜共患病的检疫，并进行免疫接种。

养殖场一般谢绝参观，严格控制外来人员，必须进入生产区时，要换厂区工作服和工作鞋，并经过厂区门口消毒池进入。入场要遵守场内防疫制度，按指定路线行走。

场内工作人员备有从里到外至少两套工作服装，一套在场内工作时间用，一套场外用。进场时，将场外穿的衣物、鞋袜全部在外更衣室脱掉，放入各自衣柜锁好，穿上场内服装、着水鞋，经脚踏放在羊舍门口用3%火碱液浸泡着的草垫子。

工作人员外出羊场，脚踏用3%火碱液浸泡着的草垫子进入更衣间，换上场外服装，可外出。

送料车等或经场长批准的特殊车辆可进出场。由门卫对整车用0.5%过氧乙酸或0.5%~1%菌毒杀，进行全方位冲刷喷雾消毒。经盛3%火碱液的消毒池入场。驾驶员不得离开驾驶室，若必须离开，则穿上工作服进入，进入后不得脱下工作服。

办公区、生活区每天早上进行1次喷雾消毒。

六、带羊消毒

定期进行带羊消毒，有利于减少环境中的病原微生物，减少疾病发生。常用的药物有0.2%~0.3%过氧乙酸，用药20~40mL/m^3，也可用0.2%的次氯酸钠溶液或0.1%的新洁尔灭溶液。0.5%以下浓度的过氧乙酸对人畜无害，为了减少对工作人员的刺激，在消毒时可佩戴口罩。一般情况下每周消毒1~2次，春秋疫情常发季节，每周消毒3次，在有疫情发生时，每天消毒1次。带羊消毒时可以将3~5种消毒药交替使用。

羊在助产、配种、注射及其他任何对羊接触操作前，应先将有关部位进行消毒擦拭，以减少病原体污染，保证羊只健康。

七、发生传染病时的措施

羊群发生传染病时，应立即采取一系列紧急措施，就地扑灭，以防止疫情扩大。兽医人员要立即向上级部门报告疫情；同时立即将病羊和健康羊隔离，不让它们有任何接触，以防健康羊受到传染；对于发病前与病羊有过接触的羊（虽然在外表上看不出有病，但有被传染的嫌疑，一般称为“可疑感染羊”），不能再同其他健康羊在一起饲养，必须单独圈养，经过20d以上的观察不发病，才能与健康羊合群；如有出现病灶的羊，则按病羊处理。对已隔离的病羊，要及时进行药物治疗；隔离场所禁止人、畜出入和接近，工作人员出入应遵守消毒制度；隔离区内的用具、饲料、粪便等，未经彻底消毒不得运出；没有治疗价值的病羊，由兽医根据国家规定进行严格处理；病羊尸体要焚烧或深埋，不得随意抛弃。对健康羊和可疑感染羊，要进行疫苗紧急接种或用药物进行预防性治疗。发生口蹄疫、羊痘等急性烈性传染病时，应立即报告有关部门，划定疫区，采取严格的隔离封锁措施，并组织力量尽快扑灭。

第三节　肉羊场免疫管理

一、羊常用的疫苗及选择

（一）羊快疫、猝狙、羔羊痢疾、肠毒血症三联四防灭活疫苗、羊快疫、猝狙、羔羊痢疾、肠毒血症四联干粉灭活疫苗

用于预防绵羊或山羊快疫、猝狙、羔羊痢疾和肠毒血症。

羊快疫、猝狙、羔羊痢疾、肠毒血症三联四防灭活疫苗用于预防快疫、羔羊痢疾和猝狙的免疫期为 12 个月，预防肠毒血症的免疫期为 6 个月。肌内或皮下注射。不论羊只年龄大小，每只 5.0mL。

羊快疫、猝狙、羔羊痢疾、肠毒血症四联干粉灭活疫苗，按瓶签标明的头份，用前以 20%氢氧化铝胶生理盐水溶液溶解成 1mL/头份，充分摇匀，不论年龄大小，每只羊肌内或皮下注射 1mL

（二）羊口蹄疫（O 型、A 型）活疫苗、口蹄疫（O 型、亚洲Ⅰ型）二价灭活疫苗

羊口蹄疫（O 型、A 型）活疫苗用于预防羊 O 型、A 型口蹄疫，可用于 4 个月以上的羊，疫苗注射后，14d 产生免疫力，免疫持续期为 4~6 个月。采用肌内或皮下注射，剂量为 4~12 个月注射 0.5mL，12 个月以上注射 1mL。疫苗在 2~6℃保存不超过 5 个月，20~22℃保存，限期 7d 内用完。

口蹄疫（O 型、亚洲Ⅰ型）二价灭活疫苗用于预防羊 O 型、亚洲Ⅰ型口蹄疫。免疫期为 4~6 个月。肌内注射，羊每只 1mL。

（三）布氏菌病活疫苗（S2 株）

预防羊布氏杆菌病。不论羊年龄大小，口服 1 头份；皮下或肌内注射，山羊每只 1/4 头份，绵羊每只 1/2 头份，免疫有效期 3 年。

（四）羊大肠杆菌病灭活疫苗

用于预防羊大肠杆菌病。3 月龄以下羔羊，皮下注射 0.5~1.0mL，3 月龄至 1 岁的羊，皮下注射 2mL，免疫期 5 个月。

（五）小反刍兽疫弱毒活疫苗（Ni 克 eria75/1 株）

用于预防羊小反刍兽疫。按瓶签标注的头份，用灭菌生理盐水稀释为每毫升

含1头份，每只羊颈部皮下注射1mL，免疫期可达3年。

（六）羊传染性脓疱皮炎活疫苗、羊口疮弱毒细胞冻干活疫苗

用于预防羊传染性脓疱（羊口疮）。在口腔下唇黏膜划痕接种，每头份0.2mL；也可颈部或股内侧皮下注射，不论羊只大小，每头份0.5mL。

（七）山羊传染性胸膜肺炎灭活疫苗（C87-1株）

用于预防山羊传染性胸膜肺炎。免疫期为12个月。皮下或肌内注射。成年羊，每只5mL；6月龄以下羔羊，每只3mL。

（八）山羊痘活疫苗

用于预防山羊痘及绵羊痘。注苗后4~5d产生免疫力，免疫期为1年。按瓶签注明头份，用生理盐水（或注射用水）稀释为每头份0.5mL，不论羊只大小，一律在尾根内侧或股内侧皮内注射0.5mL。

二、羊场免疫程序的制定

达到一定规模化的羊场，需根据当地传染病流行情况建立一定的免疫程序。各地区可能流行的传染病不只1种，因此，羊场往往需用多种疫苗来预防，也需要根据各种疫苗的免疫特性合理地安排免疫接种的次数和时间。目前对于羊还没有统一的免疫程序，只能在实践中根据实际情况，制定一个合理的免疫程序。以下是按月份制定的免疫程序，见表6-8。

表6-8 羊场免疫程序（按月份）

免疫时间	疫 苗	免疫对象及方法
3—4月	口蹄疫（O型、亚洲Ⅰ型）二价灭活疫苗	4月龄以上所有羊只肌内注射1mL，间隔20d强化注射1次
3—4月	羊快疫、猝狙、羔羊痢疾、肠毒血症三联四防灭活疫苗	全群免疫，每头份用20%氢氧化铝胶盐水稀释，所有羊只一律肌内注射1mL
5月份	山羊痘弱毒冻干苗	全群免疫，用生理盐水25倍稀释，所有羊只一律皮下注射0.5mL
9—10月	口蹄疫（O型、亚洲Ⅰ型）二价灭活疫苗	4月龄以上所有羊只肌内注射1mL，间隔20d强化注射1次
9—10月	羊快疫、猝狙、羔羊痢疾、肠毒血症三联四防灭活疫苗	全群免疫，每头份用20%氢氧化铝胶盐水稀释，所有羊只一律肌内注射1mL
11月	山羊痘活疫苗	全群免疫，按瓶签注明头份，用生理盐水（或注射用水）稀释为每头份0.5mL，不论羊只大小，一律在尾根内侧或股内侧皮内注射0.5mL

三、羊免疫接种的途径及方法

（一）肌内注射法

适用于接种弱毒或灭活疫苗，注射部位在臀部及两侧颈部，一般用12号针头。

（二）皮下注射法

适用于接种弱毒或灭活疫苗，注射部位在股内侧、肘后。用大拇指及食指捏住皮肤，注射时，确保针头插入皮下，为此进针后摆动针头，如感到针头摆动自如，推压注射器推管，药液极易进入皮下，无阻力感。

（三）皮内注射法

一般适用于羊痘弱毒疫苗等少数疫苗，注射部位在颈外侧和尾部皮肤褶皱壁。左手拇指与食指顺皮肤的皱纹，从两边平行捏起一个皮褶，右手持注射器使针头与注射平面平行刺入。注射药液后在注射部位有一豌豆大小疱，且小疱会随皮肤移动，则证明确实注入皮内。

（四）口服法

是将疫苗均匀地混于饲料或饮水中经口服后获得免疫。免疫前应停饮或停喂半天，以保证饮喂疫苗时每头羊都能摄入一定量的水或一定量的饲料。

四、影响羊免疫效果的因素

（一）遗传因素

机体对接种抗原的免疫应答在一定程度上是受遗传控制的，因此，不同品种甚至同一品种的不同个体的动物，对同一种抗原的免疫反应强弱也有差异。

（二）营养状况

维生素、微量元素、氨基酸的缺乏都会使机体的免疫功能下降。例如，维生素A缺乏会导致淋巴器官的萎缩，影响淋巴细胞的分化、增殖、受体表达与活化，导致体内的T淋巴细胞数量减少，吞噬细胞的吞噬能力下降。

（三）环境因素

环境因素包括动物生长环境的温度、湿度、通风状况、环境卫生及消毒等。如果环境过冷过热、湿度过大、通风不良都会使机体出现不同程度的应激反应，导致机体对抗原的免疫应答能力下降，接种疫苗后不能取得相应的免疫效果，表现为抗体水平低、细胞免疫应答减弱。环境卫生和消毒工作做得好可减少或杜绝强毒感染的机会，使动物安全度过接种疫苗后的诱导期。只有搞好环境，才能减少动物发病的几率，即使抗体水平不高也能得到有效的保护。如果环境差，存有大量的病原，即使抗体水平较高也会存在发病的可能。

（四）疫苗的质量

疫苗质量是免疫成败的关键因素。弱毒疫苗接种后在体内有一个繁殖过程，因而接种的疫苗中必须含有足够量的有活力的病原，否则会影响免疫效果。灭活苗接种后没有繁殖过程，因而必须有足够的抗原量做保证，才能刺激机体产生坚强的免疫力。保存与运输不当会使疫苗质量下降甚至失效。

（五）疫苗的使用

在疫苗的使用过程中，有很多因素会影响免疫效果，例如疫苗的稀释方法、水质、雾粒大小、接种途径、免疫程序等都是影响免疫效果的重要因素。

（六）病原的血清型与变异

有些疾病的病原含有多个血清型，给免疫防治造成困难。如果疫苗毒株（或菌株）的血清型与引起疾病病原的血清型不同，则难以取得良好的预防效果。因而针对多血清型的疾病应考虑使用多价苗。针对一些易变异的病原，疫苗免疫往往不能取得很好的免疫效果。

（七）疾病对免疫的影响

有些疾病可以引起免疫抑制，从而严重影响疫苗的免疫效果。另外，动物的免疫缺陷病、中毒病等对疫苗的免疫效果都有不同程度的影响。

（八）母源抗体

母源抗体的被动免疫对新生动物是十分重要的，然而对疫苗的接种也产生一定的影响，尤其是弱毒疫苗在免疫动物时，如果动物存在较高水平的母源抗体，会严重影响疫苗的免疫效果。

（九）病原微生物之间的干扰作用

同时免疫两种或多种弱毒疫苗往往会产生干扰现象，给免疫带来一定的影响。

第四节　肉羊场环境管理

羊作为一种恒温动物，主要是通过产热和散热的平衡来保持稳定的体温。任何环境的变化，都会直接影响羊本身和该环境之间的热交换总量，因而，为了保持体热平衡，就必须进行生理调节。若环境条件不符合羊的舒适范围，那么羊就要进行调节，从而影响其生长、生产能力和健康。羊舍环境控制就是通过人工手段以克服羊舍不利环境因素的影响，建立有利于羊健康和生产的环境条件。其主要采取的措施包括：羊舍的防寒避暑、通风换气、采光照明、消毒等。

一、羊舍的防暑与降温

为了消除或缓和高温对羊健康和生产力所产生的有害影响，并减少由此而造成的严重经济损失，近年来人们已越来越重视羊舍的防暑与降温工作，并采取了一些措施。

在天气炎热的情况下，一般是通过降低空气温度、增加非蒸发散热，来缓和羊的热负荷。通常是从保护羊免受太阳辐射，增加羊传导散热、对流散热和蒸发散热等行之有效的办法来加以解决。

（一）搭凉棚

对于简易羊舍，要加宽羊舍屋檐，有的羊场的羊槽在运动场，这就使得羊大部分时间在运动场活动和采食，在运动场搭凉棚就尤其重要。搭凉棚一般可减少30%~50%的太阳光辐射热。还有要绿化羊舍周围环境，通过植物蒸腾作用和光合作用，吸收热，有利于降低气温。

（二）设计隔热的屋顶，加强通风

为了减少屋顶向舍内传热，在夏季炎热而冬季不冷的地区，可以采用通风的屋顶，其隔热效果很好。通风屋顶是将屋顶做成两层，屋间内的空气可以流动，进风口在夏季宜正对主风。由于通风屋顶减少了传入舍内的热量，降低了屋顶内的表面温度，所以，可以获得很好的隔热防暑效果。在夏凉冬冷地区，则不宜设通风屋顶，这是因为在冬季这种屋顶会促进屋顶散热。另外，羊舍场址宜选在开阔、通风良好的地方，位于夏季主风口，各羊舍间应有足够距离以利于通风。

（三）舍饲羊场进行绿化

1. 明显改善羊场内的温度、湿度、气流等情况

在夏季，一部分太阳的辐射热量被稠密的树冠所吸收，而树木所吸收的辐射热量，绝大部分又用于蒸腾和光合作用，所以温度的升高并不明显。绿化可以增加空气的湿度，减缓风速，构建凉爽的环境。

2. 净化空气

大型羊场空气中的微粒含量往往很高，在羊场及其四周如种有高大树木的林带，能吸收大量的二氧化碳和氨，净化、澄清大气中的粉尘，同时又释放出氧。草地除了可以吸附空气中的微粒外，还可以固定地面的尘土，不使其飞扬。

3. 减轻噪声

树木与植被等对噪声具有吸收和反射的作用，可以减弱噪声的强度。树叶密度越大，减声效果越显著。因此羊舍周围应栽种树冠较大的树木。

4. 减少空气及水中的细菌含量

树木可使空气中的微粒量大大降低。因而使细菌失去附着物，减少病菌传播的机会。有些树木的花、叶能分泌一种芳香物质，可以杀死细菌、真菌等。

用作羊场绿化的树木不仅要适应当地的水土环境，还要有抗污染、吸收有害气体等功能。常见的绿化树种有：梧桐、小叶白杨、毛白杨、钻天杨、旱柳、垂柳、槐树、红杏、刺槐、油松、侧柏、雪松、核桃树等。

（四）利用主风向、加强通风散热

为了保证夏季羊舍有良好的通风，让羊避暑，羊舍的朝向应尽量面对夏季的主风向，以确保有穿堂风通过，使羊体凉爽。

（五）羊舍降温

通过喷雾和淋浴方法，来降低舍内温度，用淋浴降温作用是淋湿羊体表，直接降温和加强蒸发散热，同时可吸收空气中的热量而降低舍温。喷雾降温不用湿润体表，就可以促进羊体蒸发散热。

二、羊舍的防寒与保暖

我国北方地区冬季气候寒冷，应通过羊舍的外围结构合理设计，解决防寒保暖问题。羊舍失热最多的是屋顶、天棚、墙壁和地面。

（一）屋顶和天棚

屋顶和天棚面积大，热空气上升，热能易通过天棚、屋顶散失。因此，要求屋顶、天棚结构严密、不透气，天棚应铺设保湿层、锯木灰等，也可采用隔热性能好的合成材料，如聚氨酯板、玻璃棉等。天气寒冷地区可降低羊舍净高，以维护羊舍温度。

（二）墙壁

墙壁是羊舍的主要外围结构，要求墙体能够隔热、防潮，寒冷地区应选择导热系数较小的材料，如空心砖、铝箔波形纸板等作墙体。羊舍长轴应呈东西方向配置，北墙不设门，墙上设双层窗，冬季加塑料薄膜、草帘等。

（三）地面

地面是羊活动直接接触的场所，地面冷热情况会直接影响羊体。石板、水泥地面坚固耐用，且能防水，但冷、硬，寒冷地区作羊床时应铺垫草、木板。羊舍的地面多数采用三合土和夯实土地面，这种地面在干燥状况下，具有良好的温热特性。而水泥地面又冷又硬，对羊极为不利。空心砖导热系数小，是较好的羊舍地面材料，在其下面再加一层油毡或沥青防潮，效果较好。

此外，要选择有利的羊舍朝向，羊舍的设计以坐北朝南为好，运动场朝向以南向为好，有利于保温采光。冬季通过提高饲养密度，铺设垫草，也可进行防寒。

三、羊舍的通风换气

通风换气是为了排出羊舍内产生过多的水汽和热量，驱走舍内产生的有害气体和臭味。

（一）羊舍的通风换气

羊舍的通风装置多采用流入排出式系统，进气管均匀设置在羊舍纵墙上，排气管均匀设置在羊舍屋顶上。进气管间距为 2~4m，排气管间距 1~2m。进气管可分别设置在纵墙距天棚 40~50cm 处及距地面 10~20cm 处，设调节板，控制进风量。冬季用上面的进气管，同时堵住下面的进风管，避免羊体受寒。夏季用下面的进风管，有利于羊体凉爽。排气管一般设置在羊床上方，沿屋脊两侧交错垂直安装在屋顶上，下端由天棚开始，上端高出屋脊 0.5~0.7m，管内设调节板。排气管上设风帽。

（二）机械通风

机械通风方式中的负压通风比较简单、投资少、管理费用也较低，羊舍多采用，负压通风也称为排气式通风或排风，是通过风机抽出舍内的污浊空气，舍内空气压力变小，舍外新鲜空气通过进气口或进气管流入舍内而形成舍内外空气交换。

四、羊舍的采光

控制羊舍采光的主要方法有以下几种。

（一）窗户面积

羊舍窗户面积越大，采光越好。窗户面积常用采光系数来表示。采光系数指窗户的有效采光面积与舍内地面面积之比。

（二）玻璃

干净的玻璃可以阻止大部分的紫外线，脏的玻璃可以阻止 15%~19%可见光，结冰的玻璃可以阻止 80%可见光。

第五节　羊场粪便及病尸的无害化处理

一、病死畜禽进行无害化处理的规定

病死动物及动物产品携带病原体，如未经无害化处理或任意处置，不仅严重污染环境，还可能传播重大动物疫病，危害畜牧业生产安全，甚至引发严重的公

共卫生事件。按照《环境保护法》《畜牧法》《动物防疫法》《规模养殖污染防治条例》，以及地方性制定的动物防疫条例等法律法规和畜牧兽医主管部门的规定，法律规定从事畜禽养殖的单位和个人是病死动物及动物产品无害化处理的第一责任人，必须自觉履行无害化处理的责任和义务。法律法规明确规定，染疫动物或者染疫动物产品，病死或者死因不明的动物尸体，应当按照国家规定进行无害化处理，不得随意处理，不得随意丢弃；法律法规明令禁止屠宰、生产、经营、加工、贮藏、运输病死或者死因不明、染疫或者疑似染疫、检疫不合格等动物及动物产品。无害化处理应采取深埋、焚烧、化制、生物降解等措施，确保病原及时消灭，防止病原扩散蔓延。规模养殖场应配备无害化处理设施设备，建立无害化处理制度。

二、粪便的无害化处理

国家标准《畜禽养殖业污染物排放标准》（GB 18596—2001）规定，用于直接还田的畜禽粪便，必须进行无害化处理，防止污染施用地面。粪尿，适宜寄生虫、病原微生物寄生，繁殖和传播。从防疫的角度看，羊粪不利于羊场的卫生与防疫。为了变不利为有利，需对羊粪进行无害化处理。羊粪无害化处理主要是通过物理、化学、生物等方法，杀灭病原体，改变羊粪中病原体适宜寄生、繁殖和传播的环境，保持和增加羊粪有机物的含量，达到污染物的资源化利用。羊粪无害化环境标准是：蛔虫卵的死亡率≥95%；粪大肠菌群数≤10 个/kg；恶臭污染物排放标准是：臭气浓度标准值 70。

（一）羊粪的处理

1. 发酵处理

粪便的发酵处理利用各种微生物的活动来分解羊粪中的有机成分，从而有效地提高有机物的利用率，在发酵过程中形成的特殊理化环境也可杀死粪便中的病原菌和一些虫卵，根据发酵过程中依靠的主要微生物种类不同，可分为充气动态发酵、堆肥发酵和沼气发酵处理。

（1）充气动态发酵　在适宜的温度、湿度以及供氧充足的条件下，好气菌迅速繁殖，将粪中的有机物质分解成易消化吸收的物质，同时释放出硫化氢、氨等气体。在 45~55℃下处理 12h 左右，可生产出优质有机肥料和再生饲料。

（2）堆肥发酵处理　传统处理羊的粪便消毒方法中，最实用的方法是生物热消毒法，即在距羊场 100~200m 以外的地方设一堆粪场，将羊粪堆积起来，上面覆盖 10cm 厚的沙土，发酵 30d 左右，利用微生物进行生物化学反应，分解熟化羊粪中的异味有机物，随着堆肥温度升高，杀灭其中的病原菌、虫卵和蛆蛹，达到无害化并成为优质肥料的方法。

（3）沼气发酵处理　沼气处理是厌氧发酵过程，可直接对水粪进行处理。其优点是产出的沼气是一种高热值可燃气体，沼渣是很好的肥料。经过处理的干沼渣还可作饲料。

2. 干燥处理

（1）脱水干燥处理　通过脱水干燥，使其中的含水量降低到15%以下，便于包装运输，又可抑制畜粪中微生物活动，减少养分（如蛋白质）损失。

（2）高温快速干燥　采用以回转圆筒烘干炉为代表的高温快速干燥设备，可在短时间（10min 左右）内将含水率为 70%的湿粪，迅速干燥至含水率仅10%～15%的干粪。

（3）太阳能自然干燥处理　采用专用的塑料大棚，长度可达 60～90m，内有混凝土槽，两侧为导轨，在导轨上安装有搅拌装置。湿粪装入混凝土槽，搅拌装置沿着导轨在大棚内反复行走，通过搅拌板的正反向转动来捣碎、翻动和推送畜粪，并通过强制通风排出大棚内的水汽，达到干燥畜粪的目的。夏季只需要约 1 周的时间即可将畜粪的含水率降到 10%左右。

（二）羊粪的利用

羊粪属热性肥料，适用于凉性土壤和阴坡地。羊粪含有机质 24%～27%，氮 0.7%～0.8%，磷（五氧化二磷）0.45%～0.6%，钾（氧化钾）0.4%～0.5%。羊粪粪质较细，养分浓厚，含有丰富的氮、磷、钾、微量元素和高效有机质；羊粪能活化土壤中大量存留的氮磷钾，有助于农作物的吸收。同时，还能显著提高农作物的抗病、抗逆、抗掉花、抗掉果能力。与施用无机肥相比，施用羊粪可使粮食作物增产 10%以上，蔬菜和经济作物增产 30%左右，块根作物增产 40%左右。

1. 直接用作肥料

羊粪作为肥料首先根据饲料的营养成分和吸收率，估测粪便中的营养成分。另外，施肥前要了解土壤类型、成分及作物种类，确定合理的作物养分需要量，并在此基础上计算出畜粪施用量。

2. 生产有机无机复合肥

羊粪最好先经发酵后再烘干，然后与无机肥配制成复合肥。复合肥不但松软、易拌、无臭味，而且施肥后也不再发酵，特别适合于盆栽花卉和无土栽培及庭院种植业（图 6-1）。

3. 制取沼气

沼气是在厌氧环境下，在一定温度、湿度、酸碱度的条件下，微生物在分解发酵有机物质的过程中所产生的一种可燃气体。羊粪制造沼气，入池前要堆沤 3d，然后入池发酵（图 6-2）。

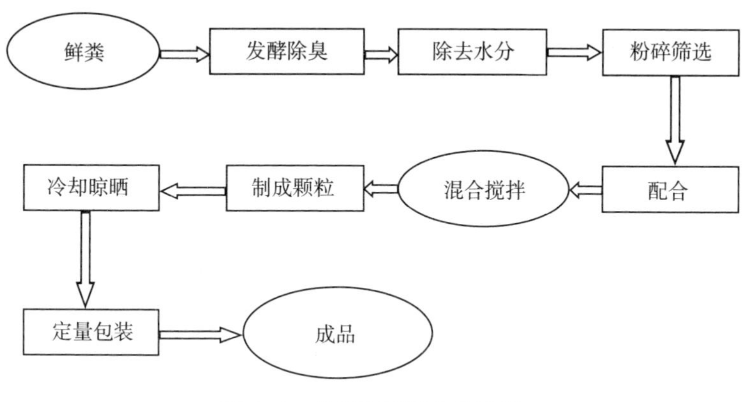

图 6-1 羊粪有机肥生产流程

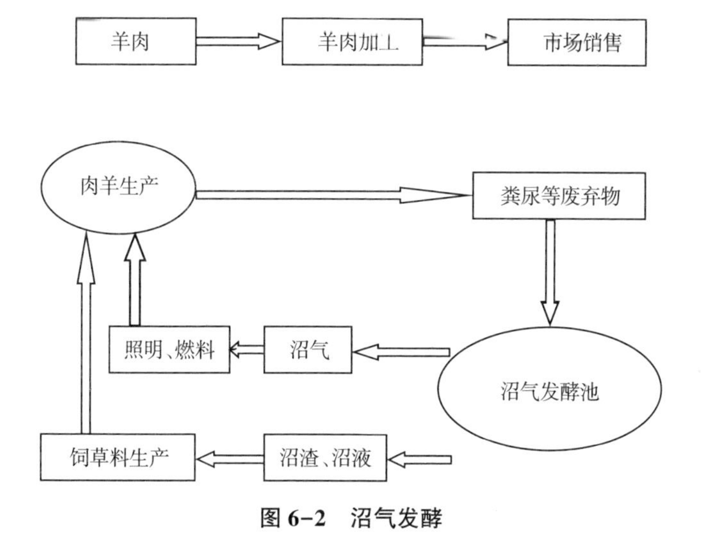

图 6-2 沼气发酵

4. 土地还原法

将羊粪与地表土混合，深度为 20cm，用水浇灌超过保水容量。有机物质使土壤中的微生物迅速增加，消耗掉土地中的氧，微生物产生的有机酸、发酵产生的热，可以有效地杀灭病菌，使土地转变成还原状态。

（三）粪便无害化卫生标准

畜粪无害化卫生标准是借助卫生部制定的国家标准（GB 7959—87）。适用于全国城乡垃圾、粪便无害化处理效果的卫生评价和为建设垃圾、粪便处理构筑物提供卫生设计参数。

标准中的粪便是指人体排泄物；堆肥是指以垃圾、粪便为原料的好氧性高温堆肥；沼气发酵是以粪便为原料，在密闭、厌氧条件下的厌氧性消化（包括常温、中温和高温消化）。经无害化处理后的堆肥和粪便，应符合国家的有关规定，堆肥最高温度达50~55℃甚至更高，应持续5~7d，粪便中蛔虫卵死亡率为95%~100%，有效地控制苍蝇滋生，堆肥周围没有活动的蛆、蛹或新羽化的成蝇。沼气发酵的卫生标准是，密封贮存期应在30d以上，(53±2)℃的高温沼气发酵温度应持续2d，寄生虫卵沉降率在95%以上，粪液中不得检出活的血吸虫卵和钩虫卵，常温沼气发酵的粪大肠菌值应为10^{-1}，高温沼气发酵应为10^{-1}~10^{2}，有效地控制蚊蝇滋生，粪液中无孑孓，池的周围无活的蛆、蛹或新羽化的成蝇。

三、病羊尸体的无害化处理

病死羊尸体含大量病原体，只有及时经过无害化处理，才能防止疫病的传播与流行，严禁随意丢弃、出售或作为饲料，根据病症种类的性质不同，按《畜禽病害肉尸及其产品无公害化处理规程》的规定，采用适宜方法处理病羊的尸体。

（一）销毁

患传染病家畜的尸体中含有大量病原体，并可污染环境，若不及时做无害化处理，常可引起人畜患病。对确认为是炭疽、羊快疫、羊肠毒血症、羊猝狙、肉氏梭菌中毒症、蓝舌病、口蹄疫、李氏杆菌病、布鲁氏杆菌病等传染病和恶性肿瘤或两个器官发现肿瘤的病畜的整个尸体，以及从其他患病畜割除下来的病变部分和内脏都应进行无害化销毁，其方法是利用湿法化制和焚毁，前者是利用湿化机将整个尸体送入密闭容器中进行化制，即熬制成工业油。后者整个尸体或割除的病变部分和内脏投入焚化炉中烧毁炭化。

（二）化制

除上述传染病外，凡病变严重、肌肉发生退行性变化的其他传染病、中毒性疾病、囊虫病、旋毛虫病，以及自行死亡或不明原因死亡的家畜的整个尸体或胴体和内脏，利用湿化机制将原料分类分别投入密闭容器中进行化制、熬制成工业油。

（三）掩埋

掩埋是一种暂时看作有效，其实极不彻底的尸体处理方法，但比较简单易行，目前还在广泛地使用。掩埋尸体时应选择干燥、地势较高，距离住宅、道路、水井、河流及牧场较远的偏僻地区。尸坑的长和宽能容纳尸体侧卧为度，深度应为2m以上。

（四）腐败

将尸体投入专用的尸体坑内，尸体一般为直径 3m，深 10~13m 的圆形井，坑壁与坑底用不透水的材料制成。

（五）加热煮沸

对某些危害不是特别严重，而经过煮沸消毒后又无害的患传染病的病畜肉尸和内脏，切成重量不超过 2kg，厚度不超过 8cm 的肉块，进行高压蒸煮或一般煮沸消毒处理。但必须在指定的场所处理。对洗涤生肉的泔水等，必须经过无害化处理；熟肉决不可再与洗过生肉的泔水以及菜板等接触。

四、病羊产品的无害化处理

（一）血液

1. 漂白粉消毒法

对患羊痘、山羊关节炎、绵羊梅迪维斯那病、弓形虫病、锥虫病等的传染病以及血液寄生虫病的病羊血液的处理，是将 1 份漂白粉加入 4 份血液中充分搅匀，放入沸水中烧煮，至血块深部呈黑红色，并呈蜂窝状时为止。

2. 高温处理

凡属上述传染病者均可高温处理。方法是将已凝固的血液划成豆腐方块，放入沸水中烧煮，至血块深部呈黑红色，并呈蜂窝状时为止。

（二）蹄、骨和角

将肉尸作高温处理时剔出的病羊骨、蹄、角放入高压锅内蒸煮至脱胶或胶脂时止。

（三）皮毛

1. 盐酸食盐溶液消毒法

此法用于被上述疫病污染的和一般病畜的皮毛消毒。方法是用 2.5%盐酸溶液与 15%食盐水溶液等量混合，将皮张浸泡在此溶液中，并使液温保持在 30℃左右，浸泡 40h，皮张与消毒液之比为 1∶10 浸泡后捞出沥干，放入 2%氢氧化钠溶液中，以中和皮张上的酸，再用水冲洗后晾干。也可按 100mL 25%食盐水溶液中加入盐酸 1mL 配制消毒液，在室温 15℃条件下浸泡 48h，皮张与消毒液之比为 1∶4。浸泡后捞出沥干，再放入 1%氢氧化钠溶液中浸泡，以中和皮张上的酸，再用水冲洗后晾干。

2. 过氧乙酸消毒法

此法用于任何病畜的皮毛消毒。方法是将皮毛放入新鲜配制的 2%过氧乙酸溶液中浸泡 30min 捞出，用水冲洗后晾干。

3. 碱盐液浸泡消毒法

此法用于上述疫病污染的皮毛消毒。具体方法是将病皮浸入5%碱盐液（饱和盐水内加5%氢氧化钠）中，室温（17～20℃）浸泡24h，并随时加以搅拌，然后取出挂起，待碱盐液流净，放入5%盐酸液内浸泡，使皮上的碱被中和，捞出，用水冲洗后晾干。

4. 石灰乳浸泡消毒法

此法用于口蹄疫和螨病病皮的消毒。方法是将1份生石灰加1份水制成熟石灰，再用水配成10%或5%混悬液（石灰乳）。将口蹄疫病皮浸入10%石灰乳中浸泡2h；而将螨病病皮浸入10%石灰乳中浸泡12h，然后取出晾干。

5. 盐腌消毒法

主要用于布鲁氏菌病病皮的消毒。按皮重量的15%加入食盐，均匀撒于皮的表面。一般毛皮腌制2个月，胎儿毛皮腌制3个月。

第七章　肉羊疾病诊治与安全用药

第一节　羊病的临床诊断方法

一、群体检查

临床诊断时，羊的数量较多，不可能逐一进行检查时应先作大群检查，从羊群中先剔出病羊和可疑病羊，然后再对其进行个体检查。

运动、休息和采食饮水3种状态的检查，是对大群羊进行临床检查的三大环节；眼看、耳听、手摸、检温是对大群羊进行临床检查的主要方法。运用“看、听、摸、检”的方法通过“动、静、食”三态的检查，可以将大部分病羊从羊群中检查出来。运动时的检查，是在羊群的自然活动和人为驱赶活动时的检查，从不正常的动态中找出病羊。休息时的检查，是在保持羊群安静的情况下，进行看和听，以检出姿态和声音异常的羊。采食饮水时的检查，是在羊自然采食、饮水时进行的检查，以检出采食饮水有异常表现的羊。“三态”的检查可根据实际情况灵活运用。

（一）运动时的检查

首先，观察羊的精神外貌和姿态步样。健康羊精神活泼，步态平稳，不离群，不掉队。而病羊多精神不振，沉郁或兴奋不安，步态踉跄，跛行，前肢软弱跪地或后肢麻痹，有时突然倒地发生痉挛等。应将其挑出作个体检查。其次，注意观察羊的天然孔及分泌物。健康羊鼻镜湿润，鼻孔、眼及嘴角干净；病羊则表现鼻镜干燥，鼻孔流出分泌物，有时鼻孔周围污染脏土杂物，眼角附着脓性分泌物，嘴角流出唾液，应将有上述表现的羊剔出复检。

（二）休息时的检查

首先，有顺序地并尽可能地逐只观察羊的站立和躺卧姿态，健康羊吃饱后多合群卧地休息，时而进行反刍，当有人接近时常起身离去。病羊常独自呆立一侧，肌肉震颤及痉挛，或离群单卧，长时间不见其反刍，有人接近也不动。其次，与运动时的检查一样，要注意羊的天然孔、分泌物及呼吸状态等。最后，注意被毛状态，如发现被毛有脱落之处，无毛部位有痘疹或痂皮时，以及听到磨牙、咳嗽或喷嚏声时，均应剔出来检查。

（三）采食饮水时的检查

是在放牧、喂饲或饮水时对羊的食欲及采食饮水状态进行的观察。健康羊在放牧时多走在前头，边走边吃草，饲喂时也多抢着吃；饮水时，多迅速奔向饮水处，争先喝水。病羊吃草时，多落在后边，时吃时停，或离群停立不吃草；如发现饮水时不喝或暴饮的羊应予剔出复检。

二、个体检查

临床诊断最常用的方法是：望、闻、问、切、听等，根据所发现的症状表现及异常变化，综合起来加以分析，往往可以对疾病做出诊断，或为进一步检验提供依据。

（一）望诊

望诊也称为视诊，即观察病羊的表现。视诊时，最好先从离病羊几步远的地方观察羊的肥瘦、姿势、步态等情况；然后靠近病羊详细查看被毛、皮肤、黏膜、结膜、粪尿等情况。

1. 肥瘦

一般急性病，如急性胸胀、急性炭疽等，病羊身体仍然肥壮；相反地，一般慢性病，如寄生虫病等，病羊身体多瘦弱。

2. 姿势

观察病羊一举一动是否与平时相同，如果不同，就可能是有病的表现。有些疾病表现出特殊的姿势，如破伤风表现四肢僵直，行动不灵便。

3. 步态

一般健康羊步态活泼而稳健。如果羊患病时，常表现行动不稳，或不喜行走。当羊的四肢肌肉、关节或胯部发生疾病时，则表现为跛行。

4. 毛和皮肤

健康羊的被毛，平整而不易脱落，富有光泽。在病理状态下，被毛粗乱蓬松，失去光泽，而且容易脱落。患螨病的羊，脊部被毛可成片脱落，同时皮肤变厚变硬，出现蹭痒和摔伤。在检查皮肤时，除注意皮肤的颜色外，还要注意有无水肿、炎性肿胀、外伤以及皮肤是否温热等。

5. 黏膜

一般健康羊的眼结膜、鼻腔、口腔、阴道和肛门黏膜呈光滑粉红色。如口腔黏膜发红，多半是由于体温升高，身体上有发炎的地方。黏膜发红并带有红点、血丝或呈紫色，是由于严重的中毒或传染病引起的。黏膜呈苍白色，多为患贫血病；呈黄色，多为患黄疸病；呈蓝色，多为肺脏、心脏患病。

检查眼结膜时，用左手拇指与食指拨开上下眼睑观察结膜颜色。健康羊结膜为淡红色、湿润。病羊的结膜呈苍白、发黄或赤紫色。

健康羊的鼻腔黏膜潮湿红润，鼻孔周围干净，鼻孔内无污物，鼻孔周围有大量鼻汁和脓液，常打喷嚏，有时有虫体喷出，如羊鼻蝇幼虫。用手触觉鼻孔，能感到温度偏高。

6. 吃食、饮水、口腔和粪尿

羊吃食或饮水忽然增多或减少，以及喜欢舔泥土、吃草根等，也是有病的表现，可能是慢性营养不良。反刍减少、无力或停止，表示羊的前胃有病。口腔有病时，如喉头炎、口腔溃疡、舌有烂伤等，打开口腔就可以看出来。羊的排粪也要检查，主要检查粪便的形状、硬度、色泽及附着物等。正常时，羊粪呈小球形，没有难闻的臭味。在病理状态下，粪便有特殊臭味，见于各型肠炎；粪便过于干燥，多为缺水和肠迟缓；粪便过于稀薄，多为肠机能亢进；前部肠管出血，粪呈黑褐色，后部出血则是鲜红色；粪内有大量黏液，表示肠黏膜有卡他性炎症；粪便混有完整谷粒或纤维很粗，表示消化不良；混有纤维素膜时，表示为纤维素性肠炎；混有寄生虫及其节片时，体内有寄生虫。正常羊每天排尿 3~4 次，排尿次数和尿量过多或过少，以及排尿痛苦、失禁，都是有病的征候。

7. 呼吸

正常时，羊每分钟呼吸 12~20 次。呼吸次数增多，见于热性病、呼吸系统疾病、心脏衰弱及贫血、腹压升高等；呼吸次数减少，主要见于某些中毒、代谢障碍、昏迷。另外，还要检查呼吸型、呼吸节律以及呼吸是否困难等。

（二）闻诊

闻诊有两方面内容：鼻闻气味（即嗅诊）、耳听声音。

1. 闻气味

诊断羊病时，用鼻嗅闻病羊的分泌物、排泄物、呼出气体及口腔气味很重要。如肺坏疽时，鼻闻可带有腐败性恶臭；胃肠炎时，粪便腥臭或恶臭；在消化不良时，可从呼气中闻到酸臭味。

2. 听声音

即听诊。听诊是利用听觉来判断羊体内正常的和有病的声音。最常用的听诊部位为胸部（心、肺）和腹部（胃、肠）。听诊的方法有两种：一种是直接听诊，即将一块布铺在被检查的部位，然后将耳朵紧贴在上边，直接听羊体内的声音；另一种是间接听诊，即用听诊器听诊。不论用哪种方法听诊，都应当将病羊牵到清静的地方，以免受外界杂音的干扰。

（1）心脏听诊　心脏跳动的声音，正常听诊时可听到“嘣—咚”两个交替发出的声音。“嘣”音，为心脏收缩时所产生的声音，其特点是低、钝、长、间隔时间短，称为第一心音。“咚”音为心脏舒张时所产生的声音，其特点是高、锐、短、间隔时间长，称为第二心音。第一、第二心音均增强，见于热性病的初期；第一、第二心音均减弱，见于心脏机能障碍的后期或患有渗出性胸膜炎、心包炎；第一心音增强时，常伴有明显的心搏动增强和第二心音微弱，主要见于心脏衰弱的后期，排血量减少，动脉压下降；第二心音增强时，见于肺气肿、肺水肿、鼻炎等病理过程中。如果在正常心音以外听到其他杂音，多为瓣膜疾病、创伤性心包炎、胸膜炎等。

（2）肺脏听诊　是听取肺脏在吸入和呼出空气时，由于肺脏振动而产生的声音。一般有下列5种。

肺泡呼吸音：健康羊吸气时，从肺部可听到“夫”的声音；呼气时，可以听到“呼”的声音，称为肺泡呼吸音。肺泡呼吸音过强，多为支气管炎、黏膜肿胀等；过弱时，多为肺泡肿胀、肺泡气肿、渗出性胸膜炎等。

支气管呼吸音：是空气通过喉头狭窄部所发出的声音，类似“赫”的声音。如果在肺部听到这种声音，多为肺炎的病变，见于羊的传染性胸膜肺炎等病。

啰音：在支气管发炎时，管内积有分泌物，被呼吸的气流冲动而发出的声音。啰音可分为干啰音和湿啰音两种。干啰音很复杂，有咚隆声、笛声、口哨声及猫鸣声等，多见于慢性支气管炎、慢性肺气肿、肺结核等；湿啰音类似含漱音、沸腾音或水泡破裂音，多发生于肺水肿、肺充血、肺出血、慢性肺炎等。

捻发音：这种声音像用手指捻毛发时所发出的声音，多见于慢性肺炎、肺水肿等。

摩擦音：一般有两种，一是胸膜摩擦音，多发生在肺脏与胸膜之间，见于纤维素性胸膜炎、胸膜结核等。因为胸膜发炎、纤维素沉积，使胸膜变得粗糙，当呼吸时，互相摩擦而发出声音，这种声音像一手贴在耳上，用另一手的手指轻轻摩擦贴耳的手背所发出的声音。二是心包摩擦音，当发生纤维素性心包炎时，心包的两叶失去润滑性，因而伴随心脏的跳动两叶互相摩擦而发生杂音。

（3）腹部听诊　主要是听取腹部胃肠运动的声音。健康的羊，于左肷部可听到瘤胃蠕动音，呈逐渐增强又逐渐减弱的沙沙音，每两分钟可听到3~6次。羊患前胃弛缓或发热性疾病时，瘤胃蠕动音减弱或消失。羊的肠音，类似于流水声或漱口声，正常时较弱。在羊患肠炎初期，肠音亢进；便秘时，肠音消失。

（三）问诊

问诊是通过询问畜主或饲养员，了解羊发病的有关情况。询问内容一般包括：发病时间，发病只数，病前和病后的异常表现，以往的病史、治疗情况、免疫接种情况，饲养管理情况，以及羊的年龄、性别等。但在听取其回答时，应考虑所谈情况与当事人的利害关系（责任），分析其可靠性。

（四）切诊

1. 触诊

是用手指或手指尖感触被检查的部位，并稍加压力，以便确定被检查的各个器官组织是否正常。触诊常用如下几种方法。

（1）皮肤检查　主要检查皮肤的弹性、温度、有无肿胀和伤口等。羊的营养不好，或得过皮肤病，皮肤就没有弹性。发高烧时，皮温会升高。

（2）体温检查　一般用手摸羊耳朵或将手插进羊嘴里握住舌头，可以知道病羊是否发烧。但是准确的方法，是用体温表测量。在给病羊量体温时，先将体温表的水银柱甩下去，涂上油或水以后，再慢慢插入肛门内，体温表的1/3 留在肛门外面，插入后滞留的时间一般为 2~5min。羊的体温，一般幼羊比成年羊高一些，热天比冷天高一些，运动后比运动前高一些，这都是正常的生理现象。羊的正常体温是 38~40℃。如高于正常体温，则为发热，常见于传染病。

（3）脉搏检查　用手触摸羊的颌外动脉或股内动脉，感知心搏的情况，即为脉搏检查。检查股内动脉时，检查者一手（左手）握住羊的一侧后肢的下部，检手（右手）的食指及中指放于股内侧的股动脉上，拇指放于股外侧。健康羊的脉搏每分钟跳动 70~80 次，频率与心搏基本一致。

（4）体表淋巴结检查　主要检查颌下、肩前、膝上和乳房上淋巴结。当羊发生结核病、副结核病、羊链球菌病时，体表淋巴结往往肿大，其形状、硬度、温度、敏感性及活动性等也会发生变化。

（5）人工诱咳　检查者立在羊的左侧，用右手捏压气管前 3 个软骨环，羊有病时，就容易引起咳嗽。羊发生肺炎、胸膜炎、结核时，咳嗽低弱；发生喉炎及支气管炎时，则咳嗽强而有力。

2. 叩诊

叩诊是敲打体表某一部位，根据所产生的音响性质来推断内部病理变化或某一器官的投影轮廓。一般是用左手食指或中指平放在被查部位，然后用右手中指由第二指节成直角弯曲，向左手食指或中指第二指节上敲打。叩诊的声音有清音、浊音、半浊音和鼓音。

清音，为叩诊健康羊胸廓所发出的持续高而清的声音；浊音，当羊胸腔积聚大量渗出液时，叩打胸壁出现水平浊音界；半浊音，介于清音与浊音之间的一种声音，叩诊含少量气体的组织，如肺缘，可发出此种声音，当羊患支气管肺炎时，肺泡含气量减少，叩诊呈半浊音；鼓音，叩诊瘤胃发出的声音，若瘤胃臌气，则发出的鼓音增强。

三、病理学诊断

（一）解剖病理学观察

病羊解剖病理学观察是诊断羊病、确定病原或病因的基本手段，通过观察相关器官的病变情况，结合外观检查可以做出初步的诊断，为疾病治疗和后续确诊提供依据。一般来讲，不同组织器官的检查要点各有侧重。

1. 皮下检查

在剥皮过程中进行，要注意检查皮下有无出血、水肿、脱水、炎症和脓肿，并观察皮下脂肪组织的多少、颜色、性状及病理变化性质等。

2. 淋巴结

要特别注意颌下淋巴结、颈浅淋巴结、腹股沟下淋巴结、肠系膜淋巴结、肺门淋巴结等的检查。注意检查其大小、颜色、硬度，与其周围组织的关系及横切面的变化。

3. 肺脏

首先注意其大小、色泽、重量、质度、弹性、有无病灶及表面附着物等。然后用剪刀将支气管剪开，注意检查支气管黏膜的色泽、表面附着物的数量、黏稠度。最后将整个肺脏纵横切割数刀，观察切面有无病变，切面流出物的数量、色泽变化等。

4. 心脏

先检查心脏纵沟、冠状沟的脂肪量和性状，有无出血。然后检查心脏的外形、大小、色泽及心外膜的性状。最后切开心脏检查心腔。沿左侧纵沟切开右心室及肺动脉，同样再切开左心室及主动脉。检查心腔内血液的性状，心内膜、心瓣膜是否光滑，有无变形、增厚，心肌的色泽、质度，心壁的厚薄等。

5. 脾脏

脾脏摘出后，注意其形态、大小、质度；然后纵行切开，检查脾小梁、脾髓的颜色，红、白髓的比例，脾髓是否容易刮脱。

6. 肝脏

先检查肝门部的动脉、静脉、胆管和淋巴结。然后检查肝脏的形态、大小、色泽、包膜性状、有无出血、结节、坏死等。最后切开肝组织，观察切面的色泽、质度和含血量等情况。注意切面是否隆突，肝小叶结构是否清晰，有无脓肿、寄生虫性结节和坏死等。

7. 肾脏

先检查肾脏的形态、大小、色泽和质度，然后由肾的外侧面向肾门部将肾脏纵切为相等的两半，检查包膜是否容易剥离，肾表面是否光滑，皮质和髓质的颜色、质度、比例、结构，肾盂黏膜及肾盂内有无结石等。

8. 胃的检查

检查胃的大小、质度，浆膜的色泽，有无粘连、胃壁有无破裂和穿孔等。羊胃的检查，特别要注意网胃有无创伤，是否与膈相粘连。如果没有粘连，可将瘤胃、网胃、瓣胃、皱胃之间的联系分离，使4个胃展开。然后沿皱胃小弯与瓣胃、网胃之大弯剪开；瘤胃则沿背缘和腹缘剪开，检查胃内容物及黏膜的情况。

9. 肠管的检查

从十二指肠、空肠、回肠、大肠、直肠分段进行检查。在检查时，先检查肠管浆膜面的情况。然后沿肠系膜附着处剪开肠腔，检查肠内容物及黏膜情况。

10. 骨盆腔器官的检查

公畜生殖系统的检查，从腹侧剪开膀胱、尿管、阴茎，检查输尿管开口及膀胱、尿道黏膜，尿道中有无结石，包皮、龟头有无异常分泌物；切开睾丸及副性腺检查有无异常。母畜生殖系统的检查，沿腹侧剪开膀胱，沿背侧剪开子宫及阴道，检查黏膜、内腔有无异常；检查卵巢形状，卵泡、黄体的发育情况，输卵管是否扩张等。

11. 脑的检查

打开颅腔之后，先检查硬脑膜有无充血、出血和淤血。然后切开大脑，检查脉络丛的性状和脑室有无积水。最后横切脑组织，检查有无出血及溶解性坏死等变化。

（二）组织病理学观察

组织病理学技术是融解剖学技术、组织胚胎学技术、病理学技术和临床实践经验于一体的综合性诊断技术，通过观察动物重要器官的组织学结构特征、联系病变器官的代谢和机能的改变，探讨疾病的病因、发病机制，以及病理变化与临床表现的内在联系和相互的关系。一般来讲，是将病变组织制成切片染色，或脱落、穿刺细胞涂片，经染色后用光学显微镜观察组织和细胞的病理变化。组织切片最常用苏木素伊红染色（HE染色），必要时可辅以一些特殊染色。

四、实验室诊断

（一）病料的采集、保存和运送

羊群发生疑似传染病时，应采取病料送有关诊断实验室检验。病料的采取、保存和运送是否正确，对疾病的诊断至关重要。

1. 病料的采集

（1）剖检前检查　凡发现羊急性死亡时，必须先用显微镜检查其末梢血液抹片中有无炭疽杆菌存在。如怀疑是炭疽，则不可随意剖检，只有在确定不是炭疽时，方可进行剖检。

（2）取材时间　内脏病料的采取，须于死亡后立即进行，最好不超过6h，否则时间过长，由于肠内侵入其他细菌，易使尸体腐败，影响病原微生物检出的准确性。

（3）器械的消毒　刀、剪、镊子、注射器、针头等应煮沸30min。器皿（玻璃制、陶制、珐琅制等）可用高压灭菌或干烤灭菌。软木塞、橡皮塞置于0.5%石炭酸水溶液中煮沸10min。采取1种病料，使用1套器械和容器，不可混用。

（4）病料采集　应根据不同的传染病，相应地采取该病常受侵害的脏器或内容物。如败血性传染病可采取心、肝、脾、肺、肾、淋巴结、胃、肠等；肠毒血症采取小肠及其内容物；有神经症状的传染病采取脑、脊髓等。如无法判定是哪种传染病，可进行全面采取。检查血清抗体时，采取血液，凝固后析出血清，将血清装入灭菌小瓶中送检。为了避免杂菌污染，对病变的检查应待病料采取完毕后再进行。供显微镜检查用的脓、血液及黏液抹片，可按下述推片固定法制作：先将材料置于载玻片上，再用灭菌玻棒均匀涂抹或以另一玻片一端的边缘与载玻片成45°推抹之；用组织块作触片时，可持小镊将组织块的游离面在载玻片上轻轻涂抹即可。做成的抹片、触片，包扎，载玻片上应注明号码，并另附说明。

2. 病料的保存

病料采取后，如不能立即检验，或需送往有关单位检验，应当装入容器并加入适量的保存剂，使病料尽量保持新鲜状态。

（1）细菌检验材料的保存　将脏器组织块保存于装有饱和氯化钠溶液或30%甘油缓冲盐水的容器中，容器加塞封固。病料如为液体，可装在封闭的毛细玻管或试管中运送。饱和氯化钠溶液的配制法是：蒸馏水100mL、氯化钠38~39g，充分搅拌溶解后，用数层纱布过滤，高压灭菌后备用。30%甘油缓冲盐水溶液的配制法是：中性甘油30mL、氯化钠0.5g、碱性磷酸钠1g，加蒸馏水至100mL，混合后高压灭菌备用。

（2）病毒检验材料的保存　将脏器组织块保存于装有50%甘油缓冲盐水或鸡蛋生理盐水的容器中，容器加塞封固。50%甘油缓冲盐水溶液的配制方法是：氯化钠2.5g、酸性磷酸钠0.46g、碱性磷酸钠10.74g，溶于100mL中性蒸馏水中，加纯中性甘油150mL、中性蒸馏水50mL，混合分装后，高压灭菌备用。鸡蛋生理盐水的配制法是：先将新鲜鸡蛋表面用碘酒消毒，然后打开将内容物倾入灭菌容器内，按全蛋9份加入灭菌生理盐水1份，摇匀后用灭菌纱布过滤，再加热至56~58℃，持续30min，第二天及第三天按上法再加热1次，即可应用。

（3）病理组织学检验材料的保存　将脏器组织块放入10%福尔马林溶液或

95%酒精中固定；固定液的用量应为送检病料的 10 倍以上。如用 10%福尔马林溶液固定，应在 24h 后换新鲜溶液 1 次。严寒季节为防病料冻结，可将上述固定好的组织块取出，保存于甘油和 10%福尔马林等量混合液中。

3. 病料的运送

装病料的容器要一一标号，详细记录，并附病料送检单。病料包装要求安全稳妥，对于危险材料、怕热或怕冻的材料要分别采取措施。一般供病原学检验的材料怕热，供病理学检验的材料怕冻。前者应放入加有冰块的保温瓶内送检，如无冰块，可在保温瓶内放入氯化铝 450~500g，加水 1 500mL，上层放病料，这样能使保温瓶内保持 0℃达 24h。包装好的病料要尽快运送，长途以空运为宜。

（二）细菌学检验

1. 涂片镜检

将病料涂于清洁无油污的载玻片上，干燥后在酒精灯火焰上固定，选用单染色法（如美蓝染色法）、革兰氏染色法、抗酸染色法或其他特殊染色法染色镜检，根据所观察到的细菌形态特征，作出初步诊断或确定进一步检验的步骤。

2. 分离培养

根据所怀疑传染病病原菌的特点，将病料接种于适宜的细菌培养基上，在一定温度（常为 37℃）下进行培养，获得纯培养苗后，再用特殊的培养基培养，进行细菌的形态学、培养特征、生化特性、致病力和抗原特性鉴定。

3. 动物试验

用灭菌生理盐水将病料做成 1∶10 悬液，或利用分离培养获得的细菌液感染试验动物，如小白鼠、大白鼠、豚鼠、家兔等。感染方法可用皮下、肌内、腹腔、静脉或脑内注射。感染后按常规隔离饲养管理，注意观察，有时还须对某种试验动物测量体温；如有死亡，应立即进行剖检及细菌学检查。

（三）病毒学检验

1. 样品处理检验

病毒的样品，要先除去其中的组织和可能污染的杂菌。其方法是以无菌手段取出病料组织，用磷酸缓冲液反复洗涤 3 次，然后将组织剪碎、研细，加磷酸缓冲液制成 1∶10 悬液（血液或渗出液可直接制成 1∶10 悬液），以 2 000~3 000r/min 的速度离心沉淀 15min，取出上清液，每毫升加入青霉素和链霉素各 1 000 单位，置冰箱中备用。

2. 分离培养

病毒不能在无生命的细菌培养基上生长，因此，要将样品接种到鸡胚或细胞培养物上进行培养。对分离到的病毒，用电子显微镜检查、血清学试验及动物试验等方法进行理化学和生物学特性的鉴定。

3. 动物试验

将上述方法处理过的待检样品或经分离培养得到的病毒液，接种易感动物，其方法与细菌学检验中的动物试验相同。

（四）寄生虫病检验

羊寄生虫病的种类很多，但其临床症状除少数外都不够明显。因此，羊寄生虫病的生前诊断往往需要进行实验室检验。常用的方法有以下几种。

1. 粪便检查

羊患蠕虫病以后，其粪便中可排出蠕虫的卵、幼虫、虫体及其片段，某些原虫的卵囊、包囊也可通过粪便排出。因此，粪便检查是寄生虫病生前诊断的一个重要手段。检查时，粪便应从羊的直肠挖取，或用刚刚排出的粪便。检查粪便中虫卵常用的方法如下。

（1）直接涂片法　在洁净无油污的载玻片上滴 1～2 滴清水，用火柴棒蘸取少量粪便放入其中，涂匀，剔去粗渣，盖上盖玻片，置于显微镜下检查。此法快速简便，但检出率很低，最好多检查几个标本。

（2）漂浮法　取羊粪 10g，加少量饱和盐水，用小棒将粪球捣碎，再加几倍量的饱和盐水搅匀，以 60 目铜筛过滤，静置 30min，用直径 5～10mm 的铁丝圈，与液面平行接触，蘸取表面液膜，抖落于载玻片上并覆盖盖玻片，置于显微镜下检查。该法能查出多数种类的线虫卵和一些绦虫卵，但对相对密度大于饱和盐水的吸虫卵和棘头虫卵，效果不大。

（3）沉淀法　取羊粪 5～10g，放在 200mL 容量的烧杯内，加入少量清水，用小棒将粪球捣碎，再加 5 倍量的清水调制成糊状，用 60 目铜筛过滤，静置 15min，弃去上清液，保留沉渣。再加满清水。静置 15min，弃去上清液，保留沉渣。如此反复 3～4 次，最后将沉渣涂于载玻片上，置显微镜下检查。此法主要用于诊断虫卵相对密度大的羊吸虫病。

2. 虫体检查

（1）蠕虫虫体检查　将羊粪数克盛于盆内，加 10 倍量生理盐水，搅拌均匀，静置沉淀 20min，弃去上清液。再于沉淀物中重新加入生理盐水，搅匀，静置后弃去上清液；如此反复 2～3 次。最后取少量沉淀物置于黑色背景上，用放大镜寻找虫体。

（2）蠕虫幼虫检查法　取羊粪球 3～10 个，放在平皿内，加入适量 40℃ 的温水，10～15min 后取出粪球，将留下的液体放在低倍显微镜下检查。蠕虫幼虫常集中于羊粪球表面，易于从粪球表面转移到温水中而被检查出来。

（3）螨检查法　在羊体患部，先去掉干硬痂皮，然后用小刀刮取一些皮屑，放在烧杯内，加适量的10%氢氧化钾溶液，微微加温，20min后待皮屑溶解，取沉渣镜检。

（五）血常规检查

目前血常规检验已成为兽医临床医生最常用的实验室诊断手段之一。血常规检验是指对血液中有形成分（如红细胞、白细胞、血小板等指标）进行质和量的分析，也是为动物血液病及相关系统疾病的诊断和鉴别提供重要信息的途径之一。临床上可使用血常规分析仪进行检测，具有重复性强、方便、快捷、高效等特点。

第二节　羊病的治疗

一、保定

在了解羊的习性的基础上，视个体情况，尽可能在其自然状态进行检查。必要时，可采取一定的保定措施，以便于检查和处理，保证人、畜安全。接近羊只时，要胆大、心细、温和、注意安全。检查者应先向其发出欲接近的信号，然后从其侧前方徐徐接近。接近后，可用手轻轻抚摸其颈部或臀部，使其保持安静、温顺状态。

（一）物理保定法

1. 握角骑跨夹持保定法

保定者两手握住羊的两角或头部，骑跨羊身，以大腿内侧夹持羊两侧胸壁即可保定。适用于临床检查或治疗时的保定。

2. 两手围抱保定法

保定者从羊胸侧用两手分别围抱其前胸或股后部加以保定。羔羊保定时，保定者坐着抱住羔羊，羊背向保定者，头朝上，臀部向下，两手分别握住前后肢。适用于一般检查或治疗时的保定。

3. 侧卧保定法

保定大羊时，保定者俯身从对侧一手抓住羊两前肢系部或一前肢臂部，另一手抓住腹肋部膝袋处搬到羊体，然后，另一手改为抓住两后肢系部，前后一起按住即可。为了保定牢靠，可用绳将四肢捆绑在一起。适用于治疗或简单手术时的保定。

4. 倒立式保定法

保定者骑跨在羊颈部，面向后，两腿夹紧羊体，弯腰用手将两后肢提起。适用于阉割、后躯检查等。

根据不同的检查需要，也可以采取单人徒手保定法、双人徒手保定法、栏架保定法和手术床保定法等。

（二）化学保定法

又称化学药物麻醉保定法。指应用化学试剂，使动物暂时失去运动能力，以便于人们对其接近捕捉、运输和诊治的一种保定方法。羊常用的药物和剂量（mg/kg 体重）为：静松灵 1.3~3，氯胺酮 20~40，司可林（氯化琥珀胆碱）2。化学保定剂一般作肌内注射，剂量一定要计算准确。

二、注射

注射法是将灭过菌的液体药物，用注射器注入羊的体内。注射前，要将注射器和针头用清水洗净，煮沸 30min。注射器吸入药液后要直立推进注射器活塞排除管内气泡，准备注射。

（一）皮下注射

是将药液注射到羊的皮肤和肌肉之间。羊的注射部位是在颈部或股内侧皮肤松软处。注射时，先将注射部位的毛剪净，涂上碘酒，用左手捏起注射部位皮肤，右手持注射器，将针头斜向刺入皮肤，如针头能左右自由活动，即可注入药液；注毕拔出针头，在注射点上涂擦碘酒。凡易于溶解又无刺激性的药物及疫苗等，均可进行皮下注射。

（二）肌内注射

是将灭菌的药液注入肌肉比较多的部位。羊的注射部位是在颈部。注射方法基本上与皮下注射相同，不同之处是，注射时以左手拇、食指成“八”字形压住所要注射部位的肌肉，右手持注射器将针头向肌肉组织内垂直刺入，即可注药。一般刺激性小、吸收缓慢的药液，如青霉素等，均可采用肌内注射。

（三）静脉注射

是将灭菌的药液直接注射到静脉内，使药液随血流很快分布到全身，迅速产生药效。羊的注射部位是颈静脉。注射方法是将注射部位的毛剪净，涂上碘酒，先用左手按压静脉靠近心脏的一端，使其怒张，右手持注射器，将针头向上刺入静脉内，如有血液回流，则表示已插入静脉内，然后用右手推动活塞，将药液注入；药液注射完毕后，左手按住刺入孔，右手拔针，在注射处涂擦碘酒即可。如药液量大，也可使用输液管，其注射分两步进行：先将针头刺入静脉，再接上输液管。凡输液（如生理盐水、葡萄糖溶液等）以及药物刺激性大，不宜皮下或肌内注射的药物（如九一四、氯化钙等），多采用静脉注射。

（四）气管注射

将药液直接注入气管内。注射时，多取侧卧保定，且头高臀低；将针头穿过气管软骨环之间，垂直刺入，摇动针头，若感觉针头确已进入气管，接上注射器，抽动活塞，见有气泡，即可将药液缓缓注入。如欲使药液流入两侧肺中，则应注射两次，第二次注射时，须将羊翻转，卧于另一侧。本法适用于治疗气管、支气管和肺部疾病，也常用于肺部驱虫（如羊肺线虫病）。

（五）皮内注射

主要用于皮内变态反应诊断，常在羊的颈部两侧部位，局部剪毛，碘酊消毒后，使用小号针头，以左手大拇指和食指、中指绷紧皮肤，右手持注射器，使针头几乎与注射部位的皮面呈平行方向刺入，至针头斜面完全进入皮内后，放松左手，以针头与针筒交接处压迫固定针头，右手注入药液，至皮肤表面形成一个小圆形丘疹即可。

（六）瘤胃穿刺注药法

当羊发生瘤胃臌气时可采用本法。当羊发生瘤胃臌气时，可采用本法。穿刺部位是在左肷窝中央臌气最高的部位。其方法为局部剪毛，碘酒消毒，将皮肤稍向上移，然后将套管针或普通针头垂直地或朝右肘头方向刺入皮肤及瘤胃壁，气体即从针头排出，然后拔出针头，碘酒消毒即可。必要时可从套管针孔注入防腐剂或消沫药。

三、给药

（一）口服给药法

1. 混饲给药

将药物均匀混入饲料中，让羊吃料时能同时吃进药物。此法简便易行，适用于长期投药，不溶于水的药物用此法更为恰当。应用此法时要注意药物与饲料的混合必须均匀，并应准确掌握饲料中药物所占的比例。为保证均匀混合，可先将所需药物混入少量饲料中，然后将这些饲料再混入全部饲料中，用铁锨反复拌匀。有些药适口性差，混饲给药时要少添多喂。

2. 混水给药

将药物溶解于水中，让羊只自由饮用。有些疫苗也可用此法投服。对患病不能进食但还能饮水的羊，此法尤其适用。采用此法须注意根据羊可能饮水的量，来计算药量与药液浓度。在给药前，一般应停止饮水半天，以保证每只羊都能饮到一定量的水。所用药物应易溶于水。有些药物在水中时间长会变质，此时应限时饮用药液，以防止药物失效。

3. 长颈瓶给药法

当给羊灌服稀药液时，可将药液倒入细口长颈的玻璃瓶、塑料瓶或一般的酒瓶中，抬高羊的嘴巴，给药者右手拿药瓶，左手用食、中二指自羊右口角伸入口内，轻轻压迫舌头，羊口即张开；然后，右手将药瓶口从左口角伸入羊口中，并将左手抽出，待瓶口伸到舌头中段，即抬高瓶底，将药液灌入。

4. 药板给药法

专用于给羊服用舔剂。舔剂不流动，在口腔中不会向咽部滑动，因而不致发生误咽。给药时，用竹制或木制的药板。给药者站在羊的右侧，左手将开口器放入羊口中，右手持药板，用药板前部刮取药物，从右口角伸入口内到达舌根部，将药板翻转，轻轻按压，并向后抽出，将药抹在舌根部，待羊下咽后，再抹第二次，如此反复进行，直到把药给完。

（二）胃管给药法

1. 经鼻腔插入

先将胃管插入鼻孔，沿下鼻道慢慢送入，到达咽部时，有阻挡感觉，待羊进行吞咽动作时趁机送入食道，如不吞咽，可轻轻来回抽动胃管，诱发吞咽。胃管通过咽部后，如进入食道，继续深送会感到稍有阻力，这时要向胃管内用力吹气，如见左侧颈沟有起伏，表示胃管已进入食道。如胃管误入气管，多数羊会表现不安，咳嗽，继续深送，毫无阻力，向胃管吹气，左侧颈沟看不到波动，用手在左侧颈沟胸腔入口处摸不到胃管，同时胃管末端有与呼吸一致的气流出现。此时应将胃管抽出，重新插入。如胃管已入食道，继续深送，即可到达胃内，此时从胃管内排出酸臭气味，将胃管放低时则流出胃内容物。

2. 经口腔插入

先装好木质开口器，用绳固定在羊头部，将胃管通过木质开口器的中间孔，沿上颚直插入咽部，借吞咽动作胃管可顺利进入食道，继续深送，胃管即可到达胃内。胃管插入正确后，即可接上漏斗灌药。药液灌完后，再灌少量清水，然后取掉漏斗，往胃管内吹气，使胃管内残留的液体完全入胃，然后折叠胃管，慢慢抽出。该法适用于灌服大量水剂及有刺激性的药液。患有咽炎、咽喉炎和咳嗽严重的病羊，不可用胃管灌药。

四、药浴

药浴是羊饲养管理上的一项重要工作。为预防和驱除羊体外寄生虫，避免疥癣发生，每年应在羊剪毛后 10d 左右，彻底药浴 1 次。

（一）常用的药浴液

敌百虫（2%溶液）、速灭杀丁（80～200mg/L）、溴氰菊酯（50～80mg/L），

也可用石硫合剂（生石灰7.5kg、硫黄粉末12.5kg，加水150kg拌成糊状、煮沸，边煮边拌，煮至浓茶色为止，沥去沉渣，取上清液加温水500kg即可）。也可用50%的锌硫磷乳油，这是一种新的低毒高效农药，效果很好。配制方法是，100kg水加50g锌硫磷乳油，有效浓度为0.05%，水温为25~30℃，洗1~2min。每50g乳油可药浴14只羊，第1次洗过后1周，再洗1次即可。

（二）药浴方法

1. 盆浴

盆浴的器具可用木桶或水缸等，先按要求配制好浴液（水温在30℃左右）。药浴时，最好由两人操作，一人抓住羊的两前肢，另一人抓住羊的两后肢，让羊腹部向上。除头部外，将羊体在药液中浸泡2~3min；然后，将头部急速浸2~3次，每次1~2s即可。

2. 池浴

此方法需在特设的药浴池里进行。最常用的药浴池为水泥建筑的沟形池，进口处为一广场，羊群药浴前集中在这里等候。由广场通过一狭道至浴池，使羊缓缓进入。浴池进口做成斜坡，羊由此滑入，慢慢通过浴池。池深1m多，长10m，池底宽30~60cm，上宽60~100cm，羊只能通过而不能转身即可。药浴时，人站在浴池两边，用压扶杆控制羊，勿使其漂浮或沉没。羊群浴后应在出口处（出口处为一倾向浴池的斜面）稍作停留，使羊身上流下的药液回流到池中。

3. 淋浴

在特设的淋浴场进行，优点是容量大、速度快、比较安全。淋浴前先清洗好淋浴场，并检查确保机械运转正常即可试淋。淋浴时，将羊群赶入淋浴场，开动水泵喷淋。经3min左右，全部羊只都淋透全身后关闭水泵。将淋过的羊赶入滤液栏中，经3~5min后放出。池浴和淋浴适用于有条件的羊场和大的专业户；盆浴则适于养羊少，羊群不大的养羊户使用。

五、灌肠

是将药物配成液体，直接灌入直肠内。羊可用小橡皮管灌。先将直肠内的粪便清除，然后在橡皮管前端涂上凡士林，缓慢插入直肠内，把连接橡皮管的盛药容器提高到羊的背部以上。灌肠完毕后，拔出橡皮管，用手压住肛门或拍打尾根部。灌肠的温度应与体温一致。

六、去势

凡不作种用的公羔在出生后2~3周应去势。给羊去势的方法大体有4种。

（一）手术切除法

操作时将公羔半仰半蹲地保定在木凳上，用左手将羊的睾丸挤到其阴囊底部，右手持消过毒的手术刀在羊的阴囊底部做一切口，切口长度以能挤出睾丸为度，轻轻挤出两侧睾丸，撕断精索。也可以在羊阴囊的侧下方切口，挤出一侧睾丸后将阴囊的纵隔从内部切开，再挤出另一侧睾丸，然后将伤口用碘酊消毒或撒上磺胺粉，让其自愈。

（二）结扎法

先将公羔的睾丸挤到阴囊底部，然后用橡皮筋或细绳将阴囊的上部紧紧扎住，以阻断血液流通。经过10~15d，其睾丸及阴囊便自行萎缩脱落。此法简单易行、无出血、无感染。

（三）去势钳法

使用专用的去势钳在公羔的阴囊上部将精索夹断，睾丸便逐渐萎缩。该方法快速有效，但操作者要有一定的经验。

（四）药物去势法

操作人员一手将公羔的睾丸挤到阴囊底部，并对其阴囊顶部与睾丸对应处消毒，另一手拿吸有消睾注射液的注射器，从睾丸顶部顺睾丸长径方向平行进针，扎入睾丸实质，针尖抵达睾丸下1/3处时慢慢注射。边注射边退针，使药液停留于睾丸中1/3处。依同法做另一侧睾丸注射。公羔注射后的睾丸呈膨胀状态，所以切勿挤压，以防药物外溢。药物的注射量为0.5~1mL/只，注射时最好用9号针头。

七、穿刺

穿刺术是使用特制的穿刺器具（如套管针、肝脏穿刺器、骨髓穿刺器等），刺入病畜体腔、脏器或髓腔内，排除内容物或气体，或注入药液以达到治疗目的。也可通过穿刺采取病畜体某一特定器官或组织的病理材料。提供实验室可检病料，有助于确诊。但是，穿刺术在实施中有损伤组织，并有引起局部感染的可能，故应用时必须慎重。

应用穿刺器具均应严密消毒，干燥备用。在操作中要严格遵守无菌操作和安全措施才能取得良好的结果。手术动物一般站立保定，必要时可行侧卧保定。手术部位剪毛、消毒。

（一）瘤胃穿刺法

瘤胃穿刺用于瘤胃急性臌气时的急救排气和向瘤胃注入药液。

1. 穿刺部位

在左侧肷窝部，由髋结节向最后肋骨所引水平线的中点，距腰椎横突10~12cm处。也可选在瘤胃隆起最高点穿刺。

2. 穿刺方法

羊可用一般静脉注射针头，或用细套管针。术部剪毛消毒。右手持注射针头或套管针向对侧肘头方向迅速刺入 10~12cm。左手按压固定针头或套管，拔出内针，用手指不断堵住管口，间歇放气，使瘤胃内的气体间断排出。若套管堵塞，可插入内针疏通。气体排出后，为防止复发，可经针头或套管向瘤胃内注入止酵剂和消沫剂。注完药液插入内针，同时用力压住皮肤，拔出针头或套管针，局部消毒，必要时以碘仿火棉胶封闭穿刺孔。

在紧急情况下，无套管针或注射针头时可就地取材（如竹管、鹅翎等）进行穿刺，以挽救病畜生命，然后再采取抗感染措施。

3. 注意事项

放气速度不宜过快，防止发生急性脑贫血，造成虚脱。同时注意观察病畜的表现，根据病情，为了防止臌气继续发展，避免重复穿刺，可将套管针固定，留置一定时间后再拔出；穿刺和放气时，应注意防止针孔局部感染；因放气后期往往伴有泡沫样内容物流出，污染套管口周围并易流进腹腔而继发腹膜炎；经套管注入药液时，注药前一定要确切判定套管仍在瘤胃内后，方能注入。

（二）膀胱穿刺法

当尿道完全阻塞发生尿闭时，为防止膀胱破裂或尿中毒，进行膀胱穿刺排出膀胱内的尿液，进行急救治疗。

1. 穿刺部位

羊在后腹部耻骨前缘，触摸有膨满弹性感。即为术部。

2. 穿刺方法

侧卧保定，将左或右后肢向后牵引转位，充分暴露术部，于耻骨前缘触摸膨满波动最明显处，左手压迫，右手持连有长橡胶管的针头向后下方刺入，并固定好针头，待排完尿液，拔出针头，术部消毒，涂火棉胶。

3. 穿刺注意事项

针刺入膀胱后，应很好地握住针头，防止滑脱。若进行多次穿刺时，易引起腹膜炎和膀胱炎，宜慎重。

（三）胸腔穿刺法

主要用于排出胸腔的积液、血液，或洗涤胸腔及注入药液进行治疗。也可用于检查胸腔有无积液，并采取胸腔积液，从而鉴别其性质，以助于诊断。

1. 穿刺部位

羊在右侧第 6 肋间，左侧第 7 肋间。具体位置在与肩关节引水平线相交点的下方 2~3cm 处，胸外静脉上方约 2cm 处。

2. 穿刺方法

准备好套管针或 10～16 号长针头，胸腔洗涤剂（如 0.1%利凡诺溶液、0.1%高锰酸钾溶液）、生理盐水（加热至体温程度）、输液瓶等。左手将术部皮肤稍向上方移动 1～2cm，右手持套管针用指头控制于 3～5cm 处，在靠近肋骨前缘垂直刺入。穿刺肋间肌时有阻力感，当阻力消失而有空虚时，表明已刺入胸腔内，左手把持套管，右手拔去内针，即可流出积液或血液，放液时不宜过急，应用拇指不断堵住套管口，作间断地放出积液，预防胸腔减压过急，影响心肺功能。如针孔堵塞不流时，可用内针疏通，直至放完为止。

有时放完积液之后，需要洗涤胸腔，可将消毒药液装入接有橡胶管的输液瓶，连结输液瓶胶管，高举输液瓶，药液即可流入胸腔，然后将其放出。如此反复冲洗 2～3 次，最后注入治疗性药物。消毒药液量少时也可用注射器进行冲洗。操作完毕，插入内针，拔出套管针，使局部皮肤复位，术部涂碘酊，以碘仿火棉胶封闭穿刺孔。

3. 注意事项

穿刺或排液过程中，应注意防止空气进入胸腔内。排出积液和注入洗涤剂时应缓慢进行，洗涤剂的量不能过多，并加温，同时注意观察病畜有无异常表现。穿刺时需注意防止损伤肋间血管与神经。刺入时，应以手指控制套管针的刺入深度，以防过深刺伤心肺。穿刺过程遇有出血时，应充分止血，改变位置再行穿刺。

（四）腹腔穿刺

腹腔穿刺用于排出腹腔的积液和洗涤腹腔，以及注入药液进行治疗。或采取腹腔积液，以助于胃肠破裂、肠变位、内脏出血、腹膜炎等疾病的鉴别诊断。

1. 穿刺部位

羊在脐与膝关节连线的中点。

2. 穿刺方法

术者蹲下，左手稍移动皮肤。右手控制套管针（或针头）的深度，由下向上垂直刺入 3～4cm。其余的操作方法同胸腔穿刺。当洗涤腹腔时，羊在右侧肷窝中央，右手持针头垂直刺入腹腔，连接输液瓶胶管或注射器，注入药液，再由穿刺部排出，如此反复冲洗 2～3 次。

3. 穿刺注意事项

刺入深度不宜过深，以防刺伤肠管。穿刺位置应准确，保定要安全。其他参照胸腔穿刺的注意事项。

八、冲洗

（一）洗眼法

1. 应用

主要用于结膜、角膜炎症和各种眼病治疗。

2. 用具

洗眼用器械：冲洗器、洗眼瓶、胶帽吸管等，也可用20mL注射器代用；常备点眼药或洗眼药：0.1%盐酸肾上腺素溶液、3.5%盐酸可卡因溶液、0.5%阿托品溶液、0.5%硫酸锌溶液、2%～4%硼酸溶液、1%～3%蛋白银溶液、0.01%～0.03%高锰酸钾溶液及生理盐水等。

3. 方法

柱栏内站立保定好动物，固定头部，用一手拇指与食指翻开上下眼睑，另一手持冲洗器（洗眼瓶、注射器等），使其前端斜向内眼角，徐徐向结膜上灌注药液冲洗眼内分泌物。或用细胶管由鼻孔插入鼻泪管内，从胶管游离端注入洗眼药液，更有利于洗去眼内的分泌物和异物。如冲洗不彻底时，可用硼酸棉球轻拭结膜囊。洗净后，左手拿点眼药瓶，靠在外眼角眶上斜向内眼角，将药液滴入眼内，闭合眼睑，用手轻轻按摩1～2次，以防药液流出，并促进药液在眼内扩散。如用眼膏时，可用玻璃棒一端蘸眼膏，横放在上下眼睑之间闭合眼睑，抽去玻璃棒，眼膏即可留在眼内，用手轻轻按摩1～2次，以防流出。或直接将眼膏挤入结膜囊内。

4. 注意事项

防止动物骚动，点药瓶或洗眼器与病眼不能接触。与眼球不能成垂直方向，以防感染和损伤角膜。点眼药或眼膏应准确点入眼内，防止流出。

（二）口腔冲洗法

口腔冲洗法主要用于口炎、舌及牙齿疾病的治疗，有时也用于冲出口腔的不洁物。

1. 用具

大动物用橡皮管连接漏斗或注射器连接橡胶管，中、小动物可用吸管或不带针头的注射器。冲洗剂可用自来水或收敛剂、低浓度防腐消毒药等。

2. 方法

大动物站立保定，使病畜头部稍低并确实固定。中、小动物侧卧保定，使头部处于低位。术者一手持橡胶管一端（或注射器）从口角伸入口腔，并用手固定在口角上，另一只手将装有冲洗药液的漏斗举起（或推注），药液即可流入口腔进行冲洗。

3. 注意事项

冲洗药液根据需要，可稍加温防止过凉。插进口腔内的胶管，不宜过深，以防误咬和咬碎。

（三）导胃与洗胃法

导胃与洗胃法用于瘤胃积食或瘤胃酸中毒时排除胃内容物，以及排除胃内毒物，或吸取胃液供实验室检查等。

1. 用具及药品

导胃用具同胃管给药，但应用较粗胃管。洗胃应用36~39℃温水，此外根据需要可用2%~3%碳酸氢钠溶液、1%~2%食盐水、0.1%高锰酸钾溶液等。还应备吸球。

2. 方法

基本同胃管投药。动物站立或倒卧保定。先用胃管测量到胃内的长度（羊从唇至倒数第二肋骨）并做好标记，装好开口器，固定好头部。从口腔徐徐插入胃管，到胸腔入口及贲门处时阻力较大，应缓慢插入，以免损伤食管黏膜。必要时可灌入少量温水，待贲门弛缓后，再向前推送入胃。胃管前端经贲门到达胃内后，阻力突然消失，此时可有酸臭味气体或食糜排出。如不能顺利排出胃内容物时，装上漏斗，每次灌入温水或其他药液100~2 000mL。将头低下，利用虹吸原理，高举漏斗，不待药液流尽，随即放低头部和漏斗，或用吸球反复抽吸，以吸出胃内容物，如此反复多次，逐渐排出胃内大部分内容物，直至病情好转为止。冲洗完之后，缓慢抽出胃管，解除保定。

3. 注意事项

操作中要注意安全，使用的胃管要根据动物的大小选定，胃管长度和粗细要适宜。瘤胃积食宜反复灌入大量温水，方能洗出胃内容物。

（四）阴道及子宫冲洗法

阴道及子宫冲洗法用于阴道炎和子宫内膜炎的治疗，主要为了排出阴道或子宫内的炎性分泌物，促进黏膜修复，尽快恢复生殖机能。

1. 用具及药品

子宫洗涤用的输液瓶，洗净消毒。冲洗溶液为微温生理盐水、5%~10%葡萄糖溶液、0.1%利凡诺溶液，以及0.1%或0.5%高锰酸钾溶液等，还可用抗生素及磺胺类制剂。

2. 方法

充分洗净外阴部，术者手及手臂常规消毒。而后，术者手握输液瓶或漏斗所连接的长胶管。徐徐插入子宫颈口，再缓慢导入子宫内，提高输液瓶或漏斗，药液可通过导管流入子宫内，待输液瓶或漏斗中的冲洗液快流完时，迅速把输液瓶或漏斗放低，借虹吸作用使子宫内液体自行排出。如此反复冲洗 2~3 次，直至流出的液体与注入的液体颜色基本一致为止。

阴道的冲洗，把导管的一端插入阴道内，提高漏斗，冲洗液即可流入，借病畜努责冲洗液可自行排出，如此反复洗至冲洗液透明为止。阴道或子宫冲洗后，可放入抗生素或其他抗菌消炎药物。

3. 注意事项

操作认真，防止粗暴，特别是插入导管时更需谨慎，预防子宫壁穿孔；严格遵守消毒规则。子宫积脓或子宫积水的病例，应先将子宫内积液排出之后，再进行冲洗；不得应用强刺激性或腐蚀性的药液冲洗。注入子宫内的冲洗药液，尽量充分排出，必要时可按压腹壁促使排出，以防子宫积液。

（五）尿道及膀胱冲洗法

尿道及膀胱冲洗法用于尿道炎及膀胱炎的治疗，或采尿液供化验诊断。本法对于母畜较易操作，对公畜操作难度较大。

1. 用具及药品

根据动物种类、性别备用不同类型的导尿管。用前将导尿管放在 0.1%高锰酸钾溶液温水中浸泡 5~10min，前端蘸液体石蜡。冲洗药液宜选择刺激性小或腐蚀性小的消毒、收敛剂。常用的有生理盐水、2%硼酸溶液、0.1%~0.5%高锰酸钾溶液、1%~2%石炭酸溶液或 0.1%~0.2%利凡诺溶液等。此外，也常用抗生素及磺胺制剂的溶液（冲洗药液的温度要与体温一致）。备好注射器与洗涤器。术者的手，病畜的外阴部及公畜阴茎，尿道口要清洗消毒。

2. 方法

（1）母羊膀胱冲洗　羊侧卧保定，助手将尾巴拉向一侧或吊起。术者将导尿管握于掌心，前端与食指同长，呈圆锥形伸入阴道，先用手指触摸尿道口，轻轻刺激或扩张尿道口，伺机插入导尿管，徐徐推进，当进入膀胱后，则无阻力，尿液自然流出。排完尿后，导尿管另一端连接洗涤器或注射器，注入冲洗药液，反复冲洗，直至排出药液透明为止。最后将膀胱内药液排净。当触摸识别尿道口有困难时，可用开膣器开张阴道，即可看到阴道腹侧的尿道口。

（2）公羊膀胱冲洗　用速眠新麻醉病羊后仰卧于操作台上保定。挤压病羊包皮，使龟头暴露在外，用消毒纱布包住龟头，用 0.1%新洁尔灭洗尿道外口，用医用专用导尿管，直径约为 1.5mm，从尿道口缓缓插入，插入至“S”状弯曲部前缘时常发生困难，可用手指隔着皮肤向深部压迫，迫使导尿管末端进入膀胱，一旦进入膀胱内，尿液即从导尿管流出。冲洗方法与母畜相同，导尿或冲洗完之后，还可注入治疗药液，而后除去导尿管。

3. 注意事项

插入时，导尿管前端宜涂润滑剂，以防损伤尿道黏膜，防止粗暴操作，以免损伤尿道黏膜或造成膀胱壁的穿孔。

九、驱虫

羊的寄生虫病较常见，患病羊往往食欲降低，生长缓慢，消瘦，毛皮质量下降，抵抗力减弱，重者甚至死亡，给养羊业带来严重的经济损失。为了防止体内寄生虫病的蔓延，每年春秋两季要进行驱虫。驱虫后 1~3d，要安置羊群在指定羊舍和牧地放牧，防止寄生虫及其虫卵污染羊舍和干净牧地。3~4d 后即可转移到一般羊舍和草场。

常用的驱虫药物有四咪唑、驱虫净、丙硫咪唑。丙硫咪唑是一种广谱、低毒、高效的驱虫药，每千克体重的剂量为 15mg，对线虫、吸虫、绦虫等都有较好的治疗效果。为防止寄生虫病的发生，平时应加强对羊群的饲养管理。注意草料卫生，饮水清洁，避免在低洼或有死水的牧地放牧。同时结合改善牧地排水，用化学及生物学方法消灭中间宿主。多数寄生虫卵随粪便排出，故对粪便要发酵处理。

十、剖腹探查及单侧子宫角摘除术

近年来，随着母羊产羔水平逐渐提高（2~5 羔），随之而来的母羊难产、胎儿滞留、子宫糜烂破裂的病例逐渐增多。发病母羊表现精神萎顿、喜卧、食欲减退至废绝、反刍减少或停止等一系列临床症状，最后死亡。但如果能及时确诊和手术治疗，也能取得满意效果。

1. 麻醉

采用静松灵注射液按每千克体重 2mL，肌内注射进行麻醉。

2. 术前准备

将羊半仰卧于手术台上保定，术区剪毛，剃毛，清洗，常规消毒，切口选腹中线偏左侧 3~5cm 处，长约 10cm 左右，平行于腹中线。

3. 手术通路

切开腹腔，摘除病变器官、组织。

（1）术部常规严密消毒，用创布隔离。

（2）笔式持刀沿预定手术切口线切开皮肤 10~12cm，依次切开肌肉、筋膜，至腹膜，用纱布随时压迫止血，剪开腹膜并扩大至所需长度。此时，一股带有恶臭、浅黄褐色的腹水流出，排净污水，用温生理盐水冲洗后手伸进腹腔进行探查，子宫已破。

（3）在切口上方摸出已腐败的胎儿后肢，由于切口不便于操作，临时决定做一个“丁”字切口，用创布盖住下部切口，常规处理后，切开各层组织，随后取出腐败的胎儿，发现子宫已腐烂且与大网膜粘连，导致网膜增生局部腐败，为根治起见，施行第二步手术，即腐烂网膜及一侧子宫角摘除。

（4）用温生理盐水冲洗后，取肠钳夹住子宫角健康部，剪去腐烂部，用肠线取单层连续缝合子宫角。

（5）缝完后用温生理盐水冲洗，并摘除粘连在肠管上的腐烂网膜，缝合健康的网膜，并将肠管、网膜复位，彻底用温生理盐水清洗腹腔，投放青霉素 240 万单位，链霉素 200 万单位。

（6）闭合腹腔，采用腹膜、肌肉、皮肤常规分层缝合，腹壁创口缝合完毕后用红霉素软膏涂布，结系绷带隔离手术创、术毕。

4. 术后用药及护理

（1）术后用药　苏醒灵 1 支，破伤风抗毒素血清 3 支，止血敏 2 支，肌内注射；静脉注射，生理盐水 500mL，青霉素 640 万单位。

（2）术后护理　术后羊单独饲养，同时配合全身应用抗生素 5~7d，以控制感染，且 18~24h 禁食，3~4d 后慢慢恢复喂正常食物。

十一、剖腹产

当临产母羊子宫颈扩张不全或子宫颈闭锁，胎儿不能产出，或骨骼变形，致使骨盆腔狭窄，胎儿不能正常通过产道而造成难产时，可进行剖腹产。

母羊用二甲苯胺噻唑肌内注射进行麻醉，每千克体重 0.2~0.6mg。

（一）剖腹产的步骤

手术部位在乳静脉右外侧约 2~3cm，距乳房 2cm 腹下切口，长度可以取出胎儿为宜。具体步骤为如下。

1. 切开腹壁

切开腹壁 15~20cm 的切口，开腹后如腹压较高，助手可用大块纱布或手，覆盖压迫切口两侧，防止网膜及肠管脱出。

2. 拉出子宫

双手伸入腹腔，拨开网膜与肠管，摸到孕角，再将手伸入子宫下，隔着子宫壁握住胎儿弯曲的两前肢腕部，缓慢地将子宫角大弯的一部分及胎儿拉至切口外约 5~6cm，然后在子宫和切口之间塞上大块生理盐水纱布，或在一块薄塑料布上，中央作一切口，套在拉出的子宫角上，而后将切口边缘缝在子宫切线的周围，以防肠管脱出和胎水流入腹腔。

3. 切开子宫

沿子宫角大弯避开母体子叶切开 10~15cm，一般活胎儿切口出血较多，要边切边止血，防止失血过多。

4. 取出胎儿

切开子宫后，助手固定子宫切口两侧，术者撕破胎膜，排出胎水，严防流入腹腔，然后用手握头及前肢慢慢拉出胎儿，扯断脐带，交助手处理。

5. 剥离胎衣

羊的胎儿胎盘和母体粘连紧密，剥离时要慢慢进行，防止强行拉扯，必要时可注射脑垂体后叶素。

6. 缝合子宫

先把子宫内胎水洗净，再用青霉素生理盐水洗净切口，防止强行拉扯，速用螺旋形缝合法缝合子宫切口全层，缝到最后 1~2 针时，要向子宫内撒四环素粉 2g 或金霉素胶囊 2~3 个。最后用伦贝特氏或库兴氏缝合法，缝合子宫浆膜及肌层，用温生理盐水充分洗净子宫壁，再于切口上涂油剂青霉素，将子宫送回腹腔复位。

7. 缝合腹壁

（二）剖腹产的注意事项

由于本手术所用器械数量较多，故在术前术后都必须清点器械数目，以免术后遗留于腹腔或子宫内，造成不良后果。

操作时，要胆大心细，彻底止血，迅速准确，严密消毒，同时注意观察病畜变化，必要时可进行强行输液。

术后指定专人负责检查病畜全身情况，必要时给以静注 5%葡萄糖氯化钠液或抗生素等疗法，同时注意术部的清洁，防止感染，争取术后第一期愈合。

第三节　羊场常用药物的合理使用

一、常用药物的分类与保存

（一）常用药物的分类

1. 抗微生物药

青霉素、红霉素、庆大霉素，氟哌酸、环丙沙星等。

2. 驱虫药

盐酸噻咪唑（驱虫净）、丙硫咪唑、敌敌畏、阿维菌素等。

3. 作用于消化系统的药物

健胃药、促反刍药及止酵药，如马钱子酊、胃蛋白酶、干酵母、鱼石脂等；泻药、止泻药及解痉药，如硫酸钠、硫酸镁、液体石蜡、活性炭等。

4. 作用于呼吸系统的药物

氯化铵、咳必清、复方甘草片、氨茶碱等。

5. 作用于泌尿、生殖系统的药物

利尿酸、乌洛托品、绒毛膜促性腺激素、黄体酮、催产素等。

6. 作用于心血管系统的药物

安钠咖、安络血、仙鹤草素等。

7. 镇静与麻醉药

盐酸普鲁卡因等。

8. 解热镇痛抗风湿药

氨基比林、安痛定、安乃近等。

9. 体液补充剂

葡萄糖、氯化钠、氯化钙、葡萄糖酸钙、碳酸氢钠等。

10. 解毒药

阿托品、碘解磷定等。

11. 消毒药及外用

碘酊、新洁尔灭、高锰酸钾、鱼石脂、双氧水、龙胆紫、氢氧化钠、碘伏、漂白粉、二氯异氰脲酸钠等。

(二) 保存

保存药物应定期检查，防止过期、失效，阅读药品说明书，按所要求贮存方法分类保存，不宜与其他杂物混放。

① 对于因湿而易变性，易受潮、易风化、易挥发、易氧化及吸收二氧化碳而变质的药物需用玻璃瓶密闭贮存。

② 易因受热而变质，易燃、易爆、易挥发等药物，需 2~15℃低温保存。

③ 见光易发生变化或导致药效降低的，需避光容器内贮存。

④ 分门别类，做好标记。原包装完好的药物，可以原封不动地保存，散装药应按类分开，并贴上醒目的标签，标清有效日期、名称、用法、用量及失效期。内服药与外用药宜严格分开。

⑤ 定期更换淘汰。每年定期对备用药进行检查。例如维生素 C 存放 1 年药效可降低一半，中药丸剂容易发霉生虫，最多存放 2 年，其他药物参照生产日期查对处理。

二、药物的制剂、剂型与剂量

剂型是根据医疗、预防等的需要，将兽药加工制成具有一定规格，一定形状而有效成分不变，以便于使用、运输和贮存的形式。

兽药的剂型种类繁多，常用的分类方法如下。

（一）按兽药形态分类

1. 液态剂型

（1）溶液剂　是一种透明的可供内服或外用的溶液，一般是由两种或两种以上成分所组成，其中包括溶质和溶媒。溶质多为不挥发的化学药品，溶媒多为水，但也有醇溶液或油溶液等。内服药如鱼肝油溶液，外用消毒药如新洁尔灭溶液等。

（2）注射剂　注射剂也称针剂，是指灌封于特制容器中的灭菌的澄明液、混悬液、乳浊液或粉末（粉针剂，临用时加注射用水等溶媒配制），必须用注射法给药的一种剂型。如果密封于安瓿瓶中，称为安瓿剂。如青霉素粉针、庆大霉素注射液等。

（3）酊剂　是指将化学药品溶解于不同浓度的酒精或药物用不同浓度的酒精浸出的澄明液体剂型，如碘酊等。

（4）煎剂或浸剂　都是药材（生药）的水性浸出制剂。煎剂是将药材加水煎煮一定时间后的滤液；浸剂是用沸水、温水或冷水将药材浸泡一定时间后滤过而制得的液体剂型。如板蓝根煎剂。

（5）乳剂　是指两种以上不相混合的液体（油和水），加入乳化剂后制成的乳状混浊液，可供内服、外用或注射。

2. 半固体剂型

（1）浸膏剂　是药材的浸出液经浓缩除去溶媒的膏状或粉状的半固体或固体剂型。除有特殊规定外，浸膏剂每克相当于原药材2~5g。如酵母浸膏等。

（2）软膏剂　是将药物加赋形剂（或称基质），均匀混合而制成的易于外用涂布的一种半固体剂型。供眼科用的软膏又称为眼膏，如盐酸四环素软膏等。

（3）固体剂型

① 粉剂。是一种干燥粉末剂型，由1种或1种以上的药物经粉碎、过筛、均匀混合而制成的固体剂型。可供内服或外用。

② 可溶性粉剂。是由1种或几种药物与助溶剂、助悬剂等辅助药组成的可溶性粉末。多作为饲料添加剂型，投入饮水中使药物均匀分散。

③ 预混剂。是指1种或几种药物与适宜的基质（如碳酸钙、麸皮、玉米粉等）均匀混合制成供添加于饲料的药物添加剂。将它掺入饲料中充分混合，可达到使药物微量成分均匀分散的目的，如土霉素预混剂等。

④ 片剂。是将粉剂加适当赋形剂后，制成颗粒经压片机加压制成的圆片状剂型。

⑤ 胶囊剂。是将药粉或药液密封入胶囊中制成的一种剂型，其优点是可避

免药物的刺激性或不良气味，如氯霉素胶囊。

⑥ 微型胶囊。简称微囊，系利用天然的或合成的高分子材料（通称囊材），将固体或液体药物（通称囊芯物）包裹成直径 1~5 000μm 的微小胶囊。药物的微囊可根据临床需要制成散剂、胶囊剂、片剂、注射剂以及软膏剂等各种剂型的制剂。药物制成微囊后，具有提高药物稳定性、延长药物疗效、掩盖不良气味、降低在消化道的副作用、减少复方的配伍禁忌等优点。用微囊作原料制成的各种剂型的制剂，应符合该剂型的制剂规定与要求。如维生素 A 微囊剂。

（4）气体剂型　是指某些液体药物稀释后或固体药物干粉利用雾化器喷出形成微粒状的制剂。可供皮肤和腔道等局部使用，或由呼吸道吸入后发挥全身作用。

（二）按分散系统分类

1. 真溶液类液休剂型

是指由分散相和分散介质组成的液态分散系统剂型，其直径小于 1nm，如溶液剂、糖浆剂、甘油剂等

2. 胶体溶液类液体剂型

是指均匀的液体分散系统药剂，其分散相质点直径在 1~100nm，如胶浆剂。

3. 混悬液类液体剂型

是指固态分散相和液体分散介质组成的不均匀的分散系统药剂，其分散相质点一般在 0.1~100μm，如混悬剂。

4. 乳浊液类液体剂型

是指液体分散相和液体分散介质不均匀的分散系统药剂，其分散相质点直径在 0.1~50μm，如乳剂等。

（三）按给药途径分类

1. 肠道给药剂型

如片剂、散剂、胶囊剂，栓剂等

2. 不经肠道给药剂型

如注射剂、软膏剂、口含片，滴眼剂，气雾剂等。

在选定药物以后，制剂的选择就是一个重要问题。同一药物，相同剂量，所用的制剂不同，其吸收程度也不同。甚至同一制剂，但生产的工艺不同，其吸收程度和速度也不尽相同。因此，应根据疾病的轻重缓急慎重选择药物的剂型。

剂量是指药物产生治疗作用所需的用量。在一定范围内，剂量愈大，体内药物浓度愈高，作用也愈强；剂量愈小，作用愈小。但如果浓度过大，超过一定限度，就会出现不良反应，甚至中毒。因此，为了既经济又有效地发挥药物的作

用，达到用药目的，避免不良反应，应充分了解并严格掌握各种药物的剂量。

药物剂量的计量单位，一般固体药物用重量表示。按照1984年国务院关于在我国统一实行法定计量单位的命令，一般采用法定计量单位。如克、毫克、升、毫升等。对于固体和半固体药物用克、毫克表示；液体药物用升和毫升表示。常用计量单位的换算关系如下。

1kg = 1 000g，1g = 1 000mg，1L = 1 000mL，1mL = 1 000μL

一些抗生素和维生素，如青霉素、庆大霉素、维生素A、维生素D等药物多用国际单位来表示，英文缩写为IU。

三、药物的治疗作用和不良反应

用药的目的在于防治疾病。凡符合用药目的，能达到防治效果的作用称为治疗作用。不符合用药目的，甚至对机体产生损害的效果称为不良反应。在多数情况下，两种效果会同时出现，即药物作用的两重性。在用药中，应尽量发挥药物的治疗作用，避免或减少不良反应。药物不良反应有副作用、毒性作用和过敏反应等。

（一）副作用

指药物在治疗剂量时出现的与治疗目的无关的作用。如阿托品有松弛平滑肌和抑制胰腺分泌的作用，当利用其松弛平滑肌的作用而治疗肠痉挛时，同时出现的唾液腺分泌减少（口腔干燥）即为副作用。

（二）毒性作用

指用药量过大、时间过长而造成对机体的损害作用。毒性作用可在用药不久后发生，称为急性毒性；也可能在长期用药过程中逐渐蓄积后产生，称为慢性毒性。大多数药物都有一定的毒性，当达到一定剂量后，多数动物均可出现相同的中毒症状。故药物的毒性作用大多也是可以预防的。在用药中，以增加剂量来增强药物的作用是有限的，而且也是危险的。此外，有些药物可以致畸胎、致癌，也属药物的毒性作用，必须警惕。

（三）过敏反应

是指少数具有特异体质的动物，在应用治疗量甚至极小量的某种药物时，产生一种与药物作用性质完全不同的反应，称为过敏反应。它与药物剂量的大小无关，而且不同的药物发生的过敏反应大多相似。过敏反应难以预知。轻度的过敏反应，常有发热、呕吐、皮疹、哮喘等症状，可给予苯海拉明、溴化钙等抗过敏药物进行处理。严重的过敏反应，可引起动物发生过敏性休克，应使用肾上腺素或高效糖皮质激素等进行抢救。

（四）继发反应

是在药物治疗作用之后的一种继发反应。是药物发挥治疗作用的不良后果，也称治疗矛盾。如长期应用广谱抗生素时，由于改变了肠道正常菌群，敏感细菌如被消灭，不敏感的细菌（如葡萄球菌）或真菌则大量繁殖，导致葡萄球菌肠炎或念珠菌病等的继发性感染。

四、药物的选择及用药注意事项

羊病临床合理用药的目的是要达到最理想的疗效和最大安全性。因此，药物治疗过程中有其选择原则和注意事项。

（一）药物选择原则

用于预防和治疗疾病的药物，种类很多，各有独特的优点和缺点。临床实践证明，任何一种疾病常有多种药物有效。为了获得最佳疗效，应根据病情、病因及症状加以选择。选用药物应坚持疗效高、毒性反应低、价廉易得的基本原则。

1. 疗效高

疗效高是选择药物首选考虑的因素。在治疗和预防疾病中，选用药物的基本点是药物的疗效。如具有抗菌作用的药物可有数种，选用时应首选对病原菌最敏感的抗菌药。

2. 毒性反应低

毒性反应低是选择用药考虑的重要因素，多数药物都有不同程度的毒性，有些药物疗效虽好，但毒性反应严重，因此必须放弃，临床上多数选用疗效稍差而毒性作用更低的药物。

3. 价廉易得

价廉易得是兽医人员应高度重视的问题。滥用药物，贪多求全，既会降低疗效，增加毒性或产生耐受性，又会造成畜主经济损失和药品浪费。

（二）合理用药注意事项

在选择用药基本原则指导下，认真制订临床用药方案。临床用药应该注意以下方面。

1. 明确诊断

明确诊断是合理用药的先决条件，选用药物要有明确的临床指征。要根据药物的药理特点，针对病例的具体病症，选用疗效可靠、使用方便、廉价易得的药物制剂。注意避免滥用药物及疗效不确切的药物。

2. 选择最适宜的给药方法

给药方法应根据病情缓急、用药的目的以及药物本身的性质等决定。病情危重或药物局部刺激性强时，宜以静脉注射。油溶剂或混悬剂应严禁用于静脉注射，可用于肌内注射。治疗消化系统疾病的药物多经口投药。局部关节、子宫内膜等炎症可用局部注入给药。

3. 适宜剂量与合理疗程

选择剂量的根据是《兽药典》及《兽医药品规范》。该药典及规范中的剂量适用于多数成年动物，对于老弱、病幼的个体，特别是肝、肾功能不良的个体，应酌情调整剂量。有些药物排泄缓慢，药物半衰期长，在连续应用时，应特别预防蓄积中毒。为此，在经连续治疗一个疗程之后，应停药一定时间，才可以开始下一疗程。疗程可长可短，一般认为，慢性疾病的疗程要长，急性疾病的疗程要短。传染病需在病情控制之后有一定巩固时间，必要时，可用间歇休药再给药的方式进行治疗。

4. 合理配伍用药

临床用药时，多数合并用药。此外，既要考虑药物的协同作用、减轻不良反应，还应注意避免药物间的配伍禁忌，尤其应注意避免药理性配伍禁忌。药理性配伍禁忌包括药物疗效互相抵消和毒性的增加，如胃蛋白酶和小苏打片配伍使用，会使胃蛋白酶活性下降。又如氯霉素抑制肝微粒酶对苯妥英钠的灭活，会导致血药浓度增加而毒性加剧。药物理化性配伍禁忌，在临床用药时应认真对待，在两种药物配伍时，由于物理性质的改变，使药物或抑制剂发生变化，既可以使两种药物化学本质的变化而失效，有时还产生有毒的反应，如解磷定与碳酸氢钠注射配伍时，可产生微量氰化物而增加毒性。

第八章　肉羊常见病的防治

第一节　肉羊常见传染病的防治

一、炭疽病

炭疽病又称为炭疽热，中医称“疔”或“疔疽”，是由炭疽芽孢杆菌引起的一种急性、热性、败血性人畜共患传染病，也是我国规定的二类动物疫病。本病虽是散发或地方性流行，基本可以排除疫情蔓延扩散的可能性，但也要注意防控。

本病的病原炭疽杆菌，为需氧芽孢杆菌属，长 3~8μm，宽 1~1.5μm，无鞭毛。在易感动物体外，干燥的土壤、皮毛、骨粉中 12~42℃的条件下能形成芽孢。易感动物食入带有被炭疽芽孢污染的牧草，炭疽芽孢会在其体内复活并产生毒素，可使这些动物发病。由于炭疽芽孢杆菌所产生的毒素毒性大，且可以在环境中长期存在，炭疽芽孢杆菌被列为一种生物恐怖细菌。

炭疽芽孢杆菌对外界具有很强的适应性和抵抗力，干燥条件下可存活数 10 年，煮沸 10min 或干热 140℃条件下 3h 才可将芽孢杀死。对碘特别敏感，对青霉素、链霉素、卡那霉素等高度敏感。常用消毒剂如 20%漂白粉、0.5%过氧乙酸、次氯酸钠、环氧乙烷等均有效。

（一）流行特点

各种家畜、野生动物及人类都有不同程度的易感性，牛、羊、马、驴、骡等食草动物易感，且死亡率高；骆驼、鹿、猪也易感，但发生较少；犬、猫抵抗力较强；家禽一般不感染；人也易感。该病经消化道、呼吸道、皮肤等途径感染。从疫区输入畜产品，也易引起该病的发生。一般呈散发或地方性流行。

人感染炭疽杆菌具有很强的职业特点，常见的是兽医、农牧民、饲养员、屠宰工人，肉制品、皮毛加工、销售人员等，因皮肤直接接触到患病动物及其皮毛、粪便，或者被带有炭疽杆菌的昆虫叮咬而得病。直接或间接接触病畜和被污染的肉食、皮毛、骨粉等可引起皮肤炭疽；进食带菌的肉类可引起口咽和胃肠炭疽；吸入带炭疽杆菌的尘埃可引起肺炭疽。《中华人民共和国传染病防治法》规定，人炭疽病属乙类传染病，但人炭疽病中的肺炭疽必须按照甲类传染病的预防控制措施进行处理。

一个地方一旦发生过炭疽或被炭疽芽孢杆菌污染环境，此地将成为持久性炭疽疫源地，尤其是野生动物和野外山林中，当遇洪水泛滥，雨水冲刷土壤，或过度放牧、草原退化，易感动物食入带有炭疽芽孢的草根，或私自宰杀患有炭疽病的动物、乱扔尸体等，再次发生炭疽病的可能性非常大。

世界各地每年都有炭疽病发生，我国西北部畜牧业发达地区，如青海、新疆、宁夏、内蒙古等地，几乎每年都有炭疽病例发生，但东南沿海地区少见。全年均可发生，但吸血昆虫活跃的6—9月常见多发。

（二）临床症状

1. 动物炭疽病临床症状

本病的潜伏期一般3~7d，最短的1d，最长的可达20d。动物炭疽病的临床特点是突然死亡，天然孔出血，血液呈酱油色且不易凝固，尸僵不全，腹部膨胀。

羊炭疽多数表现急性发作，病初兴奋不安、脉搏加快、呼吸困难，而后突然倒地死亡，病程稍慢的也就几个小时。牛炭疽在临床上常不表现明显的临床症状，偶尔在脖子、胸和腰上有炭疽肿块；急性病例呼吸困难，常在24~36h突然倒地死亡；亚急性病例2~5d死亡，病死牛尸体七窍出血，尸体绵软，腹胀；有的病例临床表现和黄牛猝死症极其相似，但这是危险性相差极大的两种传染病，要注意鉴别。马炭疽会形成炭疽肿块，一般24~36h死亡，有个别病例可在3~8d后死亡。猪很少发生炭疽病，即便发生也多是慢性型，不表现明显临床症状，在确诊前如果不慎进行了实验室剖检，用显微镜检测宰后猪的颈淋巴结，就容易造成污染，威胁很大。

2. 人炭疽病的临床症状

人感染炭疽不论性别和年龄，男女老少都易发生，潜伏期1~5d，短的几个小时。人感染炭疽具有很强的职业性，一般人直接接触动物的机会较少，感染本病几率很低；且人与人之间不发生交互传染。

人炭疽病有3种类型。

（1）皮肤型　是人炭疽病中最常见的一种类型，95%~98%以上的炭疽病都是皮肤型炭疽，死亡率低。皮肤型炭疽病明显的临床特征是在皮肤上出现炭疽肿块，常出现在脸、颈、肩、手和脚等裸露部位的皮肤上。病初，出现红斑、疹子、里面有黄水的水疱，周围肿胀，3~4d后中心溃烂，周围可能会出现成群的小水疱，形成黑色焦痂，炭样，周围皮肤发红，局部肿胀，疼痛不明显，同时会伴有发热、头痛、关节痛等全身症状。多数病例都在一个位置发生病变，少数严重病例局部呈大片水肿和坏死。

（2）口咽和胃肠型 如果食入没有完全煮熟的含有炭疽芽孢杆菌的动物肉或有关的食品，饮用受污染的水或牛奶，炭疽芽孢杆菌就会经口感染，引起口咽和胃肠型炭疽。咽部炭疽的临床症状是脖子附近淋巴结肿大、吞咽困难；胃肠道炭疽时，腹胀、腹痛、腹泻，排血样或水样便，恶心、呕吐，呕吐物中含有血丝及胆汁。有时可影响消化道以外的系统，如不及时治疗或治疗不当，死亡率较高。

（3）肺型 人处在含有炭疽芽孢杆菌的环境中，如吸入漂浮在空气中带有炭疽芽孢杆菌的飞沫或粉尘，可引起肺型炭疽。通常在吸入后2~5d出现临床症状，表现低热、疲劳等，2~3d后，高烧不退，胸闷、胸痛，呼吸困难，咳嗽并咳出带有血丝的黏液。透视检查，见胸腔积液。肺型炭疽死亡率极高，几乎能达到80%~100%。

（三）诊断

根据流行病学调查、临床表现可做出疑似诊断。确诊须进行病原学检查，且必须由专业人员在相应级别的生物安全实验室进行，严禁在非生物安全条件下进行疑似患炭疽病动物的尸体剖检、采样，以免扩大污染范围。

1. 严禁解剖

严禁在非生物安全条件下对死于炭疽或疑似炭疽的动物尸体进行解剖。

2. 采样

必须采样时，需征得当地省级动物防疫监督机构同意，并在实施严格的人员防护和其他安全措施的前提下方可采样，严密封装后送相应级别的生物安全实验室检验。

3. 检验

按照《动物炭疽诊断技术》（农业农村部行业标准 NY/T 561—2015）执行。

4. 环境与肉尸处置

病料采集完成后，应按规定对环境进行彻底消毒，病害肉尸焚烧、掩埋，杜绝污染环境，防止疫病传播。

（四）防控措施

1. 动物炭疽病疫情处置

动物炭疽疫情的处置，均由当地人民政府根据《中华人民共和国动物防疫法》《重大动物疫情应急条例》《炭疽防治技术规范》和当地政府应急管理办法组织实施。

（1）疫情报告 发现本病或疑似本病的动物，应立即向当地动物防疫监督机构报告。

（2）隔离　对炭疽病例或疑似炭疽病例，立即隔离，并限制其移动，任何人不得私自买卖、运输、宰杀和食用，否则不仅会使人畜得病，还会触犯刑律。

（3）封锁与无害化处理　确诊为炭疽疫情后，县级以上动物卫生监管机构组织相关人员划定疫点、疫区、受威胁区并实施严密的封锁。喂养动物剩余的饲料、垫料，使用过的木制用具等污染物应烧毁，铁制用具用火焰消毒。对病死动物及其皮毛、骨、排泄物，使用过的工具、衣物等，要进行焚烧、深埋等无害化处理，对周围环境（包括水、土壤、所有物体表面）、圈舍、房屋等进行全面彻底消毒。被污染的土壤，铲除15~20cm，并与20%漂白粉液混合后深埋。圈舍及环境用20%漂白粉液或10%氢氧化钠溶液喷洒3次，每次间隔1h。

（4）紧急免疫　疫点、疫区、受威胁区内的所有易感动物，包括牛、羊、马、骡等要进行疫苗紧急免疫；3年内发生过炭疽的地区，每年都要对疫区内所有易感动物进行免疫接种。我国现有的兽用炭疽疫苗主要是Ⅱ号炭疽芽孢疫苗和无荚膜炭疽芽孢疫苗。其中，Ⅱ号炭疽芽孢疫苗采用皮内注射山羊0.2mL/只，其他动物0.2mL/头（只）或皮下注射1mL/头（只），免疫期，山羊6个月，其他动物12个月。无荚膜炭疽芽孢疫苗采用皮下注射，1岁以上牛、马1mL/头（匹），1岁以下牛、马0.5mL/头（匹）；猪、绵羊0.5mL/头（只），免疫期12个月。

（5）疫情监测　对疫区、受威胁区内所有易感动物进行疫情监测并及时汇总，由省级动物防疫监督机构定期上报。发现病原学阳性的，按照《中华人民共和国动物防疫法》的有关规定立即报告和处理。

监测中，如果发现因未使用农业农村部批准的炭疽疫苗而造成血清学阳性畜群的，一律按发生炭疽疫情处置。

2. 人的防护措施

接触炭疽动物的人，以及从事这方面工作的人都属易感人群，要加强个人防护，确保个人安全。炭疽虽然很严重，但可防、可控、可治。

参与疫情扑灭及疫区相关人员必须穿着防护服、胶靴，戴好口罩、手套、护目镜等。离开污染区时，将个人一次性防护用品统一彻底销毁。

人炭疽可用疫苗预防。目前，我国使用的疫苗是炭疽杆菌减毒活疫苗A16R，皮下划痕接种。但由于疫苗副作用大，接种方式特殊，需要专业人员精心操作，如果不是高危人群，一般不可轻易接种。此外，必须在停药后才能接种疫苗，否则会降低疫苗保护率。

二、羊布鲁氏菌病

羊布鲁氏菌病也称为羊布氏杆菌病，简称“羊布病”，是由布鲁氏杆菌引起的一种十分严重的人畜共患慢性传染病，又称波状热、“懒汉病”。世界动物卫生组织（OIE）将该病列为必须通报的传染病之一，在我国被列为二类动物疫病。养羊过程中要加强防控与检测。

（一）流行特点

羊布鲁氏菌病的病原是布鲁氏杆菌，为革兰氏阴性需氧菌，无荚膜、无芽孢，也没有鞭毛，所以不运动。柯兹罗夫斯基染色法染色，布鲁氏菌为红色球杆状小杆菌。主要存活于患病的羊、牛、猪等60多种动物的生殖器官、血液、内脏中，其中以羊、牛、猪布鲁氏杆菌病的为害最大，传播性最强，尤其是羊布病流行病学上最为重要，由于患病母羊的胎盘和流产的羔羊中含有大量的病原菌，被称为“装满细菌的口袋”，并成为主要的传染源，它既是动物布病、也是人类布病的主要传染源。

羊布鲁氏杆菌对外界环境的抵抗力很强，对低温和干燥有较强的抵抗力，如在乳制品、干燥的土壤、冻肉中能存活很长时间，但对温热环境十分敏感，阳光直射1h可将其灭活；对消毒剂的抵抗力也较弱，10%氢氧化钠溶液、5%过氧乙酸溶液、2%福尔马林溶液、1%来苏儿等消毒剂都能很好地将其灭活。

自然条件下，易感动物主要是羊、牛、猪等动物，人类也易感染。潜伏期的长短与羊只的抵抗力、体内病原菌数量和环境等因素有关，通常情况下为15d左右。本病多呈地方流行性，牧区多于农区，成年羊比羔羊易感，母羊比公羊易感，南方地区比北方地区易感；多发于春季，高发于夏秋，少发于冬季。

羊布鲁氏菌病传播途径广，病原体随病羊流产的胎儿、羊水、胎衣、阴道分泌物等排出体外，病羊的精液、乳汁、脓汁，特别是污染饲料、用具、饮水、圈舍、周围环境等媒介，然后经消化道、皮肤、生殖道、呼吸道和黏膜进入健康动物体内，从而引起发病。蚊虫等吸血昆虫的叮咬也可以导致布病的传播。加工病羊肉、食用病羊的奶及肉制品、吸入含菌的尘埃、与病羊接触而不注意消毒等均可感染该病。

（二）对羊和人的危害

羊布鲁氏菌病主要损害羊的生殖系统和部分关节，临床表现为公羊睾丸炎，母羊流产、胎盘滞留（胎衣不下）等，胎盘和流产的羔羊中含有大量的布氏杆菌（被称为“装满细菌的口袋”），具有较强的传染性。人的布病主要表现为“热—痛—懒”，发烧、出汗、乏力、关节肌肉疼痛等。

1. 对羊造成的危害

由于布病具有一定的潜伏期，初期感染的羊群通常没有明显的临床症状，多数仅表现为多汗，长期发热，因关节肌肉疼痛导致走路摇摆，行走困难或跛行，所以往往不被发现。布鲁氏菌侵害妊娠母羊多出现在妊娠中后期，首先出现分娩征状，接着流产，产下死胎、僵尸胎，勉强能成活的羔羊生长发育缓慢，到生长前期死亡。母羊流产前精神不振、食欲减退，口渴，阴道排出浑浊的黏液等分泌物，流产后胎衣不下，导致子宫内膜炎，严重影响今后的繁殖生育能力；有时还伴有乳腺炎，乳腺变硬，乳汁变性，丧失泌乳能力；少数病羊还会表现关节炎、支气管炎和角膜炎。在一般情况下，新发病的羊群流产病例较多见；老疫区羊群发生流产的反而较少，常见的病例有子宫内膜炎、乳腺炎、关节炎、胎衣不下、久配不孕表现得较多。布鲁氏菌侵害公羊，除引发关节炎外，还会引起睾丸炎，临床上可见睾丸肿大、上缩，局部发热，触诊时痛感明显，精神不振，严重影响饮食，最终导致消瘦衰弱，丧失种用价值。

剖检病死羊，肾脏、肝脏有特征性肉芽肿（布病结节），生殖器官炎性坏死。子宫充血、水肿，胎盘绒毛膜下充血、水肿，有明显出血甚至糜烂，有黄色胶状物。胎衣呈淡黄色胶冻样浸润，并覆有胶冻状纤维蛋白和脓液，有时增厚，并有出血点。流产的胎儿第四胃内有白色或淡黄色黏液絮状物，膀胱浆膜下和胃肠黏膜可见出血点或出血条纹斑，肝脏内有大量的坏死灶，脐带肥大增厚，呈现浆液性浸润。患病公羊睾丸上有少量出血点、组织增生，有时有坏死灶。

2. 对人造成的危害

羊布病传播快，是人布病的主要传染源，对人类造成的危害也十分严重。人通过伤口、蚊虫叮咬、注射，以及消化道、呼吸道感染布鲁氏菌后，进入机体血液循环系统，导致人的肝肿，持续性发热，关节疼痛，全身无力，严重影响人的劳动能力、生育能力和寿命。

（三）诊断

根据患病羊的临床症状和病理变化，结合本病的流行特点，可以做出初步诊断。确诊需要进行实验室检查。

1. 细菌学检查

无菌采集患病母羊流产胎衣、肝、脾、淋巴结、绒毛膜水肿液、阴道分泌物或流产胎儿的胃内容物等组织，制作相应的涂片，柯兹罗夫斯基染色法染色，镜检，布鲁氏菌为红色球杆状小杆菌，而其他菌呈蓝色。

2. 血清学诊断

常用的血清学诊断方法有虎红平板凝集试验和试管凝集试验等。

在布病流行病学调查和大面积检测时，我国将虎红平板凝集试验作为布病诊断的初筛检测方法，优点是操作方便、成本低廉、使用广泛，但存在一定的失误率，易出现假阳性而使诊断错误，但通过多次重复试验即可避免。我国诊断布病的法定诊断方法是试管凝集试验，其特异性强，操作也比较方便，容易判定。但受多种因素的影响，易出现假阴性或假阳性，而且有些被感染动物的抗体滴度不一定能达到检测水平，单独使用也容易造成误诊或漏诊。因此，生产实践中，如果先使用虎红平板凝集试验进行初步诊断，再使用试管凝集试验进行最后确诊，可提高诊断正确率。

（四）疫情处置

1. 疫情报告

任何单位和个人如果发现疑似病羊或疫情，养殖场户要主动限制可疑病羊移动，立即隔离，并及时向当地动物防疫监督机构报告，经确认后，按《动物疫情报告管理办法》及有关规定及时上报处置。

2. 疫情处置

动物防疫监督机构在接报后要及时派员到现场核查，进行实验室检查。确诊后，当地人民政府组织有关部门按下列要求处置：对患病羊全部扑杀；受威胁的羊群（病羊的同群羊）隔离饲养，如圈养或使用固定隔离草场放牧，羊圈和隔离牧场要远离交通要道、居民区或人畜密集区，周围最好有自然屏障或设置人工栅栏；病羊及其流产胎儿、胎衣、所有排泄物、乳、乳制品等按照 GB 16548—1996《畜禽病害肉尸及其产品无害化处理规程》彻底进行无害化处理；最后开展流行病学调查和疫源追踪，对同群羊依次进行检测；对病羊污染的场所、用具等进行严格消毒，金属设施、设备用火焰喷灯消毒或熏蒸消毒，羊圈舍、运动场等可用2%~3%烧碱等喷雾消毒；垫料、粪便等进行堆积发酵、深埋或焚烧，皮毛用环氧乙烷、福尔马林熏蒸等。如果发生重大布病疫情，当地县级以上人民政府应当按照《重大动物疫情应急条例》有关规定，采取相应的扑灭措施。

（五）预防和控制

由于羊布鲁氏菌病具有广泛的传播性并严重威胁人类身体健康，通常情况下患病羊不能进行治疗而直接扑杀做无害化处理。在日常养羊过程中，要坚持以净化和检疫为主的综合防控措施。

1. 加强饲养管理和卫生消毒

加强羊只的日常饲养管理，提高抗病力。加强卫生消毒管理，全面进行有效消毒。做好废弃物无害化处理，彻底消灭病源。

2. 强化疫病监测，严格检疫

每年定期使用虎红平板凝集试验和试管凝集试验对羊群进行检疫，发现阳性羊坚决进行淘汰。坚持自繁自养、全进全出的饲养制度，禁止从疫区引进羊只，种羊必须引进时，要严格进行产地检疫，并隔离观察饲养最少 2 个月以上，确认健康后才能混群饲养。

3. 加强免疫接种

对于发生过羊布鲁氏菌病的非安全区的所有养羊场甚至周边地区，应选择使用羊布氏杆菌苗，定期进行免疫接种。一般选择使用布氏菌病活疫苗（S2 株），不论羊年龄大小，口服 1 头份；皮下或肌内注射，山羊每只 1/4 头份，绵羊每只 1/2 头份，免疫有效期 3 年。也可使用布鲁菌羊型五号苗，免疫接种后，定期进行抗体监测，抗体滴度达不到要求的免疫羊只直接扑杀进行无害化处理。

三、小反刍兽疫

（一）流行特点

也称为“羊瘟”。是由小反刍兽疫病毒引起的一种以小反刍动物（山羊、绵羊、羚羊、美国白尾鹿等）发热、口炎、腹泻、肺炎等为主要临床特征的急性病毒性一类动物传染病，2007 年 7 月首次传入我国。

在疫区，小反刍兽疫呈零星散发，易感动物中以 3～8 月龄的山羊最易感。主要通过直接接触传播，也可以通过患病动物及其分泌物（如鼻液）、排泄物（如粪尿）、组织或被其污染的饲料、用具、圈舍、牧场和饮水等间接传播，处于亚临床感染期的病羊是最危险的传染源。一年四季均可发生，但多雨的夏秋季节和干燥寒冷的冬季多发。

（二）临床症状

小反刍兽疫发病急，多呈急性经过。体温升高到 41℃以上，高热稽留 3～5d。病初精神沉郁，反刍次数减少甚至停滞；鼻镜干燥，流脓性鼻液，黏稠，恶臭；口腔黏膜由轻微充血，到溃疡、糜烂，口角大量流涎；随病情发展，病羊整个口腔内部，如牙龈、硬颚、颊、舌等部位黏膜溃疡、坏死、糜烂；病的中后期出现带血的水样腹泻，严重脱水，消瘦，孕羊易发生流产；之后，体温降到正常或正常以下，咳嗽，腹式呼吸，胸部听诊啰音。发病率、致死率高。

（三）预防

定期疫苗接种是预防本病的关键。小反刍兽疫弱毒活疫苗 Nigeria 75/1 株，按瓶签标注的头份，用灭菌生理盐水稀释为每毫升含 1 头份，每只羊颈部皮下注射 1mL，免疫期可达 3 年。严禁从疫区引进羊只，来源不明的羊调入后必须按要求严格隔离，观察饲养 30d 以上，经临床诊断和血清学检查确认健康无病后，方可混群饲养。

（四）治疗

目前尚无有效治疗方法。病初，可对症治疗，少量使用抗生素控制继发感染。一旦确诊，应按《中华人民共和国动物防疫法》《小反刍兽疫防治技术规范》的规定，采取紧急、强制性的控制和扑灭措施，扑杀患病和同群动物；疫区及受威胁区的动物进行紧急预防接种。

四、口蹄疫

（一）流行特点

也称为“五号病”。是由口蹄疫病毒引起的以偶蹄兽（牛、羊、猪、鹿、骆驼等）口腔黏膜、蹄部皮肤、乳房、鼻端、鼻孔等处形成水疱和烂斑为主要临床特征的病毒性一类动物传染病。

病羊和带毒羊是羊口蹄疫病的主要传染源，病愈的羊可带毒 4~12 个月。既可直接传播，也可间接传播，甚至通过空气散播。

（二）临床症状

羊感染后的潜伏期 1~7d。病初体温升高达 40~41℃，拒食，反刍停滞。在口腔、蹄部、乳房、乳头、鼻孔等部位出现水疱、溃疡和烂斑。绵羊蹄部症状更明显，口腔黏膜变化较轻；而山羊多见于口腔黏膜溃疡、糜烂，硬腭、舌面水疱，蹄部病变较轻。待水疱破溃后，体温可明显下降，溃疡逐渐愈合。

（三）预防

本病流行地区，规模羊场按计划免疫，散养户坚持春秋两季集中强制免疫。但对分娩前母羊、妊娠母羊、患病羊、体质弱的羊、羔羊不接种口蹄疫疫苗。免疫过的羊只，要及时发放免疫证，建立免疫档案，实行可追溯管理。严禁从疫区引进偶蹄动物及产品、饲料、生物制品等。

（四）处置措施

本病发病急、传播快、危害大，必须严格执行“早、快、严、小”的原则，封锁、消杀、紧急预防接种、检疫等综合扑灭措施。

1. 封锁疫区

一旦发病，要按照《动物防疫法》《重大动物疫病应急条例》要求，立即启用重大动物疫情应急预案，封锁疫区。直到最后一头病畜死亡或痊愈后 21d，再没有新的口蹄疫病畜出现，经风险评估达到安全标准后，方可解除封锁。

2. 扑杀

扑杀疫点内所有病畜及同群易感畜群，并对病死畜、被扑杀畜及其排泄物、污染物等进行焚烧、化制、掩埋、发酵等无害化处理。

3. 彻底消杀

对被污染或可疑被污染的羊舍、用具、场地等，使用 2% 火碱溶液彻底消毒。必要时经本级人民政府批准，设立临时公路检查站，对过往车辆进行彻底消杀。

4. 紧急预防接种

对疫区和受威胁区内的健康羊或假定健康羊进行紧急预防接种。

5. 护理

对病羊加强护理，隔离处置。用清水或食醋、0.1%~0.2%高锰酸钾溶液、0.2%福尔马林、2%~3%明矾等冲洗口腔，溃疡面撒布冰硼散或涂抹碘甘油。可用3%克辽林、3%来苏儿、3%~5%硫酸铜溶液蹄浴，擦干后涂抹松馏油或鱼石脂软膏，严重者可用绷带包裹。患病乳房要定期小心挤奶，用温肥皂水或2%~3%硼酸水清洗乳头，然后涂以青霉素软膏。

五、传染性角膜结膜炎

（一）流行特点

也称为“红眼病”。一般认为是由嗜血杆菌、衣原体、立克次体等引起的一种以眼结膜和角膜炎症，并伴有大量流泪为特征的急性传染病。通过直接接触病羊眼睛、鼻分泌物，或头部摩擦、打喷嚏、咳嗽等，也可以间接接触被病羊眼睛、鼻分泌物污染的饲料、饮水等途径传染。常发于气温高、湿度大、蚊蝇和飞蛾较多的夏秋季节。潮湿、闷热、氨味大的圈舍环境，放牧时阳光暴晒、风沙、扬尘，也会促使本病的发生流行。发病急促并快速波及全群，不分品种和年龄，但幼龄羊发病率较高。

（二）临床症状

本病损害部位一般仅限于眼部，极少数病羊会有发热症状。病初，常见一侧眼患病，羞明流泪，眼睑肿胀、疼痛，结膜充血潮红，角膜凸起，有时可在角膜上发现白色或灰白色小点。眼角黏附有黏液性或脓性分泌物。如得不到及时有效治疗，会发展成双眼感染，少数形成角膜翳、角膜瘢痕甚至失明，影响采食和行动。严重时出现全身症状，体温升高，精神沉郁，食欲减退，奶山羊泌乳量下降等。

（三）预防

保持圈舍清洁、干燥、卫生，及时清除厩肥，加强通风透光，做好环境消毒，夏秋季节注意杀虫灭蝇。大风扬尘天气、烈日照射时段不放牧。

在养羊过程中，要养成勤于观察的习惯。放牧的羊群，每天清晨出牧、晚上归牧时，舍饲的羊群在饲喂、饮水过程中，都要认真、仔细地观察羊群中的每一只羊，发现病羊及时隔离，并对羊舍环境进行全面彻底地消毒，隔离的病羊应尽早治疗。

（四）治疗

病羊可先用微温、无刺激性的2%~5%硼酸水、生理盐水或0.01%新洁尔灭溶液等轻轻清洗眼睛，切不可强力冲洗，也不可用棉球擦拭，以免损伤眼结膜，拭干后，用氯霉素滴眼液滴眼，每次3~5滴，每天3~5次；如果患病羊出现角膜浑浊、角膜翳等情况，可在清洗、拭干后，取拨云散眼药少许点入眼角，每天2~3次；羊群中患病的羊只较多时，可用油剂普鲁卡因青霉素直接点眼，每次3~5滴，每天1~2次。

患病羊群可按每只成年羊（按30kg计算）取苍术、柴胡、白药子各35g，菊花、栀子、黄连、草决明、旋复花、青葙子、木贼、生地各25g，第一遍加水1 000mL，煎到300mL倒出，药渣再加水500mL，煎到200mL，滤渣后两次药液混合，候温1次灌服。每天1剂，连用3~5剂。可清热祛风、平肝明目，加快病羊康复。

六、羊传染性脓疱

（一）流行特点

也称为“羊口疮”。是由羊口疮病毒引起的、以口唇等处皮肤和黏膜形成丘疹、脓疱、溃疡和疣状硬痂为特征的一种人畜共患传染病。主要感染山羊、绵羊等小反刍动物；羔羊、幼羊（3~6月龄）最易感，并多呈群发性流行，成年羊发病较少，多为散发。通过损伤的皮肤、黏膜等途径接触感染。夏秋季节常见多发。

（二）临床症状

病初，在山羊的唇、口角、鼻镜等皮肤较薄的地方出现一些散在的小红斑，接着形成丘疹和黄豆大小的结节，继而变成水疱和脓疱，破溃后形成疣状较硬的痂皮，呈黄色或棕色。轻症经1~2周，痂皮逐渐干燥、脱落，继而康复痊愈；严重病例，患部不断出现丘疹、水疱、脓疱、痂垢，相互融合并向外扩展到口唇周围、眼睑、耳廓，向内扩展到口腔黏膜，形成头部大面积痂垢。如有继发感染，则会引起深部组织化脓甚至坏死，病情会恶化可能引起败血症，预后不良。病羊口唇肿大外翻，不能采食、咀嚼和吞咽，可继发肺炎等病症而死亡。

绵羊发病时，通常侵害蹄部，多见蹄叉、蹄冠或系部皮肤上有水疱、脓疱，破溃后形成溃疡，外层覆盖脓汁，继发感染后会波及蹄骨、肌腱或关节。病羊卧地，不敢行走，勉强行走时跛行，缠绵难愈。

个别情况下，病羔吮乳时还可传染到母羊的乳房皮肤，导致乳房、乳头皮肤发生丘疹、脓疱、烂斑和痂垢。

（三）预防

定期疫苗接种是预防本病的关键。用羊传染性脓疱皮炎活疫苗或羊口疮弱毒细胞冻干活疫苗，在口腔下唇黏膜划痕接种，每头份0.2mL；也可颈部或股内侧皮下注射，不论羊只大小，每头份0.5mL。

经常保持圈舍周围及羊舍内清洁卫生，空气清新，定期清理粪便；圈舍和用具定期用2%火碱水消毒；放牧时严防皮肤、黏膜受伤、感染，舍饲时少用粗硬饲料或先碱化后喂用，拣除饲草和垫料中的铁丝、芒刺；羊食槽、水槽上方或休息的地方要放舔盐砖，让羊自由舔食，防止羊啃土、啃墙发生外伤；禁止从疫区引进羊和畜产品，必须购进时，应严格隔离检疫2~3周，并彻底消毒后方可混群饲养。

（四）治疗

发现病羊，立即隔离治疗。先用水杨酸软膏涂在口、鼻等患处，待软化后除去垢痂；用0.1%~0.2%高锰酸钾溶液冲洗创面，晾干后涂上2%龙胆紫、碘甘油或土霉素软膏等，1~2次/d，对重症者还应对症治疗。

蹄部损伤，可先用5%~10%福尔马林溶液浸泡患病羊蹄，每次浸泡1min，每天1次，连续浸泡3次；隔日用2%龙胆紫溶液或土霉素软膏涂擦患蹄。

七、羔羊痢疾

（一）流行特点

是由B型魏氏梭菌、大肠杆菌、沙门菌等引起的一种主要危害1周龄内尤其是2~5日龄内羔羊、以严重的持续性下痢为临床特征的急性毒血症，患病羔羊致死率高。羔羊体弱，营养不良；母乳不足，饥饱不均；昼夜温差大，圈舍环境潮湿，是诱发本病的主要原因。

（二）临床症状

病羔表现精神沉郁，不愿吃奶，体温升高到41~42℃；腹痛，下痢，拉黄绿、黄褐色、黑褐色稀便，便中带血液、气泡、黏液，恶臭；磨牙，不停咩叫。有的病羔表现腹胀，排少量血便，关节肿大，跛行，呼吸急促，口鼻流沫，卧地不起，昏迷死亡。病死羔羊尸体明显脱水。

（三）预防

定期疫苗接种是预防本病的关键。该病流行地区，怀孕母羊用羔羊痢疾甲醛菌苗，分娩前20~30d，于后腿内侧皮下注射2mL，10d后将剂量增加到3mL重复注射1次，可使初生羔羊通过吃初乳获得被动免疫。非本病流行地区，每年春秋两季使用羊快疫、猝狙、羔羊痢疾、肠毒血症四联干粉灭活疫苗，按瓶签标明的头份，用前以20%氢氧化铝胶生理盐水溶液溶解成1mL/头份，充分摇匀，不论年龄大小，每只羊肌内或皮下注射1mL；也可以使用羊快疫、猝狙、羔羊痢疾、肠毒血症三联四防灭活疫苗，肌内或皮下注射，不论羊只年龄大小，每只5mL。同时，要加强母羊饲养管理，保证母羊奶水充足，羔羊体质强壮；搞好圈舍卫生和消毒。

（四）治疗

病初，可先给予缓泻，以清理胃肠。用硫酸镁2~3g、福尔马林0.2~0.3mL，溶于30~40mL温水中，一次灌服。6~8h后，再用1%高锰酸钾溶液15~20mL内服，1~2次/d，连用2~3d。也可在清理胃肠后，用土霉素0.3g加等量胃蛋白酶，加水20mL，一次灌服，2次/d；或用磺胺脒0.5g，鞣酸蛋白、次硝酸铋、碳酸氢钠各0.2g，加水20mL，一次灌服，3次/d，连用2~3d。

脱水严重的羔羊，用5%葡萄糖氯化钠注射液20~100mL静脉注射，每天早晚各1次。

中药可用白头翁、黄连、秦皮、山药、诃子肉、茯苓、白芍各10g，山萸肉12g，白术、干姜各5g，甘草6g。加水500mL煎到200mL，滤出药液后再加水200mL煎到100mL，两次药液混合共300mL，候温，每只羔羊灌服10~20mL，2次/d，连用3~5d，可加快康复。

八、羊肠毒血症

（一）流行特点

也称为“软肾病”，又称“类快疫”，是由D型魏氏梭菌在羊肠道内大量繁殖、产生毒素而引起的，以病羊发病急、死亡快、肾脏软化为特征的急性传染病。多见于2~12月龄、膘情好的绵羊，山羊较少发生；多呈散发；具有比较明显的季节性和条件性，春末夏初青草萌芽、夏秋牧草结籽后常见多发；阴雨连绵、气候骤变、过食嫩草和精料、运动不足等均可成为本病的诱因。

（二）临床症状

发病急促，看不到或刚出现临床症状就很快死亡。病羊精神不振，离群呆立，或卧或跑，咬牙，抽搐倒地，四肢划动，左右翻滚，头颈后仰，呼吸急促，口吐白沫，痛苦呻吟，多于1~2h死亡。稍慢死亡者，腹胀、腹痛、腹泻，便中带血或有黏液，昏睡致死。

剖检，最明显的病理变化是肾脏软化、质脆，稍压即碎烂。

（三）预防

每年春秋两季，定期使用羊快疫、猝狙、羔羊痢疾、肠毒血症四联干粉灭活疫苗或羊快疫、猝狙、羔羊痢疾、肠毒血症三联四防灭活疫苗免疫，是最可靠的预防措施。

（四）治疗

因本病发病急，常来不及治疗就死亡。对病程稍慢者，使用青霉素可有一定治疗效果。

九、羊快疫

（一）流行特点

由腐败梭菌引起，多发于6~18月龄营养中等以上的绵羊，山羊少见。

（二）临床症状与病理变化

病羊往往来不及表现临床症状便突然死亡，常在放牧时死在牧场或早晨发现死于圈内。病程稍长的，可见其精神沉郁，离群独处，不愿走动，继而磨牙抽搐，腹痛臌气，排粪困难或里急后重等，最后衰弱昏迷、口流带血泡沫、衰竭而死。

死尸迅速腐败膨胀，可视黏膜充血呈暗紫色；鼻孔流出血样带泡沫的液体，头颈部皮下可有血性胶样浸润，胸腹腔和心包积液；真胃黏膜有大小不等的出血斑块及坏死区，黏膜下组织水肿；心内、外膜有出血点；肝脏肿大变性；胆囊肿胀。

（三）预防

加强饲养管理，防止严寒袭击，严禁吃霜冻饲料；疫区禁饮死水，改饮溪河流水；常发区，应定期预防注射羊梭菌性病五联苗疫苗或羊厌气菌病三联苗或羊快疫单苗，或在发病季节给羊群投服土霉素、磺胺类药。

（四）治疗

该病病程短促，往往来不及治疗。病程长者，可选用青霉素肌内注射或内服磺胺嘧啶，或内服10%新鲜石灰乳，50~100mL/次，连服1~2次。病死羊只深埋，严禁剥皮吃肉。

十、羊猝疽

（一）发病特点

由C型产气荚膜梭菌引起，主要发生于1~2岁的成年绵羊，呈地方流行性。

（二）临床症状与病理变化

病程短促，常未见症状即突然死亡；有的可见病羊掉群卧地，不安，衰弱或痉挛，常在数小时内死亡。

病死羊剖检可见十二指肠和空肠黏膜严重充血、糜烂，个别区段可见大小不等的溃疡灶；体腔积液；死后数小时可见骨骼肌间积聚血样液体，有气性裂孔。

（三）防治

该病来不及治疗。本病流行地区，每年用三联苗或五联苗预防接种2次。

十一、羔羊痢疾

（一）流行特点

由B型产气荚膜梭菌引起，主要发生于1周内羔羊，尤以2~5日龄羔羊发病多。以纯种细毛羊发病率和死亡率最高。

（二）临床症状与病理变化

病羊表现发烧，腹痛，拉黄绿、黄白色稀便，或暗红色、恶臭、粥样粪便，磨牙，咩叫。有的表现腹胀而不下痢或排少量血便，主要表现神经症状，四肢瘫痪，呼吸急促，口鼻流沫，最后昏迷而死。

尸体严重脱水；真胃内有未消化的凝乳块；小肠尤以回肠黏膜充血发红，可见到直经1~2mm的溃疡，溃疡周围有一出血带环绕；肠系膜淋巴结充血肿胀或出血；后腹部皮下水肿，腹腔积液；心包积液，心内膜点状出血；肝肿大；肾稍柔软；肺有充血区或淤斑。

（三）预防

增强孕羊体质，注意产羔季节的保暖；合理哺乳；做好消毒、隔离工作，每年产前定期注射五联苗。

（四）治疗

1. 病初用轻泻剂

如硫酸镁2~3g、福尔马林0.2~0.3mL，溶于30~40mL温水中，一次内服，6~8h后，再用1%高锰酸钾液15~20mL内服，首次按2次/d，以后1次/d，连用2~3d；土霉素，0.2~0.3g加等量胃蛋白酶，加水内服，2次/d；或用磺胺咪0.5g、鞣酸蛋白0.2g、次硝酸铋0.2g、碳酸氢钠0.2g，水调内服，3次/d；青霉素、链霉素联合肌内注射；抗羔羊痢疾血清3~10mL，肌内注射。

2. 中药疗法

白头翁10g，黄连10g，秦皮10g，生山药10g，山萸肉12g，诃子肉10g，茯苓10g，白术5g，白芍10g，干姜5g，甘草6g，将上述药煎两次，每次300mL，混合后每只羔羊内服10mL，2次/d。

3. 对症疗法

补液可用5%葡萄糖盐水20~100mL静脉注射，强心可用10%安钠咖1~

5mL，食欲欠佳的可用人工胃液（胃蛋白酶 10g，稀盐酸 5mL，水 1L）10mL，内服，1 次/d。

十二、羊黑疫

（一）流行特点

由 B 型诺维氏梭菌引起，一般发生于 1 岁以上的绵羊，以 2~4 岁、体况较好的绵羊多发，山羊也可发病。在春、夏季肝片吸虫流行的低洼潮湿地区多发。

（二）临床症状与病理变化

病程短促，表现为突然死亡。少数病例病程稍长，表现不食，不反刍，呆立，行动不稳，呼吸困难，流涎，体温 41.5℃左右，昏睡而死。

病羊死后迅速腐败，皮下静脉严重淤血，羊皮外观呈暗黑色；胸部皮下水肿，体腔积液；肝脏表面和深层有大小不一的灰黄色坏死病灶，界线明显，周围有一鲜红的充血带环绕，切面呈半圆形；心内膜有出血点；脾肿大，呈紫黑色；真胃幽门部和小肠充血、出血。

采集肝脏坏死灶边缘的组织涂片染色镜检，可见革兰氏阳性、粗大、两端钝圆的杆菌。

（三）预防

严格控制肝片吸虫的感染；流行地区可定期用五联苗预防接种。

（四）治疗

病程稍长的病羊，肌内注射青霉素 80 万~160 万 IU，2 次/d；静脉或肌内注射抗诺维氏梭菌血清 50~80mL，连用 1~2 次。

十三、羊坏死杆菌病

（一）发病特点

由坏死梭杆菌引起，绵羊患病多于山羊，在多雨、潮湿、炎热的夏季多发，且以皮肤、黏膜损伤的情况下更多见，呈散发或地方性流行。

（二）临床症状与病理变化

成年绵羊常侵害蹄部，引起腐蹄病，多为一肢患病，呈跛行，蹄间隙、蹄踵和蹄冠开始红肿、热痛，而后溃烂，肿烂部有发臭的脓样液体流出，有时蹄匣脱落。绵羊羔可发生唇疮，在鼻、唇、眼部甚至口腔发生结节和水疱，随后成棕色痂块。轻症者，迅速恢复；重症者不及时治疗，往往由于内脏形成转移性坏死灶而死亡。

剖检可见皮肤、皮下组织和消化道黏膜的坏死，及内脏上出现转移性坏死灶。

（三）预防

保护皮肤、黏膜免受损伤，发现外伤及时处理；保持畜舍、环境、用具的清洁与干燥；正确护蹄，防止在碎石凌乱的道路上奔跑、驱赶。

（四）治疗

治疗蹄部时，首先清除坏死组织，用食醋、3%来苏儿、1%高锰酸钾溶液冲洗，或用6%福尔马林或5%~10%硫酸铜浴脚，再涂以土霉素软膏，用纱布包扎患部。重者需全身治疗，选用磺胺嘧啶，0.1g/kg体重，深部肌内注射或静脉注射；或土霉素，7~15mg/kg体重，肌内或静脉注射；或氨苄青霉素，10~20mg/kg体重，肌内注射。

十四、羔羊大肠杆菌病

（一）发病特点

由致病性大肠杆菌引起，多发于数日至6周龄的羔羊，有时3~8月龄的羊也发生，呈地方流行性，也有散发的。放牧季节少发，而冬、春舍饲期间常发。气候不良、营养不足和厩舍污秽可诱发。

（二）临床症状与病理变化

败血型主要发生于2~6周龄，体温升高达41~42℃，全身虚弱，并出现明显的中枢神经系统紊乱症状，如步态失调、视力障碍、磨牙、角弓反张等。

肠型主要发生于7日龄以内的羔羊，病羊排黄色、灰色、带有气泡或混有血丝的液体粪便。

死于败血型的病变可见体腔内大量积液，内有纤维蛋白絮状凝块；脑膜充血，有出血点；关节肿大。死于下痢的羊剖检可见真胃和肠黏膜充血、出血，肠内混有血液和气泡，呈黄灰色，肠系膜淋巴结肿胀发红。

（三）预防

加强母羊的饲养管理，做好抓膘、保膘工作，护理新生羔羊；搞好环境卫生，定期消毒；选择符合当地血清型的福尔马林灭能苗预防接种。

（四）治疗

病程缓慢的可选用土霉素，每千克体重10~25mg，口服，2~3次/d，或按5~10mg/kg体重，肌内注射，2次/d，连用3~5d，新生羔应加胃蛋白酶0.2~0.3g；或环丙沙星，2.5mg/kg体重，肌内注射，2次/d，连用3~5d；或庆大霉素，2~4mg/kg体重，肌内注射，2次/d，连用3d。同时注意对症疗法，补液可静注5%葡萄糖生理盐水，强心选用10%安钠咖。

十五、羊链球菌病

（一）发病特点

由溶血的兽疫链球菌引起，绵羊易感性高，山羊次之。新疫区常呈流行性，老疫区则呈地方流行或散发。

（二）临床症状与病理变化

病羊体温升高至41℃以上，精神不振，食欲低下，呼吸困难；流涎；鼻流浆液性、黏脓性分泌物；流泪，眼有脓性分泌物；粪便松软，带有黏液或血液；有时可见眼睑、嘴唇、面额部肿胀；咽喉部及下颌淋巴结肿大；濒死前磨牙、抽搐，惊厥而死。孕羊流产。

剖检可见各脏器广泛出血，以膜性组织（大网膜、肠系膜等）最为明显；咽、扁桃体发炎、水肿、出血、坏死；头颈部淋巴结肿大，出血、坏死；肺脏水肿、气肿，实质出血、肝变，呈大叶性肺炎；胆囊肿大；肾脏变脆、变软、肿胀、梗死；各脏器浆膜有纤维素性渗出。

（三）预防

加强饲养管理，做好防寒保暖工作；无病区勿从疫区购进羊、羊肉及皮毛产品；疫区做好隔离、消毒工作，每年发病季节到来之前，用羊链球菌氢氧化铝菌苗进行预防接种。

（四）治疗

发病早期可用青霉素肌内注射，2次/d，连用2～3d；磺胺嘧啶，70～100mg/kg体重，内服，2次/d，首次加倍，或肌内注射，50～100mg/kg体重，1～2次/d，连用3d。

十六、羊传染性胸膜肺炎

（一）发病特点

羊传染性胸膜肺炎也称为羊支原体肺炎，是由支原体引起的一种高度接触性传染病，致死率高。引起本病的病原是丝状支原体，有两个亚种，一是丝状支原体山羊亚种，只引起山羊发病，不引起绵羊发病；二是丝状支原体绵羊亚种，既可使绵羊发病，也可使山羊发病。本病多发于早春、秋末和冬季寒冷、潮湿的季节，常呈地方性流行，具有很强的接触传染性，病羊和带菌羊是传染源，主要经呼吸道分泌物排菌，通过呼吸道传播。

（二）临床症状与病理变化

1. 最急性型

体温升高，可达41～42℃，精神沉郁，食欲减退或废绝，起初呼吸急促，很快就表现呼吸困难，剧烈咳嗽，流浆液性鼻液，黏膜发绀，呻吟哀鸣，卧地不起，多于1~3d死亡。

2. 急性型

体温升高，咳嗽，病初是湿性短咳，流浆液性鼻液，以后变为痛苦的干咳，流黏脓性铁锈色鼻液；胸部敏感，触摸疼痛，病侧叩诊常有实音区，听诊有支气管呼吸音与摩擦音；病羊高热不退，呼吸困难，呻吟哀鸣，痛苦难耐；弓腰伸颈，腹肋紧缩，孕羊大批流产，羊泌乳明显减少甚至停止泌乳；肚胀腹泻，口腔溃疡，唇部、乳房皮肤发疹，眼睑肿胀；最后卧地不起，委顿，濒死期体温下降至正常，最终衰竭死亡。

3. 慢性型

全身症状表现较轻，体温40℃左右，间或有咳嗽、腹泻、流涕，身体日渐消瘦，被毛粗乱。如不能很好地控制继发感染，常很快死亡。

本病的病理变化多局限于胸部器官，胸腔内常见有大量浆液性纤维素渗出性积液，呈淡黄色；肺炎多局限于一侧，间或两侧，胸膜充血、晦暗、粗糙，附以纤维素性絮状物，肺胸膜和肋胸膜常发生粘连，支气管与纵隔淋巴结充血、出血、肿大；心肌松软，心包积液；肺实质发生肝变，切面大理石样，肺小叶间质变宽，界限分明。慢性病例肺外围常见有结缔组织包囊。

（三）预防

发现病羊要及时隔离、封锁、消毒，引种时严防引入病羊或带菌羊，如需引进应隔离检疫1个月以上，确认健康后方可混群饲养。疫区的羊可使用山羊传染性胸膜肺炎灭活疫苗（C87-1株）皮下或肌内注射，成年羊每只5mL；6月龄以下羊羔羊，每只3mL。

（四）治疗

可选用注射用酒石酸泰乐菌素，成年羊10mL/次，肌内注射，2次/d，连用3d；或恩诺沙星2.5mg/kg体重，肌内注射，2次/d，连用3d；或阿奇霉素注射液成年羊5mg/kg体重，肌内注射，2次/d，连用5d。病情较重的羊或使用价值较高的种用羊，可用5%~10%葡萄糖注射液500mL，盐酸左氧氟沙星氯化钠注射液2.5~5mg，盐酸消旋山莨菪碱注射液5~10mg，地塞米松磷酸钠注射液4~12mg，混合一次静脉滴注，1次/d，连用3d，同时肌注复方氨基比林注射液5~10mL，1次/d，连用3d。

50kg体重的羊可用金银花、连翘各40g，芦根、炒神曲各30g，桔梗、荆芥穗、薄荷、黄芩各25g，山楂、甘草各20g。煎水滤渣，候温灌服，1剂/d，连用3~5d。

第二节 肉羊常见普通病的防治

一、口炎

(一) 发病原因

羊口炎是羊的口腔黏膜表层和深层组织的炎症。原发性口炎多由外伤引起;继发性口炎则多发生于羊患口疮、口蹄疫、羊痘、霉菌性口炎、过敏反应和羔羊营养不良时。

(二) 临床症状

病羊表现食欲减少,口内流涎,咀嚼缓慢,欲吃而不敢吃,当继发细菌时有口臭。卡他性口炎,病羊表现口黏膜发红、充血、肿胀、疼痛,特别在唇内、齿龈、颊部明显;水疱性口炎,病羊的上下唇内有很多大小不等的充满透明或黄色液体的水疱;溃疡性口炎,在黏膜上出现溃疡性病灶,口内恶臭,体温升高。上述各类型口炎可以单独出现,也可相继或交错发生。在临床上以卡他性(黏膜的表层)口炎较为多见。继发性口炎常伴有关疾病的其他症状。

(三) 预防

要加强管理,防止外伤性原发口炎,传染病并发口炎,应隔离消毒。饲槽、饲草可用2%的碱水刷洗消毒。

(四) 治疗

羊患口炎,应喂给柔软、富含营养、易消化的草料,并补喂牛奶、羊奶;轻度口炎的病羊可选用0.1%高锰酸钾、0.1%雷夫奴尔水溶液、3%硼酸水、10%浓盐水、2%明矾水等反复冲洗口腔,洗毕后涂碘甘油,每天1~2次,直至痊愈为止;口腔黏膜溃疡时,可用5%碘酊、碘甘油、龙胆紫溶液、磺胺软膏、四环素软膏等涂拭患部;病羊体温升高,继发细菌感染时,可用青霉素40万~80万IU,链霉素100万IU,肌内注射,每天2次,连用2~3d;或服用或注射磺胺类药物。

二、谷物酸中毒

(一) 发病原因

谷物酸中毒是因羊采食或偷食谷物饲料过多,从而引起瘤胃内产生乳酸的异常发酵,使瘤胃内微生物增多和纤毛虫生理活性降低的一种消化不良疾病。

多因管理不当,羊偷吃或过食大量的富含碳水化合物的谷物(如大麦、小麦、玉米、高粱、水稻),或谷皮和豆粕等精饲料所引起。

（二）临床症状

通常在过食谷物饲料后4～6h发病，呈急性消化不良，表现精神沉郁，腹胀，喜卧，亦见腹泻，很快死亡。

一般症状为食欲、反刍减少，很快废绝，瘤胃蠕动变弱，很快停止。触诊瘤胃胀软，内容物为液体。体温正常或升高，心率和呼吸次数增加，眼球下陷，血液黏稠，皮肤丧失弹性，尽量减少，常伴有瘤胃炎和蹄叶炎。

（三）预防

羊谷物酸中毒，首先要加强饲养管理，严防羊偷食谷物饲料及突然增加浓厚精饲料的喂量，应控制喂量，做到逐步增加，使之适应。

（四）治疗

中和胃液酸度，用5%碳酸氢钠1 500mL胃管洗胃，或用石灰水洗胃。石灰水制作：生石灰1kg，加水5L，搅拌均匀，沉淀后用上清液。

对病羊进行强心补液，可用5%葡萄糖盐水500～1 000mL，10%樟脑磺酸钠5mL，混合静脉注射。

健胃轻泻用大黄苏打片15片、陈皮酊10mL、豆蔻酊5mL、石蜡油100mL，混合加水，1次内服。

三、食管阻塞

食管阻塞又称食管梗阻，食物或异物突然阻塞在食管内，发生吞咽障碍。本病按发病的程度和部位分完全阻塞和不完全阻塞以及咽部、颈部、胸部阻塞。

（一）发病原因

主要是由于羊抢食、贪食一大口食物或异物，又未经咀嚼便囫囵吞下所致，或在垃圾堆放处放牧，羊采食菜根、萝卜、塑料袋、地膜等阻塞性食物或异物而引起。继发性阻塞见于异嗜癖（营养缺乏症）、食管狭窄、扩张、憩室、麻痹、痉挛及炎症等病程中。

（二）临床症状

本病发病急速，采食顿然停止，仰头缩颈，极度不安，口和鼻流出白沫，用胃导管探诊，胃管不能通过阻塞部。因反刍、嗳气受阻，常继发瘤胃臌气。诊断依据胃管探诊和X射线检查可以确诊。若阻塞物部位在颈部，可用手外部触诊摸到。

（三）预防

定时喂食。块根块茎类饲料切碎再喂。喂食时不要让羊受到惊吓。

（四）治疗

如在排出梗塞物之前已发生臌气，先行瘤胃穿刺排气，并将套管针留置到梗塞物排出后拔出。梗塞物的排出方法有以下几种。

1. 经口排出法

适于颈部食道梗塞。将头部确实保定，装着开口器，助手在颈部用手将梗塞物推送到咽部固定，术者将舌拉出，手伸入咽部取出梗塞物。若阻塞物接近咽喉部，可在颈部用手向外推挤排出异物，或打开口腔，用异物钳取出。

2. 胃管推下法

适于胸部食道梗塞。先将2%~5%普鲁卡因溶液10~20mL注入食道，10min后将植物油或液状石蜡100mL注入食道，用食道探子将梗塞物缓慢地向胃内推送。

3. 打气、打水法

先将胃管插入食道抵梗塞物，外端接打气筒，助手打气数次，术者配合推动胃管，可能将梗塞物推入胃中；或外端连接“邦浦”式投药器，急速打水数次，配合推胃管可将梗塞物推下。注意预防食道破裂。

4. 手术法

颈部食道梗塞，各种方法不能排除时，可用食道切开术取出。如梗塞物在胸部食道，可用胃管通过食道切口，将梗塞物推进胃内；或作胃切开术，通过贲门用钳子取出，或用胃管插入，推送回口腔后取出。

四、前胃弛缓

羊前胃弛缓是前胃兴奋性和收缩力降低的疾病。

（一）发病原因

1. 原发性前胃弛缓

饲料单一、质量低劣，维生素或矿物质缺乏，饲养管理不当等可引起原发性前胃弛缓。主要是羊体质衰弱，再加上长期饲喂粗硬难以消化的饲草；突然更换饲养方法，供给精料过多，运动不足等；饲料品质不良，霉败，冰冻，虫蛀，染毒；长期饲喂单调、缺乏纤维素的饲料。

2. 继发性前胃弛缓

其他消化器官疾病如瘤胃积食、瘤胃酸中毒、创伤性网胃炎、瓣胃阻塞、真胃变位及肝脏疾病，一些营养代谢病如骨软症、生产瘫痪、酮病等，某些中毒病、传染病、寄生虫病及外产科病以及用药不当等可引起继发性前胃弛缓。

（二）临床症状

该病常见有急性和慢性两种。

1. 急性

病羊食欲废绝，反刍停止，瘤胃蠕动力量减弱或停止；瘤胃内容物腐败发酵，产生大量气体，左腹增大，触诊不坚实。

2. 慢性

病羊精神沉郁、倦怠无力，喜欢卧地，被毛粗乱，体温、呼吸、脉搏无变化，食欲减退，反刍缓慢，瘤胃蠕动力量减弱，次数减少。若因采食有毒植物或刺激性饲料而引起发病的，则瘤胃和皱胃敏感性增高，触诊有疼痛反应，有的羊体温升高。如伴有胃肠炎时，肠蠕动显著增加，下痢，或便秘与下痢交替发生。

若为继发性前胃弛缓，常伴有原发性疾病的特征症状。因此，诊疗中要加以鉴别。

（三）预防

应改善饲养管理，注意饲料品质，改进放牧环境，加强草场基本建设。

（四）治疗

首先应消除病因，加强饲养管理，因过食引起者，可采用饥饿疗法，禁食2~3次，然后供给易消化的饲料，使之恢复正常。

药物疗法，应先投给泻剂，清理胃肠，再投给兴奋瘤胃蠕动和防腐止酵剂。成年羊可用硫酸镁或人工盐20~30g、石蜡油100~200mL、番木鳖酊2mL、大黄酊10mL，加水500mL，1次内服。10%氯化钠20mL、10%氯化钙10mL、10%安钠咖2mL，混合后，1次静脉注射。

也可用酵母粉10g、红糖10g、酒精10mL、陈皮酊5mL，混合加水适量，1次内服。瘤胃兴奋剂可用2%毛果芸香碱1mL，皮下注射。防止酸中毒，可内服碳酸氢钠10~15g。另外可用大蒜酊20mL、龙胆末10g，加水适量，1次内服。

五、瘤胃积食

瘤胃积食是瘤胃充满大量食物，使正常胃的容积增大，胃壁急性扩张，食糜滞留在瘤胃引起严重消化不良的疾病。

（一）发病原因

主要是食入过多的喜爱采食的饲料，如苜蓿、青饲、豆科牧草；或养分不足的粗饲料，如干玉米秸秆等；采食干料，饮水不足，也可引起该病的发生。

该病还可继发于前胃弛缓、瓣胃阻塞、创伤性网胃炎、腹膜炎、皱胃炎及皱胃阻塞等疾病过程。

（二）临床症状

发病较快，采食、反刍停止，病初不断嗳气，随后嗳气停止，腹痛摇尾，或后蹄踏地，拱背，哞叫。后期病羊精神委靡。左侧腹部轻度膨大，腰窝略平或稍凸出，触诊硬实。瘤胃蠕动初期增强，以后减弱或停止，呼吸促迫，脉搏增速，黏膜发绀。严重者可见脱水，发生自体酸中毒和胃肠炎。

（三）预防

放牧前在饮水中加入少量植物油，对预防采食豆科牧草导致的瘤胃胀气有一定的预防作用。加强饲养管理，保证饲料质量稳定，定时、定量饲喂，限饲嫩草，禁食霉变、露水草料等。

（四）治疗

处置羊的瘤胃积食，要严格饲养管理制度，加强对羊群检查，建立合理的饲喂和放牧操作程序。治疗应遵循消导下泻，止酵防腐，纠正酸中毒，健胃，补充液体的治疗原则。

消导下泻，可用石蜡油 100mL、人工盐或硫酸镁 50g，芳香氨醑 10mL，加水 500mL，1 次内服。

止酵防腐，可用鱼石脂 1~3g、陈皮酊 20mL，加水 250mL，1 次内服。亦可用煤油 3mL，加温水 250mL，摇匀呈油悬浮液，1 次内服。

纠正酸中毒，可用 5%碳酸氢钠 100mL，5%葡萄糖溶液 200mL，1 次静脉注射。

心脏衰弱时，可用 10%安钠咖注射液 5mL，或 10%樟脑磺酸钠注射液 4mL，肌内注射。呼吸系统和血液循环系统衰竭时，可用尼可刹米注射液 2mL，肌内注射。

种羊发生急性瘤胃积食，若应用药物治疗不能达到目的时，宜迅速进行瘤胃切开手术，进行急救。

六、瓣胃阻塞

（一）发病原因

瓣胃阻塞是由于羊瓣胃的收缩力量减弱，食物排出作用不充分，通过瓣胃的食糜积聚，不能后移，充满瓣叶之间，水分被吸收，内容物变干而致病。

该病主要由于饮水不足和饲喂秕糠、粗纤维饲料而引起；或饲料和饮水中混有过多的泥沙，使泥沙混入食糜，沉积于瓣胃瓣叶之间而发病。

本病可继发于前胃弛缓、瘤胃积食、皱胃阻塞、瓣胃和皱胃与腹膜粘连等疾病。

（二）临床症状

病羊初期症状与前胃弛缓相似，瘤胃蠕动力量减弱，瓣胃蠕动消失，并可继发瘤胃臌气和瘤胃积食。触压病羊右侧第七至第九肋间，肩胛关节水平线上下时，羊表现疼痛不安。粪便干少，色泽暗黑，后期停止排粪。随着病程延长，瓣胃小叶发炎或坏死，常可继发败血症，此时可见体温升高、呼吸和脉搏加快，全身表现衰弱，病羊卧地不能站立，最后死亡。

（三）预防

预防本病在于注意放牧质量，合理搭配饲料，饮水应定时而充足。

避免给羊过多饲喂秕糠和坚韧的粗纤维饲料，防止导致前胃弛缓的各种不良因素。注意运动和饮水，增进消化机能，防止本病的发生。

（四）治疗

处置羊的瓣胃阻塞，应以软化瓣胃内容物为主，辅以兴奋前胃运动机能，促进胃肠内容物排出。

瓣胃注射疗法，对顽固性瓣胃阻塞疗效显著。具体方法是：准备25%硫酸镁溶液30~40mL，石蜡油100mL，在右侧第九肋间隙和肩胛关节线交界下方，选用12号7cm长针头，向对侧肩关节方向刺入4cm深，刺入后可先注入20mL生理盐水，试其有较大压力时，表明针已刺入瓣胃，再将上述准备好的药液用注射器交替注入瓣胃，于第二日再重复注射1次。

瓣胃注射后，可用10%氯化钙10mL、10%氯化钠50~100mL、5%葡萄糖生理盐水150~300mL，混合1次静脉注射。待瓣胃松软后，皮下注射0.1%氨甲酰胆碱0.2~0.3mL，兴奋胃肠运动机能，促进积聚物下排。

七、皱胃阻塞

皱胃阻塞是皱胃内积满过多的食糜，使胃壁扩张，体积增大，胃黏膜及胃壁发炎，食物不能排入肠道所致。

（一）发病原因

主要由于饲养管理、饲料改变不当所致，有时饲料中混入过多的羊毛等杂物，时间一长就会形成毛团，堵塞皱胃；有的是由于消化机能和代谢机能紊乱，食糜积蓄过多，发生异嗜的结果；也见于迷走神经调节机能紊乱，继发前胃弛缓、皱胃炎、小肠秘结、创伤性网胃炎等疾病。

（二）临床症状

该病发展较缓慢，初期似前胃弛缓症状，病羊食欲减退，排粪量少，以至停止排粪，粪便干燥，其上附有多量黏液或血丝。右腹皱胃区扩大，瘤胃充满液体，叩击皱胃区可感觉到坚硬的皱胃胃体。

（三）预防

平时要加强饲养管理，除去致病因素，尤其对饲料的品质、加工调配等要特别注意。做到定时定量喂料，供给足量的清洁饮水。冬季注意圈舍保暖和环境卫生。

（四）治疗

应先给病羊输液（见瓣胃阻塞治疗），可试用25%硫酸镁溶液50mL、甘油30mL、生理盐水100mL，混合作皱胃注射。操作方法应按如下步骤进行：首先在右腹下肋骨弓处触摸皱胃胃体，在胃体突起的腹壁部剪毛，碘酊消毒，用12号针头刺入腹壁入皱胃胃壁，再用注射器吸取胃内容物，当见有胃内容物残渣时，可以将要注射的药液注入。待10h后，再用胃肠通注射液1mL（体格小的羊用0.5mL），1次皮下注射，每日两次；或用比赛可灵注射液2mL，皮下注射，亦可重复使用。

中药治疗可用大黄9g、油炒当归12g、芒硝10g、生地3g、桃仁2.5g、三棱2.5g、莪术2.5g、郁李仁3g，煎成水剂内服。

对于发病的种羊，用药物治疗无效时，可考虑进行皱胃切开术，以排除阻塞物。

羔羊哺乳期，常因过食羊奶使凝乳块聚结，充盈皱胃腔内，或因毛球移至幽门部不能下行，形成阻塞物，继发皱胃阻塞。病羔临床表现食欲废绝，腹胀疼痛，口流清涎，眼结膜发绀，严重脱水，腹泻触诊瘤胃、皱胃松软。治疗可用石蜡油20g，加温水2mL，1次内服。此外，病羔可诱发胃肠炎和机体抵抗力降低，应进行全身保护性治疗。

八、急性瘤胃臌气

（一）发病原因

急性瘤胃臌气，是羊采食大量易发酵的饲料，或秋季放牧羊群在草场采食大量的豆科牧草后，迅速产生大量气体而引起的前胃疾病。冬春两季给怀孕母羊补饲精料，群羊抢食，其中抢食过量的羊也易发病，并可继发瘤胃积食。

（二）临床症状

初期病羊表现不安，回顾腹部，拱背伸腰，肷窝突起，有时左旁腰向外突出，高于髋节或脊背水平线；反刍和嗳气停止，触诊腹部紧张性增加，叩诊是鼓音，听诊瘤胃蠕动力量减弱，次数减少，死后剖解可见瘤胃臌胀。

（三）预防

加强饲养管理，严禁在苜蓿地放牧；注意饲草饲料的贮藏，防止霉败变质；

防止羊偷食精饲料，一般能预防。

（四）治疗

本病的治疗原则是胃管放气，防腐止酵，清理胃肠。可插入胃导管放气，缓解腹部压力。或用 5%的碳酸氢钠溶液 1 500mL 洗胃，以排出气体及中和酸液胃内容物，必要时可进行瘤胃穿刺放气。具体操作如下：先在左腹部剪毛、消毒，然后以术者的拇指压迫左腹部的中心点，使腹壁紧贴瘤胃壁，用兽用套管针或 16 号针头垂直刺入腹壁并穿透瘤胃胃壁缓慢放气，在放气中紧紧按压住腹壁，勿使腹壁与瘤胃胃壁脱离，边放气边下压，防止胃液漏入腹腔，引起腹膜炎。也可用石蜡油 100mL、鱼石脂 2g、酒精 10～15mL，加水适量，1 次内服；或用氧化镁 30g，加水 300mL；或用 8%氢氧化镁混悬液 100mL，1 次内服。

九、创伤性网胃腹膜炎及心包炎

创伤性网胃腹膜炎及心包炎是由于异物刺伤网胃壁而发生的一种疾病。

（一）发病原因

该病主要由于尖锐金属异物（如钢丝、铁丝、缝针、发卡、锐铁片等）混入饲料被羊食入网胃，因网胃收缩，异物刺破或损伤胃壁所致。如果异物经横膈膜刺入心包，则发生创伤性网胃心包炎。异物穿透网胃胃壁或瘤胃胃壁时，可损伤脾、肝、肺等脏器，此时可引起腹膜炎及各部位的化脓性炎症。

（二）临床症状

1. 创伤性网胃炎症状

病羊精神沉郁，食欲减少，反刍缓慢或停止，行动谨慎，表现疼痛，拱背，不愿急转弯或走下坡路。触诊用手叩击网胃区及心区，或用拳头顶压剑突软骨区时，病畜表现疼痛、呻吟、躲闪。肘头外展，肘肌颤动。前胃弛缓，慢性瘤胃臌气。血液检查，白细胞总数每立方毫米高达 14 000～20 000 个，白细胞分类初期核左移。嗜中性白细胞高达 70%，淋巴细胞则降至 30%左右。

2. 创伤性网胃心包炎症状

心动过速，每分钟 80～120 次，颈静脉怒张，粗如手指。颌下及胸前水肿。听诊心音区扩大，出现心包摩擦音及拍水音。疾病后期，常发生腹膜粘连、心包积脓和脓毒败血症。

根据临床症状和病史，结合进行金属探测仪及 X 光透视拍片检查，即可确诊。

（三）预防

平时要注意检查饲料中是否有异物，特别是金属异物。在饲料加工设备中安装磁铁，以排除铁器，并严禁在牧场或羊舍内堆放铁器。饲喂人员勿带尖细的铁器用具进入羊舍，以防止混落在饲料中，被羊食入。

（四）治疗

治疗羊创伤性网胃腹膜炎及心包炎可行瘤胃切开术，清理排除异物。如病程发展到心包积脓阶段，病羊应予淘汰。

对症治疗，消除炎症，可用青霉素 40 万~80 万 IU、链霉素 50 万 IU，1 次肌内注射。亦可用磺胺嘧啶钠 5~8g、碳酸氢钠 5g，加水内服，每日 1 次，连用 1 周以上。亦可用健胃剂、镇痛剂。

十、胃肠炎

胃肠炎是胃肠黏膜及其深层组织的出血性或坏死性炎症。

（一）发病原因

1. 原发性胃肠炎

多种因素都能够引起该类型胃肠炎，主要是由于羊只饲养管理不规范，或者饲养环境突然发生改变，导致机体自我调节能力减弱，胃肠菌群发生紊乱等引起。当羊只饲喂品质低劣的饲料，如在放牧过程中食入过多的冰冻饲草，发生霉变的青贮、干草、豆饼、玉米以及精饲料等；采食使用农药或者化学药品处理的种子、各种有毒植物；饲草料中存在刺激性的化肥，如硝铵和过磷酸钙等，或者饮水不卫生；食入大量的芒硝、芦荟和蓖麻油等；圈舍湿度过大、卫生条件较差，冬春气候寒冷季节机体瘦弱，缺乏营养；服用规定用量的驱虫药物，都能够引起胃肠炎。

2. 继发性胃肠炎

当羊只患有其他前胃疾病，某些传染病（如羊快疫、羔羊大肠杆菌病、羊巴氏杆菌病和羊副结核等）或者寄生虫病（如羊钩虫、肝片形吸虫、结节虫等）都能够继发引起该病。另外，羊只其他器官发生病变，如口腔、牙齿、心脏、肝脏、肺脏、肾脏等，也能够继发引起胃肠炎。

（二）临床症状

该病临床上主要特征是发热、腹痛、消化机能紊乱、腹泻、脱水以及毒血症。病羊表现出精神萎靡，食欲不振或者完全废绝，明显口臭，且舌苔较重；发生腹泻，排出水样或者粥样粪便，并散发腥臭味，且往往混杂黏液、脱落的黏膜组织以及血液，有时甚至混杂脓液；明显腹痛，肌肉不停震颤，肚腹蜷缩。

发病初期，肠音有所增强，之后逐渐减弱，甚至完全消失；如果导致直肠发生炎症，会出现里急后重的排粪现象。

发病后期，肛门明显松弛，排粪失禁甚至自痢。体温明显升高，心率加速，呼吸急促，眼窝凹陷，眼结膜发绀或者暗红，皮肤弹性变差，尿液量减少。

随着症状的加重，病羊体温开始逐渐降低，低于正常水平，四肢厥冷，体表静脉萎陷，精神肌肤萎靡，甚至陷入昏迷或者昏睡状态。病羊患有慢性胃肠炎，表现出食欲多变，时坏时好，或采食量不断减少，往往出现异食癖，从而出现经常舔食泥土或者舐厩舍墙壁的现象。

（三）预防

加强饲养管理。羊只饲喂品质优良且容易消化的草料，禁止饲喂混有发生霉变或者混杂腐蚀性、刺激性化学物质的饲草，合理搭配草料，保证含有全面营养，同时供给清洁卫生的饮水。栏舍保持干燥、卫生，严格进行消毒，羊场过道可定期使用3%氢氧化钠溶液或者生石灰等进行消毒。

（四）治疗

消炎，可用磺胺脒4~8g、小苏打3~5g，加水适量，1次内服。亦可用药用炭7g、萨罗尔2~4g、碳酸氢钠3g，加水适量，1次内服；或用黄连素片15片、红根草粉15g，加水适量，1次内服；或用青霉素40万~80万IU，链霉素50万~100万IU，蒸馏水10mL溶解，1次肌内注射，连用5d；或用土霉素或四环素0.5g，溶解于生理盐水100mL中，1次静脉注射。

脱水严重的病羊宜补液，可用5%葡萄糖溶液300mL、生理盐水200mL、5%碳酸氢钠溶液100mL，混合后1次静脉注射，必要时可以重复应用。下泻严重者可用1%硫酸阿托品注射液2mL，皮下注射。

心力衰竭时，可用10%樟脑磺酸钠3mL，1次肌内注射；或用尼可刹米注射液2mL，皮下注射。

白芍、秦皮、银花、当归、黄芩各20g，甘草、山楂、木香、郁金各10g，加水煎煮后取药液给病羊内服；也可取木香、黄连各4g，鸡内金、陈皮各18g，白头翁24g，山楂、泽泻、茯苓各12g，山栀、大黄、黄芩各6g，加水煎煮后给病羊灌服；也可取干姜15g，槐花、地榆、葛根各20g，白术、防风各25g，加水煎煮后给病羊灌服；也可取丹皮6g，黄连12g，葛根、黄柏、赤芍、黄芩各9g，陈皮、银花、白头翁、连翘各15g，加水煎煮后给病羊灌服。

十一、小叶性肺炎及化脓性肺炎

（一）发病原因

小叶性肺炎是支气管与肺小叶或肺小叶群同时发生炎症。小叶性肺炎多因羊受寒感冒，物理化学因素的刺激，条件性病原菌的侵害，如巴氏杆菌、链球菌、化脓放线菌、坏死杆菌、绿脓杆菌、葡萄球菌等的感染；羊肺线虫也可引起发病。此外，本病可继发于口蹄疫、放线菌病、子宫炎、乳房炎。还可见于羊耳蜗、外伤所致的肋骨骨折、创伤性心包炎、胸膜炎的病理过程中。

（二）临床症状

小叶性肺炎初期呈急性支气管炎的症状，即咳嗽，体温升高，呈弛张热型，高达40℃以上；呼吸浅表、增数，呈混合性呼吸困难。呼吸困难的程度，随肺脏发炎的面积大小而不同，发炎面积越大，呼吸越困难，呈现低弱的痛咳。胸部叩诊，出现不规则的半浊音区。浊音则多见于肺下区的边缘，其周围健康部的肺脏，叩诊音高朗。听诊肺区肺泡音减弱或消失，初期出现于啰音，中期出现湿啰音、捻发音。

化脓性肺炎病灶常呈现散在性的特点，是小叶性肺炎没有治愈、化脓菌感染的结果。病羊呈现间歇热，体温升高至41.5℃；咳嗽，呼吸困难。肺区叩诊，常出现固定的似局灶性浊音区，病区呼吸音消失。其他基本同小叶性肺炎。血液检查白细胞总数增加，其中嗜中性白细胞占70%，核分叶增多。

（三）预防

平时要加强饲养管理，保持圈舍卫生，防止吸入灰尘。勿使羊受寒感冒，杜绝传染病感染。在插胃管时，防止误插入气管中。

（四）治疗

治疗本病的原则是消炎止咳、解热强心。消炎止咳可应用10%磺胺嘧啶钠20mL，或用抗生素（青霉素、链霉素）肌内注射；氯化铵1~5g、酒石酸锑钾0.4g、杏仁水2mL，加水混合灌服。亦可应用青霉素40万~80万IU、0.5%普鲁卡因2~3mL，气管注入。或用卡那霉素0.5g，肌内注射，每日两次，连用5d。解热强心可用10%樟脑水注射液4mL或复方氨基比林10mL，肌内注射。

十二、羔羊假死

羔羊假死又称初生羔羊窒息。假死的羔羊表现口鼻有黏液，横卧闭眼，绵软不动，舌头外垂，口色青紫，体温下降，呼吸微弱，甚至没有呼吸。听诊，肺部湿性啰音，严重时反射消失，心脏微弱跳动。发现羔羊假死，应立即采取急救措施。

1. 尚有微弱呼吸的假死羔羊

对一息尚存、微弱呼吸的假死羔羊，应立即提起其后腿，使羔羊悬空，用手轻轻拍打其背部和胸部；或让羔羊呈趴窝姿势，然后用两手有节律地推压胸部两侧；或让羔羊仰面朝天，握住两前肢，像拉锯样前后不停地屈伸，以刺激呼吸反射，促使口腔、鼻腔和气管内的黏液和羊水排出。

2. 不见呼吸的假死羔羊

对已不见呼吸，但仍有心跳的假死羔羊，应立即将羔羊平放在垫草或加热板上，快速抠净口、鼻内的黏液及羊水，有节律地按压羔羊胸部；或用棉球蘸上高度白酒涂擦鼻孔，或直接向鼻孔里喷一口烟；也可以将羔羊放入38~40℃的温水中，露出口鼻，防止呛水，10min后，取出羔羊，用干棉布擦干全身，再用棉衣棉被包裹，可使羔羊复苏。

3. 药物急救

必要时，每只羔羊肌内或皮下注射尼可刹米注射液0.25g，最多不超过2次，或肌内注射安钠咖注射液4~5mL；已不见呼吸、尚有心跳的羔羊，可向脐动脉内缓慢注射10%氯化钙注射液2~3mL，但不可渗漏。

十三、创伤

羊体一旦局部受到外力作用，就有可能引起软组织开放性损伤，如擦伤、刺伤、切伤、裂伤、咬伤，以及因手术而造成的创伤等。在创伤过程中如有大量细菌侵入，则可发生感染，出现化脓性炎症。不同性质的创伤，处理方法不同。

（一）新鲜创的治疗

1. 创伤止血

根据创伤发生部位、种类和出血情况，应按止血方法先进行止血。

2. 清洁创围

用灭菌纱布块放在创腔内，然后从创缘开始向外周剪毛5~10cm，剪毛时防止被毛或泥土落入创内，剪毛后用肥皂水或3%煤酚皂溶液，洗净创围，注意勿使刷拭液流入创内，而后用酒精棉球彻底清拭创围皮肤，最后用5%碘酊消毒。

3. 清理创腔

先除去纱布块，用镊子除去可见的被毛、异物、凝血块及挫灭组织碎块。另外，根据创伤性质和损坏程度，在局部麻醉下，进行修整创缘，切除创缘挫灭的皮肤和皮下组织、扩大创口、消除创囊，除去深部挫灭组织等。最后选用生理盐水，0.1%雷佛奴尔溶液、0.1%高锰酸钾溶液、0.25%盐酸普鲁卡因溶液加入青霉素每毫升含500~1 000IU，或新洁尔灭（1：2 000）或高渗硫酸镁（钠）溶液，反复冲洗，清除创内异物。最后用灭菌纱布轻轻吸干创内积液。

4. 创伤用药

清创以后，伤面可撒布氨苯磺胺粉、青霉素粉或碘仿磺胺粉等。

5. 创面整理

有可能第一期愈合的，可进行缝合。对污染严重，创缘不清楚，而达不到第一期愈合时，除撒布上述粉剂外，也可撒布三合粉（高锰酸钾、氯化锌、卤碱粉等各粉），或用高锰酸钾粉研磨，也可撒布中药生肌散等，行开放疗法。

6. 包扎

应根据创伤的具体情况，合理应用绷带包扎。

(二) 化脓创的治疗

1. 清洁创围

同新鲜创。

2. 冲洗创腔

首先，用药液反复冲洗创腔，彻底洗去脓汁。当有尘土严重污染创伤时，以及有厌氧菌、绿脓杆菌、大肠杆菌感染可能时，宜选用酸性药物，如0.1%~0.2%高锰酸钾溶液、2%~4%硼酸溶液或2%乳酸溶液等。其次，也要注意脓汁的色泽或涂片检查，决定细菌感染的种类，以便选择药物，控制细菌的发育繁殖。此外，使用高渗硫酸镁（钠）、高渗盐水冲洗也可，并能加速创伤净化。

3. 防腐药物的使用

防腐剂的选用，要根据创伤炎性净化阶段、脓汁性质的不同，而选用药物。创伤酸性反应时，宜选用碱性药物，如生理盐水、高渗盐水、2%碳酸氢钠溶液、1∶(2 000~10 000) 新洁尔灭溶及0.01%~0.02%呋喃西林溶液等，0.1%雷佛奴尔溶液也经常使用。

4. 处理创腔

冲洗排脓后，清除创内异物、坏死组织及创囊，为创内脓汁顺利地向外排出创造有利条件。如排脓不畅，可在低位作辅助切口排脓，最后再次用防腐剂冲洗创腔。

5. 引流

冲洗干净后，根据创腔情况，用适合创腔大小的纱布浸透药液（如硫呋液、20%硫酸镁（钠）溶液、10%食盐水、硫甘碘合剂、0.1%雷佛奴尔溶液等），纱布一头用大镊子夹起，另一头用针将纱布条导入创腔内，使其平整全面地塞在创腔内，注意不要塞得过紧，一头留在创口下边。

6. 固定引流物

为防止引流物掉落，可用缝线将两侧创缘临时缝上1~2针，固定引流物。一般不包扎，行开放疗法。

(三) 肉芽创的治疗

1. 清洁创围

同前。

2. 清洁创面

由于化脓性炎症逐渐停止，创内生长新鲜红色肉芽组织，因此清洁创面时要保护芽组织不受损伤。使用无刺激性的或弱防腐液浸湿棉球轻轻清拭，除去肉芽面上多量的脓性分泌物，不能粗暴冲洗。常用药物有：生理盐水、0.1%雷佛奴尔溶液、0.1%高锰酸钾溶液、0.01%～0.02%呋喃西林溶液、硫甘碘合剂等。

3. 应用药物

应选择刺激性小、促进肉芽组织生长的药物调制成流膏、油性乳、乳剂或软膏使用。也可应用松碘油膏、磺胺鱼肝油、2%～3%鱼肝油红汞或甘油红汞、青霉素鱼肝油、5%～10%敌百虫软膏等涂布，以后可应用磺胺软膏、青霉素软膏、金霉素软膏等。

当肉芽组织充满腔内并接近创缘时，为了促进创缘上皮新生，可应用氧化锌水杨酸软膏、氢氟酸软膏、氧化锌软膏或自家血液灌注与血液湿性绷带等，也可于创面上涂布龙胆紫液、撒撒布剂等。

对赘生肉芽组织小的，可用硝酸银或硫酸铜腐蚀；赘生组织较大的，可用高锰酸钾粉末研磨，使之形成痂皮。

（四）创伤检查和治疗注意事项

① 创伤治疗中所提到防腐剂，尽可备齐。

② 引流的纱布条，应根据创腔的情况来制作，一般纱布条越长，则其条幅应越宽，而用狭而长的纱布条作引流，不易达到目的。

③ 关于用药时期对创伤愈合很重要。一般在化脓未停止前，每天用药1次；当化脓停止，生长肉芽时，应加强保护芽组织，并减少用药次数。

十四、脓肿

羊体局部受到外力刺伤（铁丝、铁钉的锐物）或打针受污染后，容易造成皮下化脓性炎症而变成脓肿。

脓肿的临床症状与一般的炎症类似，都具有红、肿、热、痛等表现。一般地，脓肿特别是浅在性热性脓肿表现红、肿、热、痛的症状比较明显，而寒性脓肿局部温度并不高。无论是哪种脓肿，都表现局部肿胀、疼痛、有波动感，这对脓肿的诊断具有决定性的意义。深部脓肿都会表现皮肤与皮下组织水肿的病理现象。

为了避免诊断上的错误，可进行疑似脓肿穿刺，抽取内容物判定，最为可靠。方法是：局部剪毛消毒后，用大号注射针头，选择波动明显的低部位，垂直刺入脓肿腔，内容物可自动流出，或安上注射器吸出内容物，如流出脓汁，即可确定为脓肿；否则不是脓肿。

脓肿的处置方法如下。

（一）切开

要注意切口的位置、长度和方向，即要求便于彻底排除脓汁，又不要损伤主要的血管、神经，也不宜超过脓肿的界限，以免损伤健康组织和感染扩散。由于解剖条件的限制，不能切开的脓肿，可用穿刺抽出脓汁。若脓肿过大，或其底部尚有多量脓汁，一个切口不能彻底排除脓汁时，可做一对孔切口排脓，切开时先将术部常规处理。切开时为了防止脓汁向外喷射，可先用针头穿刺排除一部分脓汁，最后选择柔软部位，先以刀尖刺入皮肤慢慢切开，下刀不宜过深，以防误伤对侧脓肿膜，而使脓汁扩散。

（二）排脓

首先，切开脓肿后，力求彻底排出脓汁，但要注意不要破坏脓肿膜，以免损伤肉芽组织和感染扩散。其次检查脓腔，应注意有无残留的坏死组织和孔腔蓄脓，对于通过脓肿腔的血管和神经应加以保护。

（三）脓腔的处置

首先进行脓肿腔内检查，小心除去腔内异物或坏死组织，然后对浅在性脓肿可用防腐液反复清洗，以便除去脓腔内的残余脓汁与坏死组织。对于深在性脓肿可用挥发性防腐剂，如碘仿醚灌注，排除脓汁后，用浸有松碘油膏或磺胺碘甘油，或0.1%雷佛奴尔液的纱布块放入脓肿腔内引流，以保证脓汁通畅排出和防止切口过早愈合，以后根据脓汁多少，及时更换引流物。

（四）全身疗法

根据脓肿的大小、感染程度，除局部处理外，要注意全身疗法，可用抗生素与磺胺疗法、碳酸氢钠疗法以及普鲁卡因封闭疗法等。

十五、急性系关节扭伤

羊在不平的地面上急走、急转、急停、跌倒、失足登空或跳跃等各种原因的外力作用，容易造成羊的急性系关节扭伤。

如果发现羊站立时呈系关节站立状态，以蹄尖负重，患肢弯曲，系关节屈曲不敢下沉，系部直立；运动时系关节屈伸不充分，不敢下沉，蹄负重面不全着地，常以蹄尖触地前进，行走沉重；触诊关节内侧或外侧韧带，明显热、痛、肿胀，被动运动时，疼痛剧烈，病羊反抗，基本即可断定为急性系关节扭伤。

系关节扭伤多在运动过程中突然发生跛行，而病情逐渐加重，跛行程度越走越重。因此，在诊断时还要注意了解患病羊是否有失步蹬空、滑走、急跑突然停止或急转弯、跌倒、跳跃等情况。

羊急性系关节扭伤的治疗原则是制止出血和炎症，促进吸收，镇痛消炎，舒筋活血，预防组织增生，恢复关节机能。

在伤后1~2d，要用冷水浴或冷敷（冷醋酸铅溶液、冷醋泥贴敷）进行冷疗和包扎压迫绷带，严重时可注射加速凝血剂（10%氯化钙溶液、维生素 K_3）使病羊安静，以制止出血和渗出。急性炎性渗出减轻后，应及时用温热疗法，促进吸收。如关节内的出血不能吸收时，可作关节穿刺排出，同时通过穿刺针向关节腔内注射0.25%普鲁卡因青霉素溶液。

为减轻患部疼痛，可注射安痛定等镇痛药物，也可向疼痛较重的患部注射盐酸普鲁卡因酒精溶液10~15mL，同时配合涂擦碘酊樟脑酒精合剂。对于转为慢性或较轻的病例，可在患部涂擦碘樟脑醚合剂，连用3~5d。

第三节　肉羊常见营养代谢病的防治

羊体内的六大营养素包括碳水化合物（糖类）、脂肪、蛋白质、维生素、水和无机盐（矿物质）。如果羊体内营养素不足或过多、比例不当、代谢异常，就会导致羊的营养代谢病。

一、羊妊娠毒血症

（一）诊断要点

1. 发病原因

妊娠毒血症是因母羊妊娠后期体内碳水化合物和脂肪代谢障碍而引起的疾病。

羊多在秋季配种，妊娠期正处在冬春寒冷的枯草季节，妊娠后期的母羊，尤其是多胎、胎儿过大的母羊，如果粗饲料品种单一，营养缺乏，尤其是日粮中缺乏碳水化合物、脂肪等，容易导致代谢障碍而发生本病。长期舍饲、圈舍条件恶劣、精饲料缺乏、气候骤变等亦可诱发本病。本病常见于纯种奶山羊。

2. 临床症状

病初，病羊精神沉郁，漠视，呆立；反刍减少或停滞，空口磨牙；视力减退，角膜反射消失，意识紊乱，运步蹒跚，有时转圈，有时呈观星状仰头；粪球干小，外包黏液，有时带血；严重者卧地不起，四肢不随意运动，1~3d后昏迷死亡。

（二）治疗

每只病羊（按体重50kg计算，下同）用10%葡萄糖注射液300mL、维生素C 0.5g，维生素B_1 250mg，维生素B_6 250~500mg；同时用5%碳酸氢钠注射液100~200mL/只，分别静脉滴注，每日1~2次，连用3~5d。

或每只患病母羊每天分2次口服丙酸钠50~110g、甘油20~30mL，或丙二醇20mL，连用3~5d。注意，妊娠母羊不可使用地塞米松、氢化可的松等糖皮质激素类药物，以免引起流产。

（三）预防

不要随意改变母羊的饲喂制度，不可突然更换日粮。合理搭配妊娠母羊尤其是妊娠后期母羊日粮，保证供给充足的优质牧草，适量补充胡萝卜、萝卜、甜菜、青贮饲料。产前2个月开始，每天供给全价混合精饲料150~250g，喂量由少到多，逐渐增加，到产前2周时，每天全价混合精饲料喂量达到1kg。

做好羊舍保暖工作。舍饲母羊每天驱赶运动2次，每次不少于0.5h。

二、母羊生产瘫痪

（一）诊断要点

1. 发病原因

生产瘫痪又称为乳热症、低钙血症，是母羊产前或产后的一种突发性、急性神经障碍性疾病。母羊妊娠后期日粮营养不良，光照不足，钙、磷缺乏或比例失衡，维生素供应不足等，常可导致产前瘫痪；而母羊产羔后，泌乳量大，钙质随乳汁大量排出，引起低钙血症，易同时引发产后瘫痪。高产奶山羊发病率高。多见于母羊产羔旺季的寒冬和早春。

2. 临床症状

典型症状多出现在产后12~72h。病初，病羊精神委顿，食欲减退或废绝，反刍减少或停滞；听诊瘤胃蠕动音减弱或消失；全身肌肉震颤，后躯摇摆，四肢集于腹下，头前伸置地，趴卧或侧卧，瘫痪；全身反射如角膜反射消失，瞳孔散大，针刺反应迟钝或很弱，知觉丧失，舌、咽麻痹，舌伸出口外不能自行缩回，呼吸时出现明显的喉头呼吸音；体温一般正常或稍低，耳根冷凉。如抢救不及时，往往在病后5~12h死亡。

非典型症状多出现在产前或产后数天到数周。母羊开始时食欲、反刍差，头颈姿势出现异常，后肢疲软，站立、行走不稳，继而四肢瘫软，卧地不起；听诊瘤胃蠕动音低，胎儿胎动微弱，严重者会发生流产。

（二）治疗

1. 母羊产前瘫痪（以保母保胎为主）

上午用葡萄糖酸钙注射液100mL，静脉注射；或10%葡萄糖注射液150mL、5%氯化钙注射液50mL、10%安钠咖注射液5mL，静脉注射。下午用维生素AD注射液10mL、复合维生素B注射液10mL，于颈部两侧分别肌内注射。每日1次，连用3~5d。

中药可用益母草40g，党参、黄芪、白术、甘草、当归、大枣各30g，白芍、陈皮各20g，升麻、柴胡各10g。加水600mL，熬至200mL；滤渣再加水300mL，熬至100mL。两次药液合在一起，候温，加高度白酒50mL，一次灌服。每日1

剂，连用3~5d。也可用生姜25g、黄芪100g、鲜松针200g。同上法熬制，添加红糖100g，一次灌服。每日1剂，连用3~5d，可保母保胎。

2. 母羊产后瘫痪（以保母为主，羔羊实行人工喂养）

上午用葡萄糖酸钙注射液100mL，静脉注射；5%葡萄糖注射液150mL、10%安钠咖注射液5mL、地塞米松磷酸钠注射液5mL、注射用头孢噻呋钠0.3~0.5g，静脉注射。每日1次，连用3~5d。下午用黄芪多糖注射液10mL、维生素AD注射液10mL，于颈部两侧分别肌内注射。每日1次，连用3~5d。同时，减少奶山羊的挤奶次数，羔羊实行人工喂养。

（三）预防

加强妊娠母羊的饲养管理，经常查看其健康状况，发现喜卧、跛行的妊娠母羊，及时供应充足的矿物质饲料，禁止饲喂霉败变质的草料，保持圈舍干燥卫生，定期消毒。配制妊娠母羊补饲全价日粮时，骨粉含量保持在3%以上。晴天中午时多让妊娠母羊到户外阳光充足的地方活动、晒太阳。严重钙、磷不足时，可用0.5g葡萄糖酸钙片8片，加400IU维生素D滴剂胶囊2粒，同时给母羊服用，每日1次，连用7~10d。

习惯性发生产后瘫痪的母羊，必要时于分娩前1周，一次性静脉注射25%葡萄糖注射液100mL、5%氯化钙注射液50mL、10%安钠咖注射液5mL。

三、羔羊白肌病

（一）诊断要点

1. 发病原因

羔羊白肌病又称肌营养不良症。羔羊日粮中缺乏硒、维生素E，或日粮中含有高水平的锌、钴、银等微量元素影响硒的吸收，均可导致羔羊白肌病（肌营养不良症）。

羔羊对硒的正常要求是0.1~0.2mg/kg日粮，如果低于0.05mg/kg日粮，就会发病。土壤中硒含量低于0.5mg/kg时，该土壤中种植的植物中硒含量不能满足羔羊生长发育的需求，用这些植物作羔羊饲料，也会发病。

2. 临床症状

7~60日龄，尤其是14~28日龄生长速度快、体质强壮的羔羊容易发病，且快速死亡。

急性型病例往往看不出明显的临床症状，放牧中如果受到惊吓、剧烈运动或过度兴奋时突然出现哀叫，鼻孔流泡沫状血样鼻液，10~30min后即死亡。多数亚急性病例表现运动障碍，常见运步无力、站立困难，卧地不起、拒绝站立；强迫运动时，肢体僵硬，走路摇晃，甚至无法稳定站立或者走几步就很快跌倒；还会发生腹泻等。慢性病例表现生长发育停滞，运动障碍，共济失调，可视黏膜苍白或黄染，有结膜炎、角膜炎，角膜浑浊、软化，甚至失明；最后卧地不起，因心脏衰竭、肺水肿而死亡。

（二）治疗

用亚硒酸钠-维生素 E 注射液，皮下或肌内注射，每只患病羔羊每次 1~2mL，间隔 3~5d 重复注射 1 次，连用 2 次。同时，用葡萄糖酸钙注射液 10mL，静脉注射；维生素 E 注射液 10mg，肌内注射，连续用药 5~7d，效果更好。

同群中未发病的羔羊，可用亚硒酸钠-维生素 E 预混剂混饲（亚硒酸钠 0.4g，维生素 E 5g，碳酸钙 500~1 000g，加入 1 000kg 饲料中）；或用氯化锰 4mg、氯化钴 3mg、硫酸铜 8mg、碘盐 3g，溶于 100mL 清水中混饮，可起到很好的预防效果。

（三）预防

加强妊娠母羊的饲养管理，多喂豆科牧草、优质青绿多汁饲料，补饲料中多喂麦芽、燕麦芽或其他谷物芽。使用正规厂家生产的亚硒酸钠-维生素 E 粉，按使用说明正确添加。也可以将 20~30mg 硒添加到 1kg 食盐中，或制成舔盐砖，让母羊自由舔食。

饲料要科学贮存，避免温度过高、湿度过大、暴晒淋雨，尽量不要长时间存放，以免酸败变质。

四、青草搐搦

（一）诊断要点

1. 发病原因

由血镁浓度低引起，因此也称为低镁血症。开春后萌发的青草和初夏生长茂盛、幼嫩的青草中，含镁量很低；草地土壤酸碱度太高或太低，也会影响植物镁的吸收。如果羊群只在这些牧地上放牧而不补充青干草，极易引起发病。

2. 临床症状

急性病例多发生在放牧中，患病羊只突然停止采食，咩叫，离群，盲目急奔或乱跑，呈醉酒状；跌倒后四肢强直，阵发性肌肉痉挛，牙关紧闭，口吐白沫，1~2min 后症状消失，安静躺卧；在受到外界的声响或某种刺激时，可再次发作。慢性病例病情发展缓和，病羊表情呆滞，食欲不振，敏感，运动不灵活，头颈强直、高抬，遇到某种刺激后惊厥不安；后期感觉丧失，瘫痪。

（二）治疗

10%葡萄糖注射液 200~300mL，25%硫酸镁注射液 5~10mL，缓慢静脉滴注；或用5%碳酸氢钠注射液100~200mL，生理盐水500~1 000mL，维生素C注射液10~20mL，维生素B_1 200~250mg，混合后静脉注射，每日2次，每次间隔8~10h，连用3~5d。

（三）预防

开春后，羊群由舍饲转为放牧前，每只羊补饲精饲料时添加氯化镁50~100g/d或碳酸镁40~60g/d，每10d添加1次，连用2~3次；放牧结束回舍后，定量补饲优质青干草。羊群在茂盛的嫩草地上放牧时，时间不宜过长，不要吃得太饱。

第四节　肉羊常见寄生虫病的防治

一、羊肝片形吸虫病

片形吸虫病是羊的主要寄生虫病之一，是由肝片吸虫和大片吸虫寄生于羊的肝脏胆管所致。本病能引起急性或慢性肝炎和胆管炎，并伴发全身性中毒现象和营养障碍。

（一）诊断

1. 临床症状

该病的症状表现因感染强度（有约50条虫会出现明显症状）、病程长短、家畜的抵抗力、年龄及饲养条件不同而异，幼畜轻度感染即可表现症状。

急性型症状多发生于夏末秋初，是因短时间内遭受严重感染所致。慢性型症状较多见于患羊耐过急性期或轻度感染后，在冬春转为慢性。急性型病羊，初期发热，衰弱，易疲劳，离群落后；叩诊肝区半浊音区扩大，发病明显；很快出现贫血、黏膜苍白，红细胞及血红素显著降低，严重者多在几天内死亡。慢性型病羊，主要表现消瘦，贫血，黏膜苍白，食欲不振，异嗜，被毛粗乱无光泽，极易脱落，步行缓慢；眼睑、颌下、胸前及腹下出现水肿，尤以颌下水肿明显，俗称“水布袋”。便秘与下痢交替，发生病情逐渐恶化，最终可因极度衰竭而死亡。

2. 剖检变化

剖检时，病理变化主要呈现在肝脏，其变化程度与感染虫体的数量及病程长短有关。

在大量感染、急性死亡的病例中，可见到急性肝炎和大出血后的贫血现象，肝肿大，包膜有纤维沉积，有2~5mm长的暗红色虫道，虫道内有凝固的血液和少量幼虫。腹腔中有血红色的液体，有腹膜炎病变。

慢性病例主要呈现慢性增生性肝炎，在肝组织被破坏的部位出现淡白色索状瘢痕，肝实质萎缩，退色，变硬，边缘钝圆，小叶间结缔组织增生。胆管肥厚、扩张呈绳索样突出于肝表面；胆管内有磷酸钙和磷酸镁等盐类的沉积使内膜粗糙，刀切时有沙沙声；胆管内有虫体和污浊稠厚的液体。病畜出现消瘦、贫血和水肿现象；胸腹腔及心包内蓄积有透明的液体。

3. 确诊需要进行粪便虫卵检查

虫卵检查以水洗沉淀法较好。寄生虫虫卵的比重比水大，可自然沉于水底。因此可利用自然沉淀的方法，将虫卵集中于水底便于检查。

（二）防治

防治该病，必须采取综合措施，才能取得较好的效果。

1. 预防

（1）防止健羊吞入囊蚴　不要将羊舍建在低湿地区，不在有片形吸虫的潮湿牧场上放牧，不让羊饮用池塘、沼泽、水潭及沟渠里的脏水和死水，在潮湿牧场上割草时，必须割高一些。否则，应将割回的牧草贮藏6个月以上饲用。

（2）进行定期驱虫　驱虫是预防本病的重要方法之一，应有计划地进行全群性驱虫，一般是每年进行1次，可在秋末冬初进行；对染病羊群，每年应进行3次；第一次在大量虫体成熟之前20~30d（成虫期前驱虫），第二次在第一次的5个月（成虫期驱虫），第三次在第二次以后2~2.5个月。不论何时发现羊患本病，都要及时进行驱虫。

（3）避免粪便散布虫卵　对病羊的粪便应经常用堆肥发酵的方法进行处理，杀死其中的虫卵。对实行驱虫的羊只，必须圈留5~7d，不让乱跑，对这一时期所排的粪便，更应严格进行消毒。对于被屠宰羊的肠内容物也要认真进行处理。

（4）防止羊的肝脏散布病原体　对检查出严重感染的肝脏，应全部废弃；对感染轻微的肝脏，应该废弃被感染的部分。将废弃的肝脏进行高温处理，禁止用作其他动物的饲料。

（5）消灭中间宿主（螺蛳）　灭螺时要特别注意小水沟、小水洼及小河的岸边等处。对于沼泽地和低洼的牧地进行排水，利用阳光暴晒杀死螺蛳。对于较小而不能排水的死水地，可用1∶50 000的硫酸铜溶液定期喷洒，以杀死螺蛳，至少用5 000mL/m^2，每年喷洒1~2次。也可用2.5∶1 000 000的氯硝柳胺（血防67、灭绦灵）浸杀或喷杀椎实螺。

2. 治疗

驱除片形吸虫的药物，常用的有下列几种。

（1）丙硫咪唑（抗蠕敏）　为广谱驱虫药，对驱除片形吸虫的成虫有疗效，剂量按每千克体重5~15mg，口服。

(2) 硝氯酚(拜耳 9015) 驱成虫有高效,剂量按每千克体重 4~5mg,口服。

(3) 五氯柳胺(氯羟柳苯胺) 驱成虫有高效,剂量按每千克体重 7.5mg,口服。

(4) 碘醚柳胺 驱成虫和 6~12 周的未成熟童虫都有效,剂量按每千克体重 15mg,口服。

(5) 双酰胺氧醚 对 1~6 周龄肝片吸虫幼虫高效,但随虫龄的增长,药效也随之降低。用于治疗急性期的病例,剂量按每千克体重 7.5mg,口服。

(6) 硫双二氯酚(别丁) 驱成虫有效,但使用后有较强的下泻作用。剂量按每千克体重 80~100mg,口服。

(7) 四氯化碳 驱成虫效果显著,但有一定副作用。剂量按成年羊每只 2mL,6~12 月龄羊 1mL,与液状石蜡以 1:4 的比例混合灌服;也可与等量的液状石蜡或已灭菌的植物油混合后,肌内注射。

二、羊双腔吸虫病

双腔吸虫病是由矛形双腔吸虫和中华双腔吸虫等寄生于羊肝脏的胆管和胆囊内所引起的疾病。

(一) 诊断

病羊的症状表现因感染强度不同而有所差异。轻度感染的羊,通常无明显症状;严重感染时,则表现为可视黏膜增生,颌下水肿,消化紊乱,下痢并逐渐消瘦,甚至可因极度衰竭而导致死亡。

剖检的主要病变为胆管出现卡他性炎症变化和胆管壁肥厚;胆管周围结缔组织增生;肝脏发生硬变、肿大,肝表面形成瘢痕,胆管扩张。

粪便检查时根据虫卵的形态和特征进行诊断;死后剖检时,可将肝脏撕碎,用连续洗涤法检查虫体。

(二) 防治

1. 治疗

对病羊用下列药物治疗。

(1) 海涛林(三氯苯丙酚嗪) 该药是治疗双腔吸虫病最有效的药物,安全幅度大,对怀孕母羊及产羔均无不良影响;剂量按每千克体重 40~50mg,配成 2%悬浮液,经口灌服。

(2) 丙硫咪唑 剂量按每千克体重 30~40mg,口服。

(3) 六氯对二甲苯(血防 846) 剂量按每千克体重 200~300mg,口服。

(4) 噻苯唑 剂量按每千克体重 150~200mg,口服。

(5) 吡喹酮　剂量按每千克体重 65~80mg，口服。

2. 预防

与肝片吸虫病相同，应以定期驱虫为主；同时加强羊群的饲养管理，以提高其抵抗力；注意消灭中间宿主，阻断病原的传播途径及感染来源；粪便亦应进行堆肥发酵处理，以杀灭虫卵。

三、阔盘吸虫病

阔盘吸虫病是由阔盘属的数种吸虫寄生于宿主的胰管中所引起的疾病，亦称胰吸虫病。此外，病原偶可寄生于胆管和十二指肠。

(一) 诊断要点

1. 临床症状

阔盘吸虫大量寄生时，由于虫体刺激和毒素作用，使胰管发生慢性增生性炎症，使胰管管腔窄小甚至闭塞，使消化酶的产生和分泌及糖代谢机能失凋，引起消化及营养障碍。病羊表现消化不良，消瘦，贫血，颌下及胸前水肿，衰弱，经常下痢，粪中常有黏液，严重时可引起死亡。

2. 剖检变化

尸体消瘦，胰腺肿大，胰管因高度扩张呈黑色蚯蚓状突出于胰脏表面。胰管发炎肥厚，管腔黏膜不平，呈乳头状小结节突起，并有点状出血，内含大量虫体。慢性感染则使结缔组织增生而导致整个胰脏硬化、萎缩，胰管内仍有数量不等的虫体寄生。

(二) 防治

治疗可选用六氯对二甲苯，按每千克体重 400mg，口服 3 次，每次间隔两天；吡喹酮口服时，剂量按每千克体重 65~80mg；肌内注射或腹腔注射时，剂量按每千克体重 50mg，并以液状石蜡或植物油（灭菌）制成 20%油剂。腹腔注射时应防止注入肝脏或肾脂肪囊内。

本病流行地区应在每年初冬和早春各进行 1 次预防性驱虫；有条件的地区可实行划区放牧，以避免感染；应注意消灭其第一中间宿主蜗牛（其第二中间宿主草螽在牧场广泛存在，扑灭甚为困难）；同时加强饲养管理，以增加畜体的抗病能力。

四、前后盘吸虫病

前后盘吸虫病是由前后盘科的各属吸虫寄生所引起的疾病。成虫寄生在羊、牛等反刍动物的瘤胃和网胃壁上，危害不大。幼虫因在发育过程中移行于真胃、小肠、胆管和胆囊，可造成较严重的病害，甚至导致死亡。

（一）诊断要点

1. 临床症状

患羊主要症状是顽固性腹泻，粪便常有腥臭味；体温有时升高；消瘦，贫血，颌下水肿，黏膜苍白。后期可因极度衰竭而死亡。

2. 剖检变化

剖检可见童虫移行造成的小肠、真胃黏膜水肿，形成出血点及发生出血性肠炎，严重时肠黏膜出现坏死和纤维素性炎症；肠内充满腥臭的稀粪；盲肠、结肠淋巴滤泡肿胀、坏死，有的形成溃疡；胆管、胆囊臌胀；在小肠、真胃及胆管和胆囊内可见数量不等的童虫。当成虫寄生时，其造成的损害轻微。

（二）防治

治疗可选用氯硝柳胺（灭绦灵），对驱除童虫疗效良好，剂量按每千克体重75~80mg，口服；硫双二氯酚，驱成虫疗效显著，驱童虫亦有较好的效果，剂量按每千克体重80~100mg，口服；溴羟替苯胺（羟溴柳胺），驱成虫、童虫均有较好的疗效，剂量按每千克体重65mg，制成悬浮液，灌服。

预防可参照片形吸虫病，并根据当地的具体情况和条件，制定以定期驱虫为主的预防措施。

五、血吸虫病

羊的血吸虫病是由分体科，分体属和鸟毕属的吸虫寄生在门静脉、肠系膜静脉和盆腔静脉内，引起贫血、消瘦与营养障碍等疾患的一种蠕虫病。

（一）诊断要点

1. 临床症状

日本分体吸虫大量感染时，病羊表现为腹泻和下痢，粪中带有黏液、血液，体温升高，黏膜苍白，日渐消瘦，生长发育受阻；可导致不妊娠或流产。通常绵羊和山羊感染日本分体吸虫时症状表现较轻。感染鸟毕吸虫的羊多呈慢性过程，主要表现为颌下、腹下水肿，贫血，黄疸，消瘦，发育障碍及影响受胎，发生流产等，如饲养管理不善，最终可导致死亡。

2. 剖检变化

剖检可见尸体明显消瘦、贫血和出现大量腹水；肠系膜、大网膜，甚至胃肠壁浆膜层出现显著的胶样浸润；肠黏膜有出血点、坏死灶、溃疡、肥厚或斑痕组织；肠系膜淋巴结及脾变性、坏死；肠系膜静脉内有成虫寄生；肝脏病初肿大，后则萎缩、硬化；在肝脏和肠道处有数量不等的灰白色虫卵结节；心、肾、胰、脾、胃等器官有时也可发现虫卵结节的存在。

（二）防治

1. 治疗

治疗可选用硝硫氰胺，按每千克体重4mg，配成2%～3%水悬液，颈静脉注射；吡喹酮，按每千克体重30～50mg，1次口服；敌百虫，绵羊按每千克体重70～100mg，山羊按每千克体重50～70mg，灌服；六氯对二甲苯，按每千克体重200～300mg，灌服。

2. 预防

在4、5月和10、11月定期驱虫，病羊要淘汰。结合水土改造工程或用灭螺药物杀灭中间宿主，阻断血吸虫的发育途径。疫区内粪便进行堆肥发酵和制造沼气，既可增加肥效，又可杀灭虫卵。选择无螺水源，实行专塘用水，以杜绝尾蚴的感染。

六、脑多头蚴病

脑多头蚴病（脑包虫病）是由于多头绦虫的幼虫——多头蚴寄生在绵羊、山羊的脑、脊髓内，引起脑炎、脑膜炎及一系列神经症状，甚至死亡的严重寄生虫病。

（一）诊断要点

1. 临床症状

该病呈急性型或慢性型，症状表现取决于寄生部位和病原体的大小。

（1）急性型　以羔羊表现最为明显。感染之初，由于六钩蚴进入脑组织，虫体在脑膜和脑组织中移行，刺激和损伤造成脑部炎症，使体温升高，脉搏、呼吸加快，甚至有强烈的兴奋，患病羊作回旋运动，前冲或后退，有痉挛性抽搐等。有时沉郁，长时间躺卧，脱离畜群。部分病羊在5～7d因急性脑膜炎死亡，不死者则转为慢性型。

（2）慢性型　患羊耐过急性期后，症状表现逐渐消失，经2～6个月的和缓期。由于多头蚴不断发育长大，再次出现明显症状。当多头蚴寄生在羊大脑半球时，除向被虫体压迫的同侧作转圈运动外，还常造成对侧的视力障碍，甚至失明。虫体寄生在大脑正前部时，常见羊头下垂向前做直线运动，碰到障碍物时则头抵物体呆立不动。多头蚴在大脑后部寄生时，主要表现为头高举或作后退运动，甚至倒地不起，并常有强直性痉挛出现。虫体寄生在小脑时，病羊站立或运动常失去平衡，身体共济失调，易跌倒，对外界干扰和音响易惊恐。多头蚴寄生在脊髓时，表现步伐不稳，进而引起后肢麻痹；当膀胱括约肌发生麻痹时，则出现小便失禁。此外，患羊还表现食欲减退，甚至消失；由于不能正常采食和休息，体重逐渐减轻，显著消瘦、衰弱，常在数次发作后或陷于恶病质时死亡。

2. 剖检变化

急性死亡的羊见有脑膜炎和脑炎病变，还可见到六钩蚴在脑膜中移行时留下的弯曲伤痕。慢性期的病例则可在脑或脊髓的不同部位发现1个或数个大小不等的囊状多头蚴；在病变或虫体相接的颅骨处，骨质松软、变薄，甚至穿孔，致使皮肤向表面隆起；病灶周围脑组织或较远部位发炎，有时可见萎缩变性或钙化的多头蚴。

（二）防治

1. 治疗

该病可实施手术摘除寄生在脑髓表层的虫体，即在多头蚴充分发育后，根据囊体所在的部位，手术开口后先用注射器吸去囊中液体，使虫体缩小，然后完整地摘除虫体。药物治疗可用吡喹酮，病羊按每千克体重每日50mg，连用5d；或按每千克体重每日70mg，连用3d。

2. 预防

防止犬等肉食动物食入带有多头蚴的脑和脊髓；对患畜的脑和脊髓应烧毁或深埋；对护羊犬应进行定期驱虫；注意消灭野犬、狼、狐、豺等终末宿主，以防病原进一步地散布。

七、棘球蚴病

棘球蚴病亦称包虫病，是由数种棘球蚴虫的幼虫——棘球蚴寄生于绵羊、山羊、牛、马、猪、骆驼及人的肝、肺等脏器组织中所引起的一种严重的人兽共患寄生虫病。成虫以肉食兽为终末宿主，寄生于犬、狼、豺、狐、狮、虎、豹等动物的小肠内。

（一）诊断要点

1. 临床症状

轻度感染和感染初期通常无明显症状；严重感染的羊被毛逆立，时常脱毛，营养不良，消瘦。肺部感染时有明显的咳嗽，咳后往往卧地，不愿起立。

2. 剖检变化

剖检病变主要见于虫体经常寄生的肝脏和肺脏。可见肝、肺表面凹凸不平，重量增大，有数量不等的棘球蚴囊泡突起，肝、肺实质中存在有数量不等、大小不一的棘球蚴包囊，囊内含有大量液体，除不育囊外，囊液沉淀后，即可见大量的包囊液。有的棘球蚴发生钙化和化脓。此外，在脾、肾、脑、脊椎管、肌肉及皮下偶可见有棘球蚴寄生。

（二）防治

进行综合性防治是杜绝该病传播和发生的主要途径。目前尚无有效药物治疗。

由于犬类动物是本病的末端宿主和主要传染源，因此对患棘球蚴病畜的脏器一律进行深埋或烧毁，以防被犬类食入成为传染源；做好饲料、饮水及圈舍的清洁卫生工作，防止被犬粪污染。应用氢溴酸槟榔碱给犬驱虫时，剂量按每千克体重1~4mg，停食12~18h后，口服。也可选用吡喹酮，剂量按每千克体重5~10mg，口服。服药后，犬应拴留1d，收集所排出的粪便并与垫草等一同烧毁或深埋处理，以防病原扩散传播。

八、细颈囊尾蚴病

细颈囊尾蚴病是由泡状带绦虫的幼虫——细颈囊尾蚴寄生于绵羊、山羊、黄牛、猪等多种家畜的肝脏浆膜、网膜及肠系膜所引起的一种绦虫疾病。

（一）诊断要点

细颈囊尾蚴病生前诊断非常困难，诊断时须参照其症状表现，并在尸体剖检时发现虫体（即“水铃铛”）及相应病变才能确诊。

1. 临床症状

通常成年羊症状表现不显著，羔羊则症状表现明显。当肝脏及腹膜在六钩蚴的作用下发生炎症时，可出现体温升高，精神沉郁，腹水增加，腹壁有压痛，甚至发生死亡。经过上述急性发作后则转为慢性病程，一般表现为消瘦、衰弱和黄疸等症状。

2. 剖检变化

慢性病例可见肝脏浆膜、肠系膜、网膜上具有数量不等、大小不一的虫体疱囊，严重时还可在肺和胸腔处发现虫体。急性病程时，可见急性肝炎及腹膜炎，肝脏肿大、表面有出血点，肝实质中有虫体移行的虫道，有时出现腹水并混有渗出的血液，病变部有尚在移行发育中的幼虫。

（二）防治

1. 治疗

目前尚无有效方法。

2. 预防

含有细颈囊尾蚴的脏器应进行无害化处理，未经煮熟严禁喂犬；在该病的流行地区应及时给犬进行驱虫；注意捕杀野犬、狼、狐等肉食动物；做好羊饲料、饮水及圈舍的清洁卫生工作，防止被犬粪污染。

九、反刍兽绦虫病

反刍兽绦虫病是由莫尼茨绦虫、曲子宫绦虫及无卵黄腺绦虫寄生于绵羊、山羊和牛的小肠所引起。

（一）诊断要点

1. 临床症状

患羊症状表现的轻重通常与感染虫体的强度及体质、年龄等因素密切相关。一般可表现为食欲减退，出现贫血与水肿。羔羊腹泻时，粪中混有虫体节片，有时还可见虫体的一段吊在肛门处。被毛粗乱无光，喜躺卧，起立困难，体重迅速减轻。若虫体阻塞肠管时，则出现肠膨胀和腹痛表现，甚至因肠破裂而死亡。有时病羊亦可出现转圈、肌肉痉挛或头向后仰等神经症状。后期，患畜仰头倒地，经常作咀嚼运动、四周有泡沫，对外界反应几乎丧失，直至全身衰竭而死。

2. 剖检变化

剖检死羊可在小肠中发现数量不等的虫体；其寄生处有卡他性炎症，有时可见肠壁扩张，肠套叠乃至肠破裂；肠系膜、肠黏膜、肾脏、脾脏甚至肝脏发生增生性变性过程；肠黏膜、心内膜和心包膜有明显的出血点；脑内可见出血性浸润和出血；腹腔和颅腔贮有渗出液。

（二）防治措施

1. 治疗

可选用下列药物：

（1）丙硫咪唑　剂量按每千克体重 5～20mg，做成 1%的水悬液，口服。

（2）氯硝柳胺　剂量按每千克体重 100mg，配成 10%水悬液，口服。

（3）硫双二氯酚　剂量按每千克体重 75～100mg，包在菜叶内口服，亦可灌服。

（4）砷制剂　包括砷酸亚锡、砷酸铅及砷酸钙，各药剂量均按羔羊每只 0.5g，成年羊每只 1g，装入胶囊口服。

（5）硫酸铜　使用时，可将其配制成 1%水溶液。为了使硫酸铜充分溶解，可在配制时每1 000mL溶液中加入 1～4mL 盐酸。配制的溶液应贮存于玻璃或木质的容器内。其治疗剂量为：1～6 月龄的绵羊 15～45mL；7 月龄至成年羊 50～100mL；成年山羊不超过 60mL。可用长颈细口玻璃瓶灌服。

（6）仙鹤草根芽粉　绵羊每只用量 30g，1 次口服。

2. 预防

在虫体成熟前，即羊放牧后 30d 内进行第一次驱虫，再经 10～15d 后进行第二次驱虫，此法不仅可驱除寄生的幼虫，还可防止牧场或外界环境遭受污染。有条件的地区可实行科学轮牧。尽可能避免雨后、清晨和黄昏放牧，以减少羊吃进中间宿主地螨的机会。结合牧场改良，进行深耕，种植优良牧草或农牧轮作，不仅能大量减少地螨，还可提高牧草质量。

十、羊消化道线虫病

寄生于羊消化道的线虫种类很多，各种消化道线虫往往混合感染，对羊群造成不同程度的危害，是每年春季造成羊死亡的重要原因之一。

（一）诊断要点

1. 临床症状

病羊感染各种消化道线虫的主要症状表现为消化紊乱，胃肠道发炎，腹泻，消瘦，眼结膜苍白，贫血。严重病例下颌间隙水肿，羊体发育受阻。少数病例体温升高，呼吸、脉搏频数、心音减弱，最终病羊可因身体极度衰竭而死亡。

2. 剖检变化

剖检可见消化道各部有数量不等的相应线虫寄生。尸体消瘦，贫血，内脏显著苍白，胸、腹腔内有淡黄色渗出液，大网膜、肠系膜胶样浸润，肝、脾出现不同程度的萎缩、变性，真胃黏膜水肿，有时可见虫咬的痕迹和针尖大到粟粒大的小结节，小肠和盲肠黏膜有卡他性炎症，大肠可见到黄色小点状的结节或化脓性结节以及肠壁上遗留下的一些瘢痕性斑点。当大肠上的虫卵结节向腹膜面破溃时，可引发腹膜炎和泛发性粘连；向肠腔内破溃时，则可引起溃疡性和化脓性肠炎。

（二）防治

1. 治疗

可选择下列药物。

（1）丙硫咪唑　剂量按每千克体重 5~20mg，口服。

（2）左旋咪唑　剂量按每千克体重 5~10mg，混饲喂或作皮下、肌内注射。

（3）硫化二苯胺　剂量按每千克体重 600mg，用面汤做成悬浮液，灌服。

（4）噻苯唑　剂量按每千克体重 50mg，口服。该药对毛首线虫效果较差。

（5）精制敌百虫　剂量按绵羊每千克体重 80~100mg，山羊每千克体重 50~70mg，口服。

（6）甲苯唑　剂量按每千克体重 10~15mg，口服。

（7）硫酸铜　用蒸馏水配成 1%溶液，剂量按大羊 100mL、中羊 80mL，小羊 50mL，山羊用量不得超过 60mL，灌服。

2. 预防

应在晚秋转入舍饲后和春季放牧前各进行 1 次计划性驱虫，因地区不同，选择驱虫的时间和次数可根据具体情况酌定。羊应饮用干净的流水或井水，尽可能避免吃露水草和在低湿处放牧，以减少感染机会；粪便可进行堆肥发酵，以杀死虫卵；加强饲养管理，提高羊的抗病能力。

十一、肺线虫病

羊肺线虫病是由网尾科和原圆科的线虫寄生在气管、支气管、细支气管乃至肺实质，引起的以支气管炎和肺炎为主要症状的疾病。肺线虫病在我国分布广泛，是羊常见的蠕虫病之一。

（一）诊断要点

1. 临床症状

羊群遭受感染时，首先个别羊干咳，继而成群咳嗽，运动时和夜间咳嗽更为显著，此时呼吸声明显粗重，如拉风箱。在频繁而痛苦地咳嗽时，常咳出含有成虫、幼虫及虫卵的黏液团块。咳嗽时伴发啰音和呼吸急迫，鼻孔中排出黏稠分泌物，干涸后形成鼻痂，从而使呼吸更加困难。病羊常打喷嚏，逐渐消瘦、贫血，头、胸及四肢水肿，被毛粗乱。通常羔羊发病症状严重，死亡率也高；成年羊感染或羔羊轻度感染时，症状表现较轻。单独感染小型肺线虫时，病情亦比较轻缓，只是在病情加剧或接近死亡时，才明显表现为呼吸困难，出现干咳或暴发性咳嗽。

2. 剖检变化

剖检病变主要表现在肺部，可见有不同程度的肺膨胀和肺气肿，肺表面隆起，呈灰白色，触摸时有坚硬感；支气管中有黏性或脓性混有血丝的分泌团块；气管、支气管及细支气管内可发现数量不等的大、小肺线虫。

（二）防治

1. 治疗

可选用下列药物。

（1）丙硫咪唑　剂量按每千克体重 5～15mg，口服，对各种肺线虫均有良效。

（2）苯硫咪唑　剂量按每千克体重 5mg，口服。

（3）左旋咪唑　剂量按每千克体重 7.5～12mg，口服。

（4）氰乙酸肼　剂量按每千克体重 17mg，口服；或每千克体重 15mg，皮下或肌内注射。该药对缪勒线虫无效。

（5）枸橼酸乙胺嗪（海群生）　剂量按每千克体重 200mg，内服；该药适合对感染早期幼虫的治疗。

2. 预防

在该病流行区内，每年应对羊群进行 1～2 次普遍驱虫，并及时对病羊进行治疗。驱虫治疗期应注意收集粪便进行生物热处理；羔羊与成年羊应分群放牧，并饮用流动水或井水；有条件的地区可实行轮牧，避免在低温沼泽地区放牧；冬季羊群应予适当补饲，补饲期间每隔1d可在饲料中加入硫化二苯胺，按成年羊每只1g、羔羊每只0.5g计，让羊自由采食，能大大减少病原的感染。对小型肺线虫病，亦应注意消灭其中间宿主。

十二、螨病

羊螨病是由疥螨和痒螨寄生在体表而引起的慢性寄生性皮肤病。具有高度传染性，往往在短期内可引起羊群严重感染，危害十分严重。

（一）诊断要点

该病主要发生于冬季和秋末、春初。发病时，疥螨病一般始发于皮肤柔软且毛短的部位，如嘴唇、口角、界面、眼圈及耳根部，以后皮肤炎症逐渐向周围蔓延；痒螨病则起始于被毛稠密和温度、湿度比较恒定的皮肤部位，如绵羊多发生于背部、臀部及尾根部，以后才向体侧蔓延。

1. 临床症状

该病初发时，因虫体小刺、刚毛和分泌的毒素刺激神经末梢，引起剧痒，可见病羊不断在圈墙、栏柱等处摩擦；在阴雨天气、夜间、通风不好的圈舍以及随着病情的加重，痒觉表现更为剧烈；由于患羊的摩擦和啃咬，患部皮肤出现丘疹、结节、水疱，甚至脓疱，以后形成痂皮和龟裂。绵羊患疥螨病时，因病变主要局限于头部，病变皮肤有如干涸的石灰，故有“石灰头”之称。绵羊感染痒螨后，可见患部有大片被毛脱落。发病后，患羊因终日啃咬和摩擦患部，烦躁不安，影响正常的采食和休息。日渐消瘦，最终不免因极度衰竭而死亡。

2. 类症鉴别

（1）与湿疹的鉴别　湿疹痒觉不剧烈，且不受环境、温度影响，无传染性，皮屑内无虫体。

（2）与秃毛癣的鉴别　秃毛癣患部呈圆形或椭圆形，境界明显，其上覆盖的浅黄色干痂易于剥落，痒觉不明显。镜检经10%氢氧化钾处理的毛根或皮屑，可发现癣菌的孢子或菌丝。

（3）与虱和毛虱的鉴别　虱和毛虱所致的症状有时与螨病相似，但皮肤炎症、落屑及形成痂皮程度较轻，容易发现虱及虱卵，病料中找不到螨虫。

（二）防治

1. 治疗

（1）注射药物疗法　可选用伊维菌素（害获灭）或与伊维菌素药理作用相似的药物，此类药物不仅对螨病，而且对其他的节肢动物疾病和大部分线虫病均有良好疗效。应用伊维菌素时，剂量按每千克体重50~100μg。

（2）涂药疗法　适合于病畜数量少，患部面积小的情况，可在任何季节应用，但每次涂药面积不得超过体表的1/3。可选用的药物如下。

① 克辽林擦剂。克辽林1份、软肥皂1份、酒精8份，调和即成。

② 5%敌百虫溶液。来苏儿5份，溶于温水100份中，再加入5份敌百虫即成。

此外，亦可应用林丹、单甲脒、双甲脒、溴氰菊酯（倍特）等药物，按说明书涂擦使用。

（3）药浴疗法　该法适用于病畜数量多且气候温暖的季节，也是预防本病的主要方法。药浴时，药液可选用0.025%～0.03%林丹乳油水溶液，0.05%蝇毒磷乳剂水溶液，0.5%～1%敌百虫水溶液，0.05%辛硫磷乳油水溶液，0.05%双甲脒溶液等。

（4）治疗时的注意事项

① 为使药物有效杀灭虫体，涂擦药物时应剪去患部周围被毛，彻底清洗并除去痂皮及污物。大规模药浴最好选择山羊抓绒、绵羊剪毛后数天时进行。药液温度应按药物种类所要求的温度予以保持，药浴时间应维持1min左右，药浴时应注意羊头的浸泡。

② 大规模治疗时，应对选用的药物预做小群安全试验。药浴前让羊饮足水，以免误饮药液。工作人员亦应注意自身安全防护。

③ 因大部分药物对螨的虫卵无杀灭作用，治疗时可根据使用药物情况重复用药2～3次，每次间隔5d，方能杀灭新孵出的螨虫，达到彻底治愈的目的。

2. 预防

每年定期对羊群进行药浴，可取得预防与治疗的双重效果；加强检疫工作，对新购入的羊应隔离检查后再混群；经常保持圈舍卫生、干燥和通风良好，定期对圈舍和用具清扫和消毒；对患羊应及时治疗，可疑患羊应隔离饲养；治疗期间，应注意对饲养人员、圈舍、用具同时进行消毒，以免病原散布，不断出现重复感染。

十三、羊鼻蝇蛆病

羊鼻蝇蛆病是由羊鼻蝇的幼虫寄生在羊的鼻腔及附近腔窦内所引起的疾病。在我国西北、东北、华北地区较为常见。羊鼻蝇主要危害绵羊，对山羊危害较轻。病羊表现为精神不安，体质消瘦，甚至发生死亡。

（一）诊断要点

临床症状　羊鼻蝇幼虫进入羊鼻腔、额窦及鼻窦后，在其移行过程中，由于体表小刺和口前钩损伤黏膜引起鼻炎，可见羊流出多量鼻液，鼻液初为浆液性，后为黏液性和脓性，有时混有血液；当大量鼻液干涸在鼻孔周围形成硬痂时，使羊发生呼吸困难。此外，可见病羊表现不安，打喷嚏，时常摇头，擦鼻，眼睑浮肿，流泪，食欲减退，日渐消瘦。症状表现可因幼虫在鼻腔内的发育期不同而持续数月。通常感染不久呈急性表现，以后逐渐好转，到幼虫寄生的晚期，则疾病表现更为剧烈。有时，当个别幼虫进入颅腔损伤脑膜或因鼻窦发炎而波及脑膜时，可引起神经症状，病羊表现为运动失调，旋转运动。头弯向一侧或发生麻痹；最后病羊食欲废绝，因极度衰竭而死亡。

（二）防治

防治该病应以消灭第一期幼虫为主要措施。各地可根据不同气候条件和羊鼻蝇的发育情况，确定防治的时间，一般在每年 11 月份进行为宜。可用精制敌百虫口服，按每千克体重 0.12g，配成 2%溶液，灌服；肌内注射时，取精制敌百虫 60g，加 95%酒精 31mL，在瓷容器内加热溶解后，加入 31mL 蒸馏水，再加热至 60~65℃，待药完全溶解后，加水至总量 100mL，经药棉过滤后即可注射。剂量按羊体重 10~20mg 用 0.5mL；体重 20~30kg 用 1mL；体重 30~40kg 用 1.5mL；体重 40~50kg 用 2mL；体重 50kg 以上用 2.5mL。

第五节　肉羊常见产科病的防治

一、流产

流产是指母畜妊娠中断，或胎儿不足月就排出子宫而死亡。

（一）病因

流产的原因极为复杂。传染性流产者，多见于布氏杆菌病、弯杆菌病、毛滴虫病。非传染性者，可见于子宫畸形、胎盘坏死、胎膜炎和羊水增多症等；内科病，如肺炎、肾炎、有毒植物中毒、食盐中毒等；外科病，如外伤、蜂窝组织炎、败血症等。长途运输过于拥挤，水草供应不均，饲喂冰凉和发霉饲料，也可导致流产。

（二）诊断要点

突然发生流产者，产前一般无特征表现。发病缓慢者，表现精神不佳，食欲停止，腹痛起卧，努责咩叫，阴户流出羊水，待胎儿排出后稍为安静。若在同一群中病因相同，则陆续出现流产，直至受害母羊流产完毕，方能稳定下来。外伤性致病，可使羊发生隐性流产，即胎儿不排出体外，溶解物排出子宫外，或形成股骨在子宫内残留，由于受外伤程度的不同，受伤的胎儿常因胎膜出血、剥离，于数小时或数天排出。

（三）防治

以加强饲养管理为主，重视传染病的防治，根据流产发生的原因，采取有效的防治保健措施。对于已排出不足月胎儿或死亡胎儿的母羊，一般不需要进行特殊处理，但需加强饲养。

对有流产先兆的母羊，可用黄体酮注射液 2 支（每支含 15mg）。1 次肌内注射。

死胎滞留时，应采用引产或助产措施。胎儿死亡．子宫颈未开时，应先肌内注射雌激素（如已烯雌酚或苯甲酸雌二醇）2~3mg，使子宫颈开张，然后从产道拉出胎儿。母羊出现全身症状时，应对症治疗。

二、难产

难产是指分娩过程中胎儿排出困难，不能将胎儿顺利地送出产道。其病从临床检查结果分析，难产的原因常见于阵缩无力、胎位不正、子宫颈狭窄及骨盆腔狭窄等。

（一）救治

1. 人工助产

助产的时机当母羊开始阵缩超过 4~5h 以上，而未见羊膜绒毛膜在阴门外或在阴门内破裂（绵羊需 15min 至 2. 5h，双胎间隔 15min；山羊需 0. 5~4. 0h，双胎间隔 0. 5~10h），母羊停止阵缩或阵缩无力时，须迅速进行人工助产，不可拖延时间，以防羔羊死亡。

如果胎儿过大或母畜阵缩和努责微弱时，而且胎儿姿势正常，必须进行强行拉出。

2. 胎位矫正

（1）胎头侧转、后仰、下弯及头颈扭转时的矫正和拉出方法。

（2）胎儿前肢不正的矫正和拉出方法，如腕关节屈曲、肩关节屈曲和肘关节屈曲或两前肢置于头上等。

（3）胎儿后肢不正的矫正和拉出方法，如跗关节、髋关节屈曲的矫正。

（4）主要常见的截胎术，如不正头颈的截断术，正常前肢截断术，屈曲前肢截断术等。

阵缩及努责微弱的，可皮下注射垂体后叶素、麦角碱注射液 1~2mL。必须注意，麦角制剂只限于子宫完全开张，胎势、胎位及胎向正常时方可使用，否则易引起子宫破裂。

当羊怀双羔时，可遇到双羔同时各将一肢伸出产道，形成交叉的情况。由此形成的难产，应分清情况，辨明关系，可触摸腕关节确定前肢，触摸跗关节确定后肢。若遇交叉，可将另一羔的肢体推回腹腔，先整顺一只羔羊的肢体，将其拉出产道，再将另一只羔羊的肢体整顺拉出。切忌将两只羔羊的不同肢体误认为同只羔羊的肢体。

3. 剖腹产

子宫颈扩张不全或子宫颈闭锁，胎儿不能产出，或骨骼变形，致使骨盆腔狭窄，胎儿不能正常通过产道，在此情况下，可进行剖腹产急救胎儿，保护母羊安全。

（二）注意事项

① 在助产前，要先进行母畜和胎儿的仔细检查，确定难产的原因及发生的部位，再着手进行异常姿势的矫正，待完全符合顺产的姿势时，再进行拉出。

② 在进行产道检查和矫正异常胎势之前，必须向产道内灌注润滑油剂，以润滑产道。

③ 使用产科器械，特别是尖锐器械（如刀、钩、剪等）时，必须注意不要损伤产道，以免引起感染。

④ 在强行拉出胎儿时，必须在母畜努责时随努责牵拉，切忌粗暴，以免损伤母子，或将子宫一起拉出而造成不良后果。

⑤ 在矫正时，必须使母畜处于前低后高的姿势，并将胎儿推回子宫内，腾出较大的空间，以利于矫正的操作。

⑥ 在检查和矫正过程中，操作应尽量做到迅速准确，否则操作时间过久，手臂在产道内出入次数太多，常造成产道水肿或损伤，妨碍矫正工作的顺利进行。

三、阴道脱

阴道脱是阴道部分或全部外翻脱出于阴户之外，阴道黏膜暴露在外面，引起阴道黏膜充血、发炎，甚至形成溃疡或坏死的疾病。

（一）病因

饲养管理不佳、羊体弱年老，致使阴道周围的组织和韧带弛缓；怀孕羊到后期腹压增大；分娩或胎衣不下而努责过强。助产时强行拉出胎儿，常常是发生阴道脱的直接原因。

（二）诊断要点

阴道脱有完全脱出和部分脱出两种情况。当完全脱出时，脱出的阴道如拳头大，子宫颈仍闭锁；部分脱出时，仅见阴道入口部脱出，大小如桃。外翻的阴道黏膜发红，甚至青紫，局部水肿。因摩擦可损伤黏膜，形成溃疡，局部出血或结痂。

阴道脱病羊常在卧地后，被地面的污物、垫草、粪便黏附于脱出的阴道局部，导致细菌感染而化脓或坏死。严重者，全身症状明显，体温可高达40℃以上。

（三）防治

体温升高者，用磺胺双甲基嘧啶5~8g，每日1次内服，连用3d；或用青霉素和链霉素肌内注射。用0.1%高锰酸钾溶液或新洁尔灭溶液清洗局部，涂擦金霉素软膏或碘甘油溶液。整复脱出的阴道，用消毒纱布捧住脱出的阴道，由脱出基部向骨盆腔内缓慢地推入，至快送完时，用拳头顶进阴道；然后用阴门固定器压迫阴门，固定牢靠为止，对形成习惯性脱出者，可用粗线对阴门四周做减张缝合，待数天后，阴道脱症状减轻或不再脱出时，拆除缝线。

四、胎衣不下

胎衣不下是指孕羊产后4~6h，胎衣仍排不下来的疾病。

（一）病因

该病多因孕羊缺乏运动，饲料中缺乏钙盐、维生素，饮饲失调，体质虚弱。此外，子宫炎、布鲁氏杆菌等也可致病。有报道，羊缺硒也可致胎衣不下。

（二）诊断要点

病羊常表现拱腰努责，食欲减少或废绝，精神较差，喜卧地，体温升高，呼吸脉搏增快。胎衣久久滞留不下，可发生腐败，从阴户中流出污红色腐败恶臭的恶露，其中带有灰白色未腐败的胎衣碎片或脉管。当全部胎衣不下时，部分胎衣从阴户垂露于后肢跗关节部。

（三）防治

1. 药物疗法

病羊分娩后不超过24h的，可应用马来酸麦角新碱0.5mg，1次肌内注射；垂体后叶素注射液或催产素注射液0.8~1.0mL，1次肌内注射。

2. 手术剥离法

应用药物方法已达48~72h而不奏效者，应立即采用此法。宜先保定好病羊，按常规准备及消毒后，进行手术。术者一手握住阴门外的胎衣，稍向外牵拉；另一手沿胎衣表面伸入子宫，可用食指和中指夹住胎盘周围绒毛成一束，以拇指剥离开母子胎盘相互结合的周边，剥离半周后，手向手背侧翻转以扭转绒毛膜，使其从小窦中拔出，与母体胎盘分离。子宫角尖端难以剥离，常借子宫角的反射收缩而上升，再行剥离。最后用抗生素或防腐消毒药，如土霉素2g，溶于100mL生理盐水中，注入子宫腔内；或注入0.2%普鲁卡因溶液30~50mL。

3. 自然剥离法

不借助手术剥离，而辅以防腐消毒药或抗生素，让胎膜自行排出，达到自行剥离的目的。可于子宫内投放土霉素（0.5g）胶囊，效果较好。

为了预防本病，可用亚硒酸钠维生素 E 注射液，在妊娠期肌注 3 次，每次 0.5mL。

五、子宫炎

（一）病因

子宫炎是由于分娩、助产、子宫脱、阴道脱、胎衣不下、腹膜炎、胎儿死于腹中等导致细菌感染而引起的子宫黏膜炎症。

（二）诊断要点

该病临床可见急性和慢性两种，按其病程中发炎的性质可分为卡他性、出血性和化脓性子宫炎。

1. 急性

初期病羊食欲减少，精神欠佳，体温升高。因有疼痛反应而磨牙、呻吟。前胃弛缓，拱背、努责。时时作排尿姿势，阴户内流出污红色内容物。

2. 慢性

病情较急性轻微，病程长，子宫分泌物量少。如不及时治疗可发展为子宫坏死，继而全身状况恶化，发生败血症或脓毒败血症。有时可继发腹膜炎、肺炎、膀胱炎、乳房炎等。

（三）防治

净化清洗子宫，用 0.1%高锰酸钾溶液 300mL，灌入子宫腔内，然后用虹吸法排出灌入子宫内的消毒溶液，每日 1 次，可连用 3～4 次。消炎，可在冲洗后给羊子宫内注入碘甘油 3mL，或投放土霉素（0.5g）胶囊；或用青霉素 80 万 IU、链霉素 50 万 IU，肌内注射，每日早晚各 1 次。治疗自体中毒，应用 10%葡萄糖液 100mL、林格氏液 100mL、5%碳酸氢钠溶液 30～50mL，1 次静脉注射；肌内注射维生素 C 200mg。

六、乳房炎

乳房炎是乳腺、乳池、乳头局部的炎症；多见于泌乳期的绵羊、山羊。

（一）病因

该病多因挤乳人员技术不熟练，损伤了乳头、乳腺体；或因挤乳人员手臂不卫生，使乳房受到细菌感染；或羔羊吮乳咬伤乳头。亦见于结核病、口蹄疫、子宫炎、羊痘、脓毒败血症等过程中。

（二）诊断要点

轻者不显临床症状，病羊全身无反应，仅乳汁有变化。一般多为急性乳房炎，乳房局部肿胀、硬结，乳量减少，乳汁变性，其中混有血液、脓汁等，乳汁有絮状物，褐色或淡红色。炎症延续，病羊体温升高，可达41℃。挤乳或羔羊吃乳时，母羊抗拒、躲闪。若炎症转为慢性，则病程延长。由于乳房硬结，常丧失泌乳机能。脓性乳房炎可形成脓腔，使脓体与乳腺相通，若穿透皮肤可形成瘘管。山羊可患坏疽性乳房炎，为地方流行性急性炎症，多发生于产羔后4~6周。剖检，可见乳腺肿大，较硬。

（三）防治

1. 预防

注意挤乳卫生，扫除圈舍污物，在绵羊产羔季节应经常注意检查母羊乳房。为使乳房保持清洁，可用0.1%新洁尔灭溶液经常擦洗乳头及其周围。

2. 治疗

病初可用青霉素40万IU、0.5%普鲁卡因5mL，溶解后用乳房导管注入乳孔内，然后轻揉乳房腺体部，使药液分布于乳房腺中。也可应用青霉素、普鲁卡因溶液在乳房基部封闭，或应用磺胺类药物抗菌消炎。为了促进炎性渗出物吸收和消散，除在炎症初期冷敷外，2~3d后可施热敷，用10%硫酸镁水溶液1 000mL，加热至45℃，每日外洗热敷1~2次，连用4次。

对脓性乳房炎及开口于乳池深部的脓肿，直向乳房脓腔内注入0.02%呋喃西林溶液，或用0.1%~0.25%雷佛奴尔液，或用3%过氧化氢溶液，或用0.1%高锰酸钾溶液冲洗消毒脓腔，引流排脓。必要时应用四环素族药物静脉注射，以消炎和增强机体抗病能力。

参考文献

田树军，王宗仪，胡万川，2004. 养羊与羊病防治［M］. 北京：中国农业大学出版社.

王福传，段文龙，2012. 图说肉羊养殖新技术［M］. 北京：中国农业科学技术出版社.

王玉琴，2014. 肉羊生态高效养殖实用技术［M］. 北京：化学工业出版社.

岳文斌，任有蛇，赵祥，等，2006. 生态养羊技术大全［M］. 北京：中国农业出版社.

张居农，剡根强，2003. 高效养羊综合配套新技术［M］. 北京：中国农业出版社.

赵有璋，2011. 羊生产学［M］. 3版. 北京：中国农业出版社.

周淑兰，曹国文，付利芝，2010. 羊病防控百问百答［M］. 北京：中国农业出版社.